国家自然科学基金项目（51678083）资助研究成果

垃圾填埋场防渗新技术

代国忠 ■ 著

重庆大学出版社

内容提要

本书为国家自然科学基金项目“垃圾填埋场 PBFC 防渗浆材性能与墙体变形分析”(项目编号:51678083)资助研究成果。书中内容包括概述、防渗浆材的基本实验研究、防渗浆材的可灌性能研究、防渗浆材的力学性能研究、防渗浆材的抗渗性能与吸附阻滞性能研究、防渗浆材与原状土拌合实验研究、防渗墙体应力与变形的数值分析、防渗墙体渗透性能的数值分析、垃圾场防渗墙施工工艺及主要研究成果等。

本书可作为岩土工程领域工程技术人员的参考用书,也可作为普通高等学校地质工程、城市地下空间工程、土木工程等专业的教学参考资料。

图书在版编目(CIP)数据

垃圾填埋场防渗新技术/代国忠著. --重庆:重庆大学出版社,2021.1

ISBN 978-7-5689-2542-6

Ⅰ.①垃… Ⅱ.①代… Ⅲ.①卫生填埋场—防渗工程—研究 Ⅳ.①X705

中国版本图书馆 CIP 数据核字(2020)第 269115 号

垃圾填埋场防渗新技术

代国忠 著

策划编辑:林青山

责任编辑:姜 凤 版式设计:林青山

责任校对:谢 芳 责任印制:赵 晟

*

重庆大学出版社出版发行

出版人:饶帮华

社址:重庆市沙坪坝区大学城西路 21 号

邮编:401331

电话:(023) 88617190 88617185(中小学)

传真:(023) 88617186 88617166

网址:http://www.cqup.com.cn

邮箱:fxk@cqup.com.cn (营销中心)

全国新华书店经销

重庆升光电力印务有限公司印刷

*

开本:787mm×1092mm 1/16 印张:13.75 字数:320 千

2021 年 1 月第 1 版 2021 年 1 月第 1 次印刷

ISBN 978-7-5689-2542-6 定价:79.00 元

前　言

随着城市的发展与人口的增加，生活垃圾也与日俱增，对人类的生活环境造成了十分严重的影响，尤其是垃圾在分解过程中形成的渗滤液易对地下水及填埋场周围土壤形成二次污染。在垃圾填埋场周围建造一道垂直防渗墙，是目前防止渗滤液向外扩散与迁移的最有效途径。为研制出适合于垃圾填埋场防渗工程的新型浆材，深入探讨浆材的可灌性能、力学性能、抗渗性能与吸附阻滞性能，作者近10年来一直致力于垃圾填埋场防渗新技术的研究工作，并通过承担国家自然科学基金面上项目“垃圾填埋场PBFC防渗浆材性能与墙体变形分析”（项目编号:51678083）等项目研究，取得了一批有价值和创新性的研究成果。2020年8月，江苏省岩土力学与工程学会在南京组织召开了“垃圾填理场防渗墙新型浆材（PBFC）研发与施工关键技术研究”科技成果鉴定会，专家组一致认为该课题成果总体达到国际先进水平，其中研发的基于聚乙烯醇改性的新型防渗墙浆材（PBFC）处于国际领先水平。

为此，选择一些有代表性的研究成果集中发表，内容包括防渗浆材的基本实验研究、防渗浆材的可灌性能研究、防渗浆材的力学性能研究、防渗浆材的抗渗性能与吸附阻滞性能研究、防渗浆材与原状土拌合实验研究、防渗墙体应力与变形的数值分析、防渗墙体渗透性能的数值分析、垃圾场防渗墙施工工艺等。相信这些研究成果能服务于我国岩土工程行业领域，为推动垃圾填埋场防渗技术发展做出应有的贡献。

本项目研究工作的完成离不开科研团队的支持，感谢常州工学院李雄威教授、李书进教授、施维成教授、史贵才教授、宋杨副教授等科研团队成员所做的贡献。在项目研究过程中，陈飞、王营彩、盛炎民、朱加、章泽南、许家境等研究生积极参与，正是他们的努力和付出才有了这些研究成果。诚然，这些研究成果是在前人研究的基础上取得的，所引用的参考文献已在各章节之后列出，在此一并表示感谢。

由于作者理论水平有限，书中难免存在疏漏之处，恳请读者批评指正。

代国忠
2020年10月于
常州工学院

目　录

第1章　概　述

1.1　生活垃圾废弃物处理现状

随着城市化进程的不断发展,城市垃圾量日益增多。城市生活垃圾主要是指城市正常运行中所产生的固体废弃物,包括居民日常生活产生的垃圾、商业活动形成的垃圾、街道及公共场所因社会服务所产生的垃圾,以及工厂企业在生产过程中产生的垃圾等。这些城市生活垃圾在收集和处理过程中往往没有经过系统的分类,容易对环境生态造成严重污染。城市化是经济发展下的必然选择,目前我国城市人口已达到8亿多,城镇化率近60%。由于大量人口的流动集中于城市,在给城市发展提供动力的同时,也造成了城市生活垃圾的急速增长,根据中国城市建筑统计年鉴,截至2018年,中国内地的城市生活垃圾清运量达2.15亿t,比上年增长了7.18%,约占世界垃圾产量的1/4。

生活垃圾除了占用大量城市的土地资源外,还会对城市的大气环境、地下水资源和土壤农作物等造成巨大的污染,给现代城市发展带来很大负担。垃圾中大量的有机物质变质所散发的有毒有害气体不仅气味难闻,而且还会污染大气环境,影响城市居民的生活与健康;在生活垃圾的存放过程中,垃圾中的有毒有害物质在厌氧环境下会产生污染性很强的渗滤液。由于垃圾种类的多样性,导致垃圾渗滤液的组成成分极其复杂,里面含有大量的重金属离子和有机氨氮等,如果没有采取有效的隔离措施,使其渗入土壤或水源,会对周围的环境造成严重的污染,并且此类污染的危害极难清除。目前,世界各国普遍按照“减量化、资源化、无害化”的原则对生活垃圾进行处理,采用的方法主要有卫生填埋、焚烧技术和堆肥技术3种。其中,堆肥技术具有回收利用功能,是垃圾资源化利用的有效方法,但许多大中城市难以用堆肥技术消纳和处理所产生的垃圾,而且堆肥前后所产生的残余仍需运至垃圾填埋场处理;焚烧技术具有减容减量功能,但目前成本相对较高,投资大,无普遍推广应用的可能;卫生填埋是采取防渗、铺平、压实、覆盖对城市生活垃圾进行处理和对气体、渗滤液、蝇虫等进行治理的垃圾最终处置方法。

垃圾卫生填埋处理操作设备简单,适应性和灵活性强,与其他方法相比具有建设投资少、运行费用低、能处理多种类型废弃物和回收能源等特点。因此,卫生填埋是处理垃圾量最多、世界各国最常用的处理办法之一。美国用这种方法处理的垃圾占总量的68%,欧洲一般占50%~85%,我国垃圾卫生填埋场的建设大约始于20世纪80年代,目前已有许多城市修建了基本符合卫生填埋工艺要求的卫生填埋场,但处理量仍不能满足需求,每年仍有约7 372万t的生活垃圾露天堆放。所以在相当长的一段时间内,垃圾卫生填埋处理仍然是我国大多数城市解决垃圾处理的最主要方法。生活垃圾卫生填埋处理工艺流程如图1.1所示。

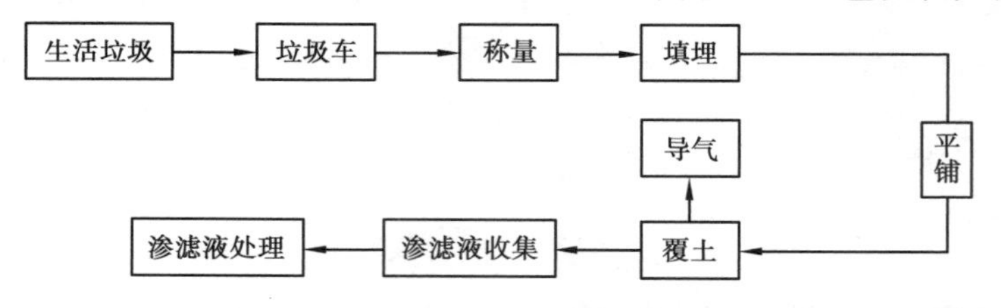

图1.1 生活垃圾卫生填埋处理工艺流程图

根据国家统计年鉴,截至2017年,全国共建设卫生填埋场654座,无害化处理量达1.2亿t,占总生活垃圾清运量的57%。可见我国的城市生活垃圾处理仍以卫生填埋为主。近7年来,我国卫生填埋场数量及卫生填埋总量如图1.2所示。

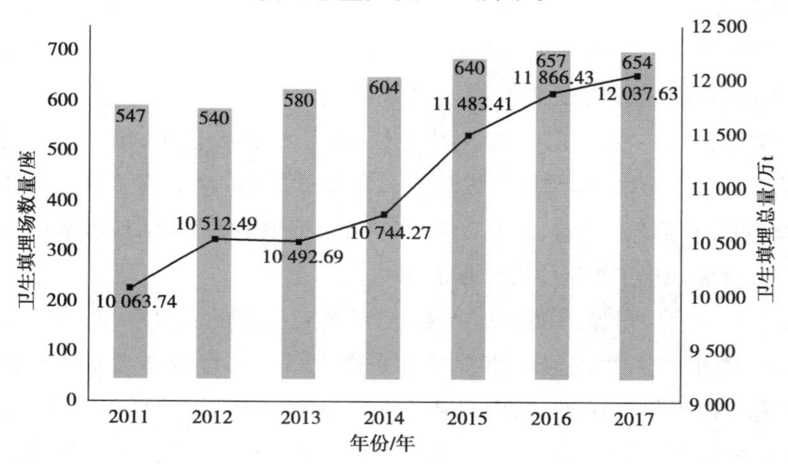

图1.2 2011—2017年我国生活垃圾卫生填埋场数量及卫生填埋总量

1.2 生活垃圾渗滤液的特征

垃圾在填埋过程中,由于降水淋溶作用、地表径流和地下水渗入、垃圾微生物的厌氧分解作用等形成渗滤液(也称渗沥液或沥出液)。由于垃圾在填埋过程中的压实和微生物分解作用,垃圾中所含的污染物随之溶入渗滤液中。所以渗滤液是一种污染性很强的有机废水,主要取决于垃圾种类及其成分,并随垃圾填埋场的“年龄”而变化。表1.1为渗滤液中污染物及浓度变化范围,表1.2为国内外部分城市垃圾渗滤液的水质情况,表1.3为渗滤液特征与填埋场“年龄”的关系。

表 1.1　渗滤液中污染物及浓度变化范围

污染物	浓度范围	污染物	浓度范围	污染物	浓度范围
COD	100 ~ 90 000	pH	5 ~ 8.6	Cu	0 ~ 9.9
BOD_5	40 ~ 73 000	Cl^-	5 ~ 6 420	Pb	0.002 ~ 2
TS(总硫)	0 ~ 59 200	SO_4^{2-}	1 ~ 1 600	Mn	0.07 ~ 125
SS	10 ~ 7 000	Ca^{2+}	23 ~ 7 200	Zn	0.2 ~ 370
NH_3-N	6 ~ 10 000	Fe	0.05 ~ 2 820	TCr(总铬)	0.01 ~ 8.7
NO_x^--N	0.2 ~ 124	Mg	17 ~ 1 560	VFA(挥发性脂肪酸)	10 ~ 1 702
TP	0 ~ 125	Cd	0.003 ~ 17	大肠菌群值/(cfu · L^{-1})	23 000 ~ (2.3×10^8)

注:除 pH 和大肠菌群值外,其他项目的单位均为 mg/L。

表 1.2　国内外部分城市垃圾渗滤液的水质情况

参数	上海	杭州	广州	深圳	台北	英国 Bryn Posteg	西班牙 巴塞罗那
COD /(mg · L^{-1})	1 500 ~ 8 000	1 000 ~ 5 000	1 400 ~ 5 000	15 000 ~ 60 000	4 000 ~ 37 000	5 518	86 000
BOD_5 /(mg · L^{-1})	200 ~ 4 000	400 ~ 2 500	400 ~ 2 000	5 000 ~ 36 000	6 000 ~ 28 000	3 670	73 000
TN /(mg · L^{-1})	100 ~ 700	80 ~ 800	150 ~ 900	650 ~ 2 000	200 ~ 2 000	157	2 750
SS /(mg · L^{-1})	30 ~ 500	60 ~ 650	200 ~ 600	1 000 ~ 6 000	500 ~ 2 000	184	1 500
NH_3-N /(mg · L^{-1})	60 ~ 450	50 ~ 500	160 ~ 500	400 ~ 1 500	100 ~ 1 000	130	1 750
pH	5 ~ 6.5	6 ~ 6.6	6.5 ~ 8	6.2 ~ 8	5.6 ~ 7.5	5 ~ 8	6.2

表 1.3　渗滤液特征与填埋场“年龄”的关系

参考指标	<5 年(年轻)	5 ~ 10 年(中年)	>10 年(老年)
pH	<6.5	6.5 ~ 7.5	>7.5
COD/(g · L^{-1})	>10	<10	<5
COD/TOC	<2.7	2.0 ~ 2.7	>2.0

续表

参考指标	<5 年(年轻)	5~10 年(中年)	>10 年(老年)
BOD_5/COD	≥0.5	0.1~0.5	<0.1
VFA(占 TOC 的百分比)/%	>70	5~30	<5

生活垃圾渗滤液的主要特征表现如下：

①成分复杂。由于国内垃圾分类意识较弱，大量不同种类的生活垃圾混合填埋。与此同时，工业废弃物及医疗废弃物等也不可避免地与生活垃圾一起填埋。这些有毒有害物质经过氧化发酵反应后成分更加难以预料，除重金属离子和氨氮等，还有大量的致癌物、促癌物、辅助癌物和致突变物。不同地区的垃圾种类不同，且随着填埋时间的不同，污染物的含量也在发生变化，其特征物含量与填埋时间关系见表 1.3。影响垃圾填埋场渗滤液产生量的因素主要有填埋方式、降水量、垃圾种类、填埋时间等，其中降水量对垃圾渗滤液的产生量有较大影响。影响垃圾渗滤液成分性质的主要因素有垃圾成分、周边水文地质条件、颗粒粒径等。

②重金属含量高。垃圾填埋时多将工业垃圾和生活垃圾进行混合填埋，这些工业垃圾中含有大量的金属物质，氧化反应后使得渗滤液的金属离子含量极高，并伴有强烈的腐败臭味。除常见的 Fe，Pb，Zn 等，还可能含有 Hg 和 Cr 等多种对人体有毒有害的金属离子。虽然目前国家出台了许多政策禁止将工业废弃物与生活垃圾进行填埋，但其累积效应不可忽视。

③微生物元素比例失调。在垃圾填埋的过渡阶段，填埋场内氧气耗尽，形成厌氧条件，垃圾中的硝酸盐被还原成了氮气，有机氮开始转换为氨氮。这将导致渗滤液中的氨氮含量普遍较高，占总氮含量的 90% 以上。过高的氨氮含量给渗滤液的处理增加了难度。渗滤液中含磷量一般较低，与植物生长所需含磷量相差甚远。

1.3 垃圾填埋场渗滤液的危害

在垃圾填埋过程中，往往把大量有毒有害物质与生活垃圾一起混合填埋，集中了多种有害成分。实践表明，如果垃圾卫生填埋场的防渗系统失效，将造成垃圾渗滤液对周围地下水、地表水、土壤及生命的严重危害。据美国国家环保局统计，美国已有的填埋场中有 3/4 的填埋场对周围的地质环境产生了比较明显的污染；加拿大调查的填埋场中有 80% 的填埋场因渗漏对周围地下水环境造成了一定程度的污染；其他发达国家早期建成的填埋场也对周围环境造成了类似的污染；我国从 20 世纪 80 年代建设杭州天子岭垃圾卫生填埋场开始，全国已有许多城市建设了垃圾卫生填埋场，但受经济条件和施工技术水平的制约，已建成的垃圾卫生填埋场因防渗系统失效导致垃圾渗滤液污染地下水的情况时有报道。如白城通榆一垃圾场污染地下水源,县城建局投资100多万元用于重建垃圾场,并打深井取水;吉林某工业废渣堆放场发生渗漏,导致几十平方千米范围内1 800口水井被污染报废,花费540余万元,修建的一条深18 m、长800 m防渗墙,仅能使污染得到缓解,但不能完全阻隔污水渗漏;佳木斯的140多万t工业、生活垃圾堆放场,渗漏后发生硝酸基苯和酚严重污染,导致全市最大水源地第6水厂报废。2002年,北京市市政管委会委托一个研究小组对北京市的阿苏卫、北神树等几个大型垃圾填埋场周边的地下水质进行检测,结果发现由垃圾填埋场渗漏出来的有毒物质已经污染到了地表30 m以下的地下水。沈阳市曾对35处填埋场中的10处进行钻探取样,分析垃圾断层样品和地下水质后发现:地下水质恶化,污染严重,水混浊发臭,水中均检出厌氧大肠杆菌;哈佛大学的研究也证明,填埋场周围地表水及附近水溪中的Cr,Pb,Co,Hg等有害离子含量明显升高,有的超标上百倍。垃圾填埋渗滤液渗漏所产生的污染后患无穷,它可使土壤中的微生物死亡,变得无分解能力,使土壤盐碱化、毒化,甚至无法耕种;被污染土壤中的寄生虫、致病菌等病原体能使人体致病。有些地区的稻田土壤因掺入含镉废渣而被污染,致使稻米含镉量超标,无法食用等。

英国早在20世纪30年代就开始对城市垃圾卫生填埋技术进行研究,接着美国在20世纪40年代开始采用生活垃圾卫生填埋技术,随之德国、日本等国家也相继开展了该技术的研究。但早期研究多侧重于垃圾填埋处理的无害化,对场址选择也主要是考虑地形地貌等地质因素以及交通运输等地理因素。进入20世纪60年代,由于能源危机的冲击,人们开始研究垃圾处理的资源化,也逐步开始关注填埋场场址水文地质和工程地质条件的分析与评价,逐步在填埋场的规划、设计、施工和管理等方面积累经验,并开发出相应的成套技术与设备,使垃圾卫生填埋技术趋于成熟。近年来,各国学者在垃圾填埋的最优化设计和对填埋场的边坡稳定性评价、库底黏土衬里的压实渗透性和渗滤液特殊成分对下覆黏土渗透性的影响等方面进行了研究。

我国因为城市生活垃圾处理起步较晚,在1990年前全国城市垃圾处理率还不足2%。所以许多城市的垃圾堆放场和填埋场,在今后几年至十几年内将会填满而面临封场。特别是城市规模和范围的不断扩大,以前的许多垃圾堆放场位置由郊区变为城区,甚至一些垃圾堆放场地将变为住宅用地。旧垃圾堆放场不但存在对大气和水体的长期污染及填埋气体发生火灾和爆炸的危险,必须做安全处置。而且旧垃圾堆放场和填埋场生态恢复和污染控制也是全面提高垃圾处理水平面临的重要任务之一。1989年,我国《城市生活垃圾卫生填埋技术标准》(CJJ 17—1988)正式颁布实施,1990年杭州天子岭垃圾卫生填埋场正式建成投入使用,这是国内第一座通过正规设计的比较完善的垃圾卫生填埋场。从此,我国的垃圾卫生填埋工作进入了一个新的发展阶段。近几年,《生活垃圾卫生填埋处理技术规范》(GB 50869—2013)、《生活垃圾卫生填埋场封场技术规范》(GB 51220—2017)等陆续颁布实施,有效控制了垃圾填埋场渗滤液对周边环境的影响,降低了危害性。

垃圾场渗滤液渗漏污染最直接的控制方法是建立有效的防渗系统,将渗滤液,特别是其中的有害污染物严格控制在一定的独立水文地质单元体内,同时建立渗滤液处理设施进行处理,使其达到污水排放标准后再排放,避免污染周围地下水、地表水和土壤。所以防渗系统的有效性一方面取决于防渗系统是否能有效阻止渗滤液渗漏,另一方面取决于防渗系统能否有效阻止渗滤液中污染物向外迁移,同时还能有效阻止地下径流进入垃圾填埋场,避免在填埋库区产生更多渗滤液。

目前在填埋场中采用水平防渗衬层和垂直防渗墙两种防渗系统。以黏土垫层和土工膜等构成的水平防渗技术具有施工透明度高、质量易于监控等优势。但这种水平防渗系统一旦投入使用则不具有修复性,且造价较高;而利用垂直防渗墙在填埋场中建立垂直防渗系统,具有工程造价低、易修复等特点。所以一些发达国家,几乎在所有的填埋场工程中都采用了垂直隔离墙技术。采用灌浆帷幕、高压喷射灌浆板墙、深层搅拌桩墙及地下连续墙等技术方法形成垂直隔离体系是新建垃圾填埋场垂直防渗和既有垃圾场防渗治理的重要技术。

1.4 国内外防渗浆液材料的研究现状

近年来,随着环境保护越来越受到重视,本领域的研究也逐渐成为热点。国内一些科研单位和学者开展了垃圾填埋场防渗作用的研究工作。如中南大学开展了黏土固化注浆帷幕对渗滤液的阻渗机理与环境效应方面的研究工作,主要研究黏土固化注浆帷幕对污染物的吸附性能和吸附机理,得出了黏土固化注浆帷幕对污染物的 Freundlich 吸附模式,分析污染物在黏土固化注浆帷幕中的迁移与转化机理,建立了污染物在黏土固化注浆帷幕中运移的水动力模型。浙江大学开展了城市生活垃圾填埋场中水分运移规律、渗滤液垂直防渗帷幕的渗漏分析,并指出应根据垃圾堆体边坡稳定性分析确定各填埋阶段警戒水位,在运营过程中应监控垃圾堆体中渗滤液水位。河海大学开展了污泥掺入生活垃圾后的力学特性试验研究,说明污泥和垃圾混合后的强度比垃圾土的强度低,比污泥的强度高,且改善了污泥的强度特性,随着污泥掺量的增加,边坡安全系数会先提高后降低,考虑降解产气对边坡稳定的影响,安全系数会降低 15% ~20% 。此外,中国矿业大学开展了填埋场渗漏实时检测系统的研制工作。成都理工大学开展了改性成都黏土预处理垃圾渗滤液的研究。同济大学开展了填埋场中水泥土屏障对金属离子的隔离效果研究。中国科学院武汉岩土力学研究所等开展了垃圾填埋场防渗浆材实验研究工作。

目前,用于垃圾填埋场垂直防渗墙的墙体浆材种类繁多,如天然黏土防渗材料、人工改性黏土防渗材料、人工合成有机防渗材料等,不同墙体浆材的性能指标是有区别的。国内外一些学者通过开展垃圾填埋场防渗墙体浆材的配制、渗透性能、力学性能、吸附阻滞性能等研究工作,得出了很多有价值的结论。

Opdyke 和 Evans 通过实验室试验研究了胶结材料的含量对水泥-膨润土材料强度的影响,对不同胶结材料所占质量比的无侧限抗压强度进行测试。结果表明,随着胶结材料所占质量比的增大、水泥-膨润土材料的强度增强。Royal 等采用无侧限抗压仪和三轴试验仪对水泥-膨润土材料的强度进行测试,并将实验数据与 Opdyke 和 Evans 所得的数据进行对比分析。结果显示,相较于掺有粒化高炉矿渣的材料,掺有粉煤灰的水泥-膨润土材料的刚度和强度都有所降低。Rafalsk 在水泥-膨润土泥浆中加入了钠离子来研究钠离子对水泥-膨润土材料性能的影响,并对水泥与膨润土的配比与抗压强度的关联进行相关试验。结果表明,在水泥-膨润土浆材中掺入钠离子后,相比而言,浆材的固结强度有一定程度的增强。Herrick 等从水泥和膨润土的质量出发,对实验室搅拌泥浆和现场搅拌泥浆的力学性能和渗透性进行了比较。结果表明,实验室搅拌泥浆的强度高于现场搅拌泥浆,渗透率低于现场搅拌泥浆。其主要原因是现场浆体混合不均匀,导致施工现场浆体质量水平低于实验室浆体质量水平。

Deschenes 等采用不同的低渗透水泥与膨润土泥浆的配比,对 3 ~ 103 d 的泥浆固结体进行无侧限和三轴压缩试验。结果表明,试件强度在初始养护阶段迅速增大。黄亮等研究了水泥掺量与极限应变的关系。试验结果表明,当水泥-膨润土材料养护龄期为 28 d 时,随着水泥掺量的增加,其极限应变减小,说明水泥掺量的增加使得材料向刚性材料转变。费培云等采用不同的掺砂和减水剂防渗墙材料的配合比,并进行钙基与钠基膨润土对比,同时所使用的水泥为矿渣水泥。试验结果表明,膨润土的种类对墙体性能有重要影响。钠基膨润土的性能明显优于钙基膨润土。粉砂、细砂掺量对试验块体强度的影响有限,且掺入粉砂的试验块体渗透性较差,如果粉砂、细砂掺量过高,粉砂、细砂会析出。何润芝等通过实验发现掺入粉煤灰、黏土或膨润土等材料对浆材的抗渗性有利,且水胶比越小,浆材的强度越大。

在防渗浆材的渗透性能研究方面。Travar 等研究了用于隔离煤焦油污染砂土的防渗墙材料,在试验中分别选用水泥-膨润土、水泥-钠基膨润土、水泥-钙基膨润土和矿渣水泥-坡粒石黏土 4 种不同材料组合,并测试了这 4 种组合材料的渗透系数和无侧限抗压强度。采用地表水和煤焦油非水相流体作为渗透剂进行渗透试验。结果表明,在所有模拟试验条件下,矿渣水泥和坡缕石黏土的渗透性较低,强度较高。Khera 以钙基膨润土、水泥、矿渣、粉煤灰和砂土作为防渗墙材料的组分,发现当钙基膨润土掺量为 18% 时,防渗墙材料渗透系数能够小于 10^{-7} cm/s 这一量级。表明用矿渣代替部分水泥可以提高硬化泥浆的强度,降低渗透系数。Philip 对施工现场采集的样品进行了渗透试验和扩散试验。实验发现,随着采样深度的增加,试样的渗透系数减小,同时渗透系数随着水力梯度的变化没有明显的规律性,但实测渗透系数会随着围压的增大而减小。Joshi 等通过试验发现水泥-膨润土材料会在养护 90 d 的时间内迅速降低,且之后会继续降低,但是降低的幅度大大降低,最终趋于平缓。这是由于在养护过程中,所掺入的矿渣成分会与水化产物发生化学反应,从而致使材料内部结构紧密,渗透系数降低。

徐超等开展渗透试验,研究水泥-膨润土材料的组分及养护时间对浆材渗透性能的影响。结果表明,膨润土掺量的增加能有效降低固结体的渗透系数,但这是在有一定水泥掺量的基础上的,这一结果表明水泥和膨润土对渗透系数的影响具有相互影响的作用。随着龄期的增加,浆材在强度提升的同时渗透系数也会显著降低。周冰发现在膨润土中加入水泥会增加膨润土的渗透性,因为水泥会降低膨润土的膨胀性和保水性,不利于膨润土的抗渗透性。但由于不掺加水泥,单纯的膨润土泥浆作为垂直防渗材料很难满足工程强度要求。黄亮研究发现,水泥基膨润土的临界孔径与渗透性能密切相关,临界孔隙尺寸越小,抗渗性越好。水泥基膨润土孔隙结构的几个参数与渗透系数之间的关系如下:临界孔径 > 孔隙分布在各级 > 最可能孔径 > 总孔隙度。盛炎民等采用聚乙烯醇对钠基膨润土进行有机改性,并通过室内实验研究经改性后水泥-改性膨润土防渗材料的渗透性能。实验研究表明,随着聚乙烯醇掺量的增加,防渗材料的渗透性逐渐减小,但在超过一定数值时,防渗材料的渗透系数逐渐趋于稳定,说明聚乙烯醇的掺量存在一个最佳区间;随着水泥掺量的增加,防渗材料的渗透系数先增大后减小。

在防渗浆材的吸附性能研究方面。Garvin 和 Hayles 对掺有不同成分的水泥-膨润土材料的抗化学侵蚀能力进行研究。试验结果表明,材料配比、水泥种类、污染物浓度和类型都对材料的抗化学侵蚀能力有影响。胶凝材料的质量比越高,水泥-膨润土材料的抗化学侵蚀能力增强。Smith 等通过膨润土的有机改性,发现改性土对四氯化碳有较好的吸附效果。因此,该方法对改性膨润土的吸附能力有限,只有成分简单、浓度低的有机废弃物才能用短碳链有机膨润土进行处理。Daniels 等对铅离子在土-膨润土土柱中的扩散性能进行研究。试验结果表明,土-膨润土材料对铅离子具有较强的吸附作用。Lacin 等研究了膨润土对锌和镉离子的吸附和脱附效果。膨润土对锌和镉离子的最大吸附率分别为 99.9% 和 96.8%,最大脱附率分别为 66.6% 和 51.4%。Gupta 和 Bhattacharyya 研究了高岭土、蒙脱石及其改性产物四丁基溴化铵在水溶液中对 Cd^{2+} 的吸附。结果表明,两种材料对 Cd^{2+} 的吸附机理和二次反应原理一致,且吸附类型符合 Langmuir 型和 Freundlich 型两种吸附模型。强酸溶液中的吸附量很低,但随着碱性介质中 pH 值的增加而增加。

刘学贵等采用聚丙烯酰胺制备改性膨润土,并对制得的改性膨润土进行渗透和吸附试验。结果表明,采用聚丙烯酰胺制备的改性膨润土材料的抗渗性能良好,其渗透系数能达到垃圾填埋场防渗材料的技术要求。同时,这种材料对渗滤液中的污染成分也具备良好的吸附性能,其中,COD_{Cr}和氨氮的最大去除率分别为 81% 和 91%;T_{Fe},Zn^{2+} 和 T_{Cr}的最大去除率分别为 71%,58% 和 73%。陈永贵等采用自制的仪器进行黏土灌浆帷幕对苯酚的吸附平衡实验。结果表明,在两天时间内,苯酚在黏土灌浆帷幕的吸附就已经达到平衡状态,此时的灌浆帷幕对苯酚的吸附率为 75.8%。黏土灌浆帷幕对苯酚的吸附主要是表面电荷不平衡而产生的电荷吸附,但是这种吸附能力不均匀,这是由于材料表面电荷密度不均匀,与孔径、内部自由度和有机特性有关。陈飞等在水泥-膨润土浆材中掺入纤维制备出一种 BFCF 浆材,BFCF 浆材对垃圾渗滤液中的污染成分具有良好吸附阻滞性能,对无机污染成分的阻滞率大于 98%,对有机污染成分的阻滞率大于 83.74%。代国忠等通过正交实验研制出一种以水泥和膨润土为主要成分的低渗透系数且对渗滤液中污染物具有较强吸附性能的黏土基 BFC 浆材,这种浆材固结体 28 d 的抗渗性能良好,满足垃圾填埋场防渗材料的技术要求,对垃圾渗滤液中的对重金属离子有很强的吸附作用,吸附率在 99% 以上,对 COD_{Cr},BOD_5 等有机污染物的吸附性能也较好,吸附率达到了82%以上。在黏土基BFC浆材研制的基础上,采用聚乙烯醇(PVA)为改性剂对膨润土进行有机化处理,即配制出聚乙烯醇改性的膨润土-粉煤灰-水泥-纤维防渗浆材(PBFC浆材),PBFC浆材抗渗能力优于现有各类BFC浆材,具有更加广阔的应用前景。

1.5　垃圾卫生填埋场防渗技术应用现状

垃圾填埋场防渗技术是控制渗滤液污染周围地下水和土壤的重要措施,因此要对垃圾填埋场进行防渗处理,一方面防止渗滤液渗入地下,污染地下水;另一方面防止地下水渗入填埋场,造成渗滤液水量的大幅增加。根据垃圾填埋场防渗设施(或材料)铺设方向的不同,可将垃圾填埋场防渗系统分为垂直防渗和水平防渗两种。根据所用防渗材料的来源不同又可将水平防渗进一步分为自然防渗和人工防渗两种,其分类如图1.3所示。

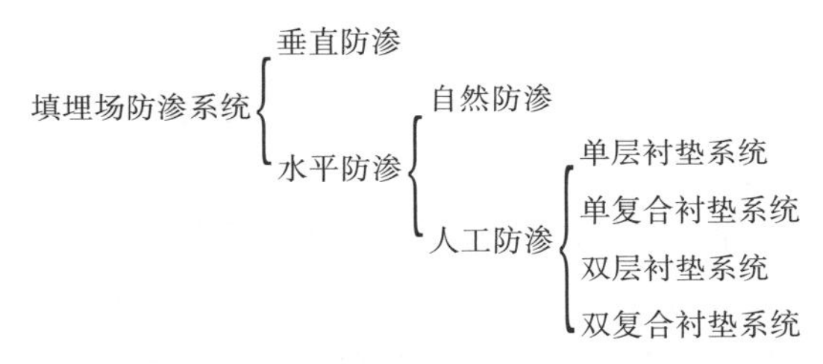

图1.3　垃圾填埋场防渗系统分类

水平防渗是在填埋场场底及其四壁表面铺设防渗衬层,在填埋场库区内外形成隔离屏障,防止垃圾渗滤液渗出污染地下水,并阻挡地下水进入库区增加渗滤液量。目前我国垃圾填埋场的水平防渗方法有以下4种:高密度聚乙烯和黏土复合衬层、膨润土防渗衬层、黏土防渗衬层以及沥青混凝土衬层。国外从20世纪80年代开始在垃圾填埋场防渗处理中使用人工合成材料作为衬底材料,逐渐成为一项成熟的技术得到越来越多的应用。通常采用2 mm左右厚的HDPE作为衬底材料,其渗透系数可达$10^{-13}\sim10^{-12}$ cm/s。目前人工合成衬底材料已形成了系列产品,并制订了相应的设计和施工标准。

垂直防渗是根据填埋场的工程与水文地质特征,利用填埋场基础下方存在的独立水文地质单元、不透水或弱透水层等条件,在填埋场一边或四周设置垂直的防渗工程(如防渗墙、防渗板、注浆帷幕等),将垃圾渗滤液封闭于填埋场中进行有控地导出,防止渗滤液向周围渗透污染地下水及填埋场气体无控释放,并阻止周围地下水流入填埋场库区内。垂直防渗在山谷型填埋场中应用较多(如杭州天子岭、南昌麦园、长沙、贵阳、合肥等垃圾填埋场),在平原区填埋场也有应用(如北京阿苏卫填埋场)。垂直防渗不但用于新建填埋场的防渗工程,而且可广泛用于既有填埋场或堆放场的污染防止工程,尤其是对不准备清除已填垃圾的老填埋场,其基地防渗又不可能,此时周边垂直防渗就特别重要。目前常用的垂直防渗措施有竖向隔离墙、深层搅拌桩墙、钢板桩墙、注浆帷幕、高压喷射灌浆板墙等。在一些发达国家,几乎所有的填埋场工程都采用垂直防渗隔离墙，一般用土-膨润土（SB）、水泥-膨润土（CB）和预制混凝土等材料做成。我国近年来则主要借用了水利工程、地质工程及土木工程的技术方法施工垂直防渗墙，一般采用纯水泥浆、水泥黏土浆、塑性混凝土、水泥砂浆和化学水泥复合浆材，也有采用粉喷膨润土的方法构筑地下柔性防渗帷幕。

上述研究工作取得的成果推动了我国垃圾填埋场防渗技术的应用与发展，主要集中在填埋场渗滤液产生机理及处理工艺研究，但关于垃圾填埋场防渗浆材对渗滤液吸附阻滞作用的研究成果报道较少。从工程实践看，现有垃圾填场垂直防渗技术也存在一些问题，如防渗墙连续性不好，均匀性不够，防渗墙耐久性不高，抗渗性能低和对污染物的吸附阻滞性能差等，急需进一步研究加以解决。

实践证明，一个良好的填埋场防渗系统应具有以下功能：

①防渗系统将渗滤液封闭在填埋库区，形成一个独立的水文地质单元，使渗滤液导入渗滤液收集系统，防止其向填埋场周围渗漏，造成地下水、地表水和土壤的污染。

②防渗系统材料与渗滤液有很好的化学相容性，能抵抗渗滤液的侵蚀，能有效阻滞渗滤液中污染物向外迁移。

③防渗系统能有效阻止地下径流进入垃圾填埋场，避免在填埋库区产生更多渗滤液，增加污水处理量和渗漏的可能性。

④防渗系统具有足够强度和耐久性，确保在填埋场运行期内防渗系统安全性。

⑤防渗系统具有较好的环境效应，其本身不会对环境产生负面影响和破坏。

所以，垃圾填埋场防渗系统应具有渗透系数低（不大于 10^{-7} cm/s）、对渗滤液中的有机和重金属污染物有阻滞作用、耐久性好等特点。

1.6 垂直防渗施工方法

根据施工方法的不同，可用于垂直防渗墙工程施工的方法有地基土改性法、打入法和开挖法等。

1）地基土改性法施工防渗墙

地基土改性法施工防渗墙是通过充填、压密地基土等方法使原土渗透性降低而形成的防渗墙。在填埋场垂直防渗墙施工中主要有注浆法、喷射法和原土就地混合法 3 种。

①注浆法施工防渗墙。注浆法即注浆帷幕的一种方法，按一定的间距设计钻孔，采用一定的注浆方法和压力将防渗材料通过钻孔注入地层，使其充填地层孔隙，达到防渗目的。该方法在我国的垃圾填埋场防渗中应用较广泛。

注浆浆液可利用水泥浆液，添加剂为黏土（或膨润土）和化学凝固剂或液化剂，或者以水玻璃为主的化学溶剂。水玻璃具有耐久性差的弱点，通常适用于临时性防渗。例如，使用 42.5 号普通硅酸盐水泥与膨润土混合浆液注浆可形成渗透系数达到 $10^{-7} \sim 10^{-6}$ cm/s 的垂直防渗墙。使用超细水泥和添加剂浆液注浆可进一步提高防渗效果,但造价相应提高。化学注浆可在水泥注浆之后进行,用以提高注浆的防渗性能,注浆材料有改性环氧树脂、丙烯酸盐和木质素类化学注浆等。

采用水泥浆灌注的杭州天子岭垃圾填埋场,其灌注标准为 $\omega \leqslant 0.03\ L/(min \cdot m^2)$($\omega = 0.01$,其对应的渗透系数 $K = 1.5 \times 10^{-5}\ cm/s$);南宁市垃圾填埋场,其灌注标准为 $\omega \leqslant 0.02 \sim 0.05\ L/(min \cdot m^2)$;南昌麦园垃圾填埋场垂直防渗采用黏土固化浆,即以粒度为200目以上的商品黏土为主要注浆材料,加一定比例的普通水泥及少量外加剂配制而成的不同水固比的浆液,对该场址岩层的微小裂隙进行注浆封堵,结石体本身渗透系数一般可达 $10^{-5}\ cm/s$ 左右,并确定其帷幕灌注标准为 $\omega \leqslant 0.01\ L/(min \cdot m^2)$。

②喷射法施工防渗墙。喷射法施工是指通过高压旋喷或摆喷方法使浆液与地基土搅拌混合,凝固后成为具有特殊结构、渗透性低、有一定固结强度的固结体。该方法可使防渗墙的渗透系数达 $10^{-8}\ cm/s$,固结体强度可达到10~20 MPa。浆液可使用膨润土-水泥浆液或者化学浆液。

③原土就地混合法施工防渗墙。原土就地混合法施工方法是将欲形成防渗墙位置的原状土用吊铲等工具挖出,并使其与水泥或其他充填材料就地混合后重新回填到切槽中。为了保证切槽的连续施工,采用膨润土浆液护壁。该方法在美国应用较多。这种方法适用于深度较浅的防渗墙。

2)打入法施工防渗墙

打入法施工防渗墙是利用夯击或振动的方法将预制好的防渗墙体构件打入土体成墙,或者利用夯击或振动方法成槽后灌浆成墙的一种方法。用这种方法施工的防渗墙有板桩墙、复合窄壁墙、挤压灌注防渗墙、振动水力喷射成槽造墙工艺等。

①板桩墙。板桩墙的施工是将已预制好的板桩构件垂直夯入地层中。常用的板桩有钢板桩和外包铁皮的木板桩,板桩之间要用板桩锁连接,两板桩之间要有重叠,间隙要保持闭合或进行密封,防止渗漏。板桩墙还要有耐腐蚀性。板桩墙比较适宜在软体土层中使用,对于硬塑性土层则由于打夯困难而受到限制。

②复合窄壁墙。复合窄壁墙的施工:首先通过夯击或振动将土体向周围排挤形成防渗墙空间,把防渗板放入已形成的防渗墙空间;然后注浆充填缝隙形成防渗墙体。复合窄壁墙的施工有梯段夯入法和振动冲压法两种。

梯段夯入法是先夯入厚的夯入件,然后分梯段夯入最薄的夯入件达到预计深度。打夯结束后,把含有膨润土和水泥的浆液注入形成的槽内,硬化后便形成了防渗墙体。

振动冲压法是用振动器将板桩垂直打入土体内,直至进入填埋场基础下方的黏土层里,板桩以外的空隙注浆充填。施工时还要求振动板之间的排列和搭接闭合成一体,两板的间隙要保证闭合和封闭。板桩墙通常是耐腐蚀的。

③挤压灌注防渗墙。利用冲击锤或振动器将夯入件打入所要求的深度,夯入件在土体中排挤出一个槽段空间,一般5~6个夯入件循环使用,当第3和第4个夯入件打入后,前两

个打入件可起出，向槽段灌注防渗浆材成墙。灌注浆材料可使用由骨料（砂和粒级 0～8 mm 砾石）、水泥、膨润土和石灰粉加水混合而成土状混凝土。土状混凝土各成分配比要根据对防渗墙体要求的渗透性、强度和可施工性等指标而定。防渗墙体材料应满足制成防渗墙体的渗透系数（ $<10^{-7}$ cm/s），并满足抗腐蚀性、能用泵抽吸、具有流动性、便于填充等要求。

④振动水力喷射成槽造墙工艺。振动水力喷射成槽造墙工艺将垂直振动与水力喷射成槽、泵吸反循环排渣、槽内注浆造墙等技术方法组合起来使用，与液压抓斗等机械式成槽机相比，其造墙效率提高了 3 倍以上；实现单元槽段无接头连接，防渗效果显著；槽孔尺寸可调，成槽深度大。该施工方法已由本课题组申请为国家专利。

3）开挖法施工防渗墙

开挖法施工防渗墙先通过挖掘地下土形成沟槽，槽壁的稳定由灌入的泥浆维护，然后在沟槽中灌注墙体材料并将泥浆挤出而形成防渗墙。

防渗墙施工可用的材料组成有塑性材料（Ca、Na 膨润土，黏土）、骨料（砂、岩粉等）、水泥、水、添加材料（稳定剂、挥发剂等）。上述矿物防渗材料有时达不到填埋场防渗要求，需采取进一步防渗措施。常用方法是使用复合防渗系统，类似于水平防渗系统中的复合衬层系统，如使用柔性膜[如高密度聚乙烯（HDPE）膜]和矿物材料复合组成复合垂直防渗系统。复合垂直防渗系统的优点：渗透性极低，具有很好的防渗效果；通过减少过流量，可使长期稳定性增强；墙体具有较高强度；由于柔性膜分布在整个墙体中，避免了墙体可能存在的缺陷；具有可监测性和可修复性；由于柔性膜材料可相互连接，避免了墙体连接可能出现的缝隙。

1.7 垃圾场防渗墙变形的分析

在对防渗墙的位移及受力情况进行分析时，由于一般工程应用的防渗墙过于巨大，难以通过实验定量分析，但准确预测混凝土应力变形的需求十分迫切。因此许多学者都采用了有限元模拟仿真的方式对防渗墙进行分析计算。

孙明权等对典型混凝土防渗墙剖面进行了 4 种不同的划分，发现不同的划分方式对墙体水平位移的趋势和数值没有明显的影响。而对于应力情况，发现上游墙体单元划分越细，大小主应力最大值越大，下游墙体单元划分越细，最小主应力最大值越小，最大主应力最大值越大。王刚等采用 Duncan-Chang E-μ 非线性弹性模型对不同结构的堰体防渗墙进行有限元分析，在墙体两侧设置 Goodman 接触面单元以模拟接触面可能产生的滑移和开裂。发现防渗墙的水平位移主要由堰体在防渗墙位置处的水平位移决定，防渗墙的竖直沉降主要由上覆土重量和防渗墙材料的模量决定。苏向震等在进行岩土工程有限元计算的过程中发现，同一工程采用不同的本构模型，得出的结果规律基本相同，但 E-B 模型计算所得的最大主应力及最小主应力值比 E-μ 模型在同等工况下要小。刘汉鹏认为土石坝有限元分析属于无限域问题，结构离散化时计算范围和边界条件难以确定。对于工作状态较为复杂的水工结构或结构重要部位的有限元计算分析,在结构尺寸受到限制。王桔在对混凝土心墙土石坝进行有限元分析时引入接触单元,发现如果防渗墙与坝体之间的接触面采用接触单元,计算所得到的应力要小于未采用接触单元时的应力。

在评价混凝土防渗墙安全性时,多从应力水平、抗压轻度、抗拉强度等方面进行检验。针对不同材料、不同工况下的防渗墙安全性评价,仍需按照其特点进行细致的分析研究。

1.8 垃圾场防渗墙渗流规律的分析

为了确保防渗墙在实际工程中能正常使用,需要了解防渗墙的渗流规律如防渗墙对渗滤液中污染物的吸附阻滞机理、渗滤液在防渗墙中的渗透速度及周边土体中的孔隙水压力分布和水头高度分布等。研究防渗墙渗流规律时由于渗滤液等流体的运移难以被精确检测,且实际工程中常常因工作量较大使得定量实验分析极为困难,因此常采用有限元分析方法对防渗墙的渗透性能进行分析。很多学者已将有限元数值模拟方法与实际工程结合起来,不仅可以检验工程的合理性与安全性,分析得到的结果也能为防渗墙工程设计提供指导。

解决渗流问题时需要确定自由面位置,这是一个重要的计算步骤。确定渗流自由面可以了解流体在土体中的主要分布情况及特性,后续的计算分析在基于自由面已确定的条件下才能继续进行。过去求解渗流自由面常使用解析法或根据经验公式计算,面对较复杂的渗流问题则采用流网法或通过模拟实验处理,这样既费时且误差较大。随着计算机技术的发展,数值计算方法逐渐应用于渗流计算中,其中有限元法已在近年不断得到完善,成为解决渗流问题的重要手段。有限元法求解自由面一般分为变网格法和定网格法两类。

变网格法应用较早且原理相对简单。通过经验假定一个自由面,再以此为边界条件计算各单元的水头 h 并代入控制方程 $h=z$ 检验是否符合,若不符合则不断调整假定自由面的位置直至符合,最终自由面的位置会随着逐步迭代而趋向收敛。这种方法虽然计算结果必定收敛,但其缺点十分明显。当假定自由面与实际自由面差距过大时,反复变动网格会使得计算时间非常长;由于网格移动的规则不合理容易引起计算过程中的网格畸形;若计算区域内介质性质发生变化或存在结构物时也难以处理且存在误差。因此,当前对变网格法的应用已逐渐减少。

定网格法和变网格法的区别在于减少了单元网格的移动从而减少了误差,目前定网格法已成为有限元法解决渗流问题的主要方向。定网格法主要包括以下几种:

①剩余流量法。该方法首先根据边界条件利用有限元法求得给定点的水头值,由水头值确定初始自由面,接着计算自由面以上的节点剩余流量。若剩余流量为0,则说明计算得出的自由面为渗流自由面;若剩余流量不为0,则继续迭代水头值直至剩余流量为0。

②初流量法。该方法通过不断计算渗流区域内高斯点的水头值来确定初始自由面,再

根据求得的各节点的累计初流量来调整自由面位置直至初流量绝对值收敛到某一范围内，此时得出的即为渗流自由面。增加节点数可以提升计算的收敛度，对自由面及边界处的网格进行细化或根据模型选取合适的网格形状可以提高计算的精度，减少问题的复杂性。

③节点虚流量法。该方法引入了渗流虚区的概念，认为初流量法求得的渗流自由面没有考虑渗流虚区的流量对自由面的影响，因此，在初流量法的基础上将控制矩阵中的节点虚流量逐渐转换为等效节点流量，经过连续计算使得最终渗流实区中不再有虚区流量，得到的即为准确的自由面。

④虚单元法。该方法的原理是通过计算调整自由面位置。每进行一次节点水头计算便对自由面的位置进行调整，使其节点落在与单元边线的交点上。每次求出的自由面将计算区域划分为渗流实区与虚区并将虚区排出计算区域，经过不断迭代调整，最终结果将逐渐逼近真实的自由面。

马明瑞等研究了在水库蓄水水位变化时土石坝坝体的流场及渗流情况，采用二维渗流有限元分析软件为水库确定了最佳防渗方案。分析结果表明，库水位增高会导致浸润线高度上升及渗透量的增加；库水位的高度越高上游越危险；防渗墙深度对下游安全系数的影响较大。辛欣以苏洼龙水电站的土石坝防渗墙为研究对象，采用饱和/非饱和渗流本构模型分析了防渗墙的渗流规律并得出优化的防渗墙厚度，结果与莱茵法计算结果结合得出最终的防渗墙厚度。经验算，当防渗墙厚度取 40.5 m 时防渗效果较好，各项参数均在防渗标准及安全范围之内。高江林等采用饱和/非饱和渗流本构模型分析了不同质量缺陷对防渗墙渗流情况的影响。分析结果表明，墙底沉渣对渗流的影响不大；渗透系数过小并不会显著提升防渗效果，反而会加大成本；墙体未入岩会导致防渗墙无法截断渗流通道，使得渗流场变化非常大；墙底开叉会抬高浸润线高度，进而影响渗流稳定性。

Liu 等基于 ABAQUS 的二次开发程序建立了一个水位下降工况的水库边坡数值模型，并以此分析非饱和土的土水特征曲线方程中拟合参数对浸润线位置和边坡安全系数的影响。结果表明，在这 3 个参数中，参数 a，n 对安全系数影响较大；参数 m 对安全系数影响较小。Mao 等基于非饱和土渗流模型对恰拉水库周边农田组合防渗措施进行计算，分析有无防渗设施时地下水深度与排水沟深度和位置的关系，并对下游边坡稳定性进行分析。数值分析与现场试验验证的结果表明，农田地下水埋深呈“漏斗状”下降趋势。Wu 等研究了降雨入渗情况下土坡的渗流及变形稳定情况，采用界面渗流本构模型求解了入渗时边坡的耦合偏微分方程并分析了降雨对边坡的影响。分析结果表明，各向异性对孔隙水压力的影响与非饱和土坡的深度和位置有关。当边坡横向渗透系数与竖向渗透系数之比超过 1 时，部分饱和边坡的安全系数相对较高。Huang 等对海堤防渗墙在快速涨落潮时的非稳定渗流进行模拟分析，基于模拟结果和监测值构建了反分析函数并将反分析确定的渗透参数用于非稳定渗流计算。结果表明，计算结果与监测结果吻合，该方法合理可行。Liu 等使用非饱和渗流本构模型模拟了降雨入渗及地表径流的产生，通过模拟非饱和渗流过程来求解地表径流方程。在此基础上提出了一种有限元计算的求解方式。根据对比实验发现，该求解方式计算的结果与传统方法相比更加精确。

由此可见,采用计算机有限元渗流分析软件为防渗墙及周边区域建立数值模型,按照实际工程条件设置合适的水头边界条件,并赋予相应的土层属性,最后分析计算得出需要的云图和数据走势图等。将室内模型箱的数值分析结果数据和模型箱记录数据对比,结合对实际工程的有限元分析得出与实际相符合的防渗墙渗透规律,根据这些规律可以为实际垃圾填埋场防渗墙的设计提供参考。

1.9　主要研究工作内容

自2010年以来,常州工学院岩土工程课题组一直致力于垃圾填埋场防渗新技术的研究工作,并通过承担国家自然科学基金面上项目"垃圾填埋场PBFC防渗浆材性能与墙体变形分析"(51678083),江苏省自然科学基金项目"垃圾填埋场隔离墙浆材防渗作用机理及成墙工艺"(BK2012592)等项目研究,取得了一批有价值和创新性的研究成果。其主要研究工作内容如下:

①根据垃圾填埋场对防渗浆材可灌性、低渗透性、吸附阻滞性、合适强度、耐久性及变形协调性等方面的性能要求,在BFC浆材配方的研究基础上,通过正交试验确定BFCF,PBFC和NBFC等防渗浆材基本组分。

②针对PBFC和NBFC防渗浆材的可灌性进行研究,探讨各组分不同掺量对此类浆材可泵期及流动度的影响趋势,为制备满足垃圾填埋场垂直防渗工程施工灌注要求的防渗浆材提供依据。

③探讨各组分不同掺量对PBFC浆材固结体力学性能的影响趋势,为防渗墙设计与施工提供理论依据。

④通过模拟渗透试验,完成PBFC和NBFC防渗浆材的抗渗性能与吸附阻滞性能研究。利用自制的气压式渗滤仪采集渗滤液经浆材结石体滤出后的样本;使用原子荧光光度计、火焰原子吸收分光光度计、高效液相色谱仪等仪器测试渗滤液滤出后的样本成分。利用SEM图,进行防渗浆材吸附机理的微观分析。

⑤将NBFC防渗浆材与垃圾填埋场周边原状土进行拌合,在满足垃圾填埋场防渗要求的前提下,充分利用周边天然的条件,降低工程造价,同时为防渗墙工程施工提供可借鉴的经验。

⑥以工程现场地质条件为基础,在室内环境建立等比例微缩模型,并在其中埋设应力、应变传感器以收集应力、应变及位移信息,要求模型建立要尽量符合工程实际情况。通过使用有限元分析软件建立三维有限元模型,确定模型边界条件,并对模型进行网格化划分,设定模型接触参数等变量。分析有限元分析结果并对比实体模型数据,建立起符合度较高的墙体应力-应变关系数学模型,估算出墙体水平位移、最大主应力和最小主应力的变化规律,

从而为垃圾填埋场防渗工程设计和施工提供参考。

⑦采用模型试验与数值分析相结合的方法，利用 GeoStudio 2017 软件进行防渗墙体渗透性能数值模拟分析，将模拟计算结果与试验数据进行对比分析以评价防渗墙的渗透性能，为实际垃圾填埋场防渗墙设计提供依据。

参考文献

[1] OSINUBI K J, AMADI A A. Hydraulic Performance of Compacted Lateritic Soil-Bentonite Mixtures Permeated with Municipal Solid Waste Landfill Leachate[J]. Transportation Research Board 88th Annual Meeting, 2009,620(9):18-22.

[2] INAZUMI S, KIMURA M. Environmental impact evaluation on construction of vertical cutoff walls in landfill sites[J]. Geotechnical Engineering Journal,2009, 40(4):217-224.

[3] 蔺晓娟，张颂. 沈阳市生活垃圾填埋场现状及场地利用的建议[J]. 环境保护科学,2010,36(3):60-62,66.

[4] 罗莉，寇学永. 武汉市二妃山垃圾填埋场环境影响后评价探讨[J]. 环境科学与技术,2015(S1):436-440,457.

[5] 肖诚，熊向阳，夏军. 生活垃圾卫生填埋场防渗结构设计影响因素分析[J]. 环境卫生工程,2007,15(5):29-32.

[6] LI Y, LI J, CHEN S, et al. Establishing Indices for Groundwater Contamination Risk Assessment in the Vicinity of Hazardous Waste Landfills in China[J]. Environmental Pollution. 2012,165(Jun.):77-90.

[7] 狄军贞，戴男男，江富，等. 强化垂直流可渗透反应墙处理渗滤液污染物[J]. 环境工程学报,2015, 9(3):1033-1037.

[8] FLEMING I R. Indirect measurements of field-scale hydraulic conductivity of waste from two landfill sites[J]. Waste Management,2011,31(12):2455-2463.

[9] 陈永贵，张可能，邓飞跃，等. 粘土固化注浆帷幕对渗滤液中苯酚的吸附性能研究[J]. 中南大学学报：自然科学版,2009,40(1):243-247.

[10] 张文杰，陈云敏，詹良通. 垃圾填埋场渗滤液穿过垂直防渗帷幕的渗漏分析[J]. 环境科学学报,2008, 28(5):925-929.

[11] 柯斌，吴勇，熊昌龙，等. 有机改性成都粘土预处理垃圾渗滤液[J]. 环境工程学报,2014,8(3):1113-1119.

[12] 薛强，赵颖，刘磊，等. 垃圾填埋场灾变过程的温度-渗流-应力-化学耦合效应研究[J]. 岩石力学与工程学报,2011,30(10):1970-1988.

[13] 施建勇，栾金龙. 垃圾体内部与衬里界面组合破坏稳定分析方法研究[J]. 岩土力学,2013(9):2576-2582,2588.

[14] 邱纲，梁力，孙洪军. 生物降解下垃圾填埋场的边坡稳定性[J]. 东北大学学报：自然科学版,2013,34(10):1495-1498.

[15] 刘学贵，刘长风，高品一，等. 聚丙烯酰胺改性膨润土防渗材料的制备及其表征[J]. 新型建筑材料, 2012(4):10-13.

[16] 解俊，丁纯梅，张万瑞. 壳聚糖改性膨润土对酸性红吸附性能的研究[J]. 安徽工程大学学报, 2012, 27

(3):6-9.

[17] MAGANA S M, QUINTANA P, AGUILAR D H, et al. Antibacterial activity of montmorillonites modified with silver[J]. Journal of Molecular Catalysis A Chemical, 2008, 281(1/2):192-199.

[18] CONSOLI N C, HEINECK K S, CARRARO J A H. Portland Cement Stabilization of Soil-Bentonite for Vertical Cutoff Walls Against Diesel Oil Contaminant[J]. Geotechnical & Geological Engineering, 2010, 28(4):361-371.

[19] ROYAL AC D, MAKHOVER Y, MOSHIVIAN S, et al. Investigation of Cement-Bentonite Slurry Samples Containing PFA in the UCS and Triaxial Apparatus[J]. Geotechnical & Geological Engineering, 2013, 31(2):767-781.

[20] HERRICK C G, PARK B Y, HOLCOMB D J. Extent of the Disturbed Rock Zone Around a WIPP Disposal Room[J]. Endoscopy, 2009, 32(10):S61-S61.

[21] ATA A A, SALEM T N, ELKHAWAS N M. Properties of soil-bentonite-cement bypass mixture for cutoff walls[J]. Construction & Building Materials, 2015, 93:950-956.

[22] 黄亮，徐超，吴芳. 水泥-膨润土泥浆固结体力学性能室内试验研究[J]. 勘察科学技术，2009(6):3-8.

[23] 费培云，季崍，张道玲，等. 上海老港垃圾卫生填埋场隔离墙材料特性室内试验研究[J]. 上海地质，2005(4):51-53, 70.

[24] 何润芝，何丽娟. 防渗墙低弹塑性混凝土的试验研究与应用[J]. 混凝土，2006(9):7-10.

[25] GARVIN S L, HAYLES C S. The chemical compatibility of cement-bentonite cut-off wall material[J]. Construction & Building Materials, 1999, 13(6):329-341.

[26] SMITH L A, BARBOUR S L, HENDRY M J, et al. A multiscale approach to determine hydraulic conductivity in thick claystone aquitards using field, laboratory, and numerical modeling methods[J]. Water Resources Research, 2016, 52(7):5265-5284.

[27] DANIELS J L, INYANG H I, CHIEN C C. Verification of Contaminant Sorption by Soil-Bentonite Barrier Materials Using Scanning Electron Microscopy/Energy Dispersive X-Ray Spectrometry[J]. Journal of Environmental Engineering, 2004, 130(8):910-917.

[28] LACIN O, BAYRAK B, KORKUT O, et al. Modeling of adsorption and ultrasonic desorption of cadmium(Ⅱ) and zinc(Ⅱ) on local bentonite[J]. Journal of Colloid and Interface Science, 2005, 292(2):330-335.

[29] GUPTA S S, BHATTACHARYYA K G. Removal of Cd(Ⅱ) from aqueous solution by kaolinite, montmorillonite and their poly(oxo zirconium) and tetrabutylammonium derivatives[J]. Journal of Hazardous Slurrys, 2006, 128(2-3):247-257.

[30] 代国忠，殷琨. 生活垃圾填埋场防渗浆材配制与成墙工艺研究[J]，冰川冻土，2011，33(4):922-926.

[31] RAFALSKI L. Designing of Composition of Bentonite-Cement Slurry for Cut-Off Walls Constructed by the Monophase Method[J]. Archives of Hydroengineering & Environmental Mechanics, 1994, 41(7): 7-23.

[32] 向永忠，李强，李守建. 冶勒水电站大坝基础防渗墙墙体材料研究[J]. 四川水力发电，2003，22(4): 9-12, 38.

[33] 张成军，陈尧隆，刘建成. 防渗墙粘土混凝土力学性能研究[J]. 水力发电学报，2006，25(1): 94-8.

[34] 赵林. 水泥风化土浆薄壁防渗墙墙体材料应用[J]. 水利科技, 2016(2): 37-39.
[35] 宋帅奇, 陈颖杰, 韩杨. 水泥窑灰塑性混凝土防渗墙材料基本性能试验研究[J]. 水力发电学报, 2018, 37(7): 58-64.
[36] 王刚, 张建民, 濮家骝. 坝基混凝土防渗墙应力位移影响因素分析[J]. 土木工程学报, 2006, 39(4): 73-77.
[37] 刘健, 胡南琦, 徐宝军, 等. 水泥基土石坝防渗注浆材料试验[J]. 山东大学学报:工学版, 2018, 48(2): 39-45.
[38] GUO J J, HUA Y , HU Z D, et al. Adaptive Behaviour to Environment of HDPE by Principal Component Analysis[J]. Journal of Materials Engineering, 2015, 43(01): 96-103.
[39] 徐江伟, 余闯, 蔡晓庆, 等. 复合衬层中变系数有机污染物迁移规律分析[J]. 岩土力学, 2015(S1): 109-114.
[40] 邵生俊, 杨春鸣. 粗粒土泥浆护壁防渗墙的抗渗设计方法研究[J]. 水利学报, 2015(S1): 46-53.
[41] 朱伟, 徐浩青, 王升位, 等. $CaCl_2$ 溶液对不同黏土基防渗墙渗透性的影响[J]. 岩土力学, 2016, 37(5): 1224-1230,1236.
[42] 许文峰, 周杨. 塑性混凝土防渗墙抗渗性能检测[J]. 人民黄河, 2013, 35(7): 89-91.
[43] 纪伟, 滕红梅, 陈艳, 等. 不透水地基均质土堤防渗墙渗透系数五段算法[J]. 水电能源科学, 2013, 31(6): 144-146,176.
[44] 徐超, 黄亮, 邢皓枫. 水泥-膨润土泥浆配比对防渗墙渗透性能的影响[J]. 岩土力学, 2010, 31(2): 422-426.
[45] 张文杰, 顾晨, 楼晓红. 低固结压力下土-膨润土防渗墙填料渗透和扩散系数测试[J]. 岩土工程学报, 2017, 39(10): 1915-1921.
[46] SHI Z, XIONG X, PENG M, et al. Stability analysis of landslide dam with high permeability region: A case study of Hongshihe landslide dam[J]. Journal of Hydraulic Engineering, 2015, 46(10): 1162-1171.
[47] SEVERINO G, De BARTOLO S. Stochastic Analysis of Steady Seepage Underneath a Water-retaining Wall Through Highly Anisotropic Porous Media[J]. Journal of Fluid Mechanics, 2015, 778: 253-272.
[48] 潘树来, 王全凤, 俞缙, 等. 三维非稳定渗流自由面边界积分项的精确数值计算[J]. 计算力学学报, 2015(2): 243-249.
[49] 张旭, 谭卓英, 周春梅. 库水位变化下滑坡渗流机制与稳定性分析[J]. 岩石力学与工程学报, 2016, 35(4): 713-723.
[50] 王媛. 求解有自由面渗流问题的初流量法的改进[J]. 水利学报, 1998(3): 68-73.
[51] 马明瑞, 张继勋, 郁舒阳, 等. 库水位变动对心墙坝渗流特性影响及防渗措施研究[J]. 三峡大学学报:自然科学版, 2019, 41(4): 10-15.
[52] 辛欣. 防渗墙深度优化及其防渗效果研究[J]. 水电能源科学, 2017, 35(12): 131-134, 147.
[53] 高江林, 严卓. 土石坝加固工程中缺陷防渗墙渗流特性研究[J]. 人民黄河, 2017, 39(9): 125-128,134.
[54] MAO H, WANG Z, WANG X, et al. Influence of reservoir seepage prevention measures and drainage ditch behind dam on groundwater depth of surrounding farmland[J]. Nongye Gongcheng Xuebao/Transactions of the Chinese Society of Agricultural Engineering, 2017, 33(11): 98-107.

[55] WU L Z, ZHANG L M, ZHOU Y, et al. Analysis of multi-phase coupled seepage and stability in anisotropic slopes under rainfall condition[J]. Environmental Earth Sciences, 2017, 76(14): 469.

[56] HUANG M, LU Y S, LAN Z G, et al. Back analysis of permeability parameters under unsteady seepage of seawall[J]. Shanghai Jiaotong Daxue Xuebao/Journal of Shanghai Jiaotong University, 2016, 50(3): 443-447.

[57] LIU G, TONG F, TIAN B. A Finite Element Model for Simulating Surface Runoff and Unsaturated Seepage Flow in the Shallow Subsurface[J]. Hydrological Processes, 2019, 33(26): 3378-3390.

[58] 张家发,范士凯,陶宏亮,等. 建筑基坑防渗墙渗流控制效果研究[J]. 长江科学院院报, 2016, 33(6): 58-64.

[59] 中华人民共和国住房和城乡建设部. 生活垃圾卫生填埋处理技术规范:GB 50869—2013[S]. 北京: 中国建筑工业出版社, 2014.

[60] 中华人民共和国住房和城乡建设部. 生活垃圾卫生填埋场岩土工程技术规范:CJJ 176—2012[S]. 北京: 中国建筑工业出版社, 2012.

[61] 陈平, 曹晓强, 张燕. 有机膨润土对阴离子和非离子染料的吸附研究[J]. 水处理技术, 2016, 42(8): 74-78.

[62] 房营光, 彭占淇, 谷任国, 等. 流变物质对软土流变参数影响的蠕变试验[J]. 岩土力学, 2016(S2): 257-262.

[63] OZYILDIRIM H C, KHAKIMOVA E, NAIR H, et al. Fiber-Reinforced Concrete in Closure Pours over Piers[J]. ACI Materials Journal, 2017, 114(3): 397-406.

[64] 张镇飞, 倪万魁, 王熙俊, 等. 压实黄土水分入渗规律及渗透性试验研究[J]. 水文地质工程地质, 2019, 46(6): 97-104.

[65] DAI G Z, SHENY Y M, PAN Y T, et al. Application of a bentonite slurry modified by polyvinyl alcohol in the cut-off of a landfill[J]. Advances in Civil Engineering, 2020(2): 1-9.

[66] DAI G Z, ZHU J, SONG Y, et al. Experimental Sdudy on the Deformation of a Cut-Off Wall in a Landfill[J]. KSCE Journal of Civil Engineering, 2020, 24(5): 1439-1447.

[67] 中华人民共和国住房和城乡建设部. 生活垃圾卫生填埋场封场技术规范:GB 51220—2017[S]. 北京: 中国计划出版社, 2017.

[68] TRAVAR I, ANDREAS L, KUMPIENE J, et al. Development of drainage water quality from a landfill cover built with secondary construction materials[J]. Waste Management, 2015(35): 148-158.

[69] DU Y J, FAN R D, LIU S Y, et al. Workability, compressibility and hydraulic conductivity of zeolite-amended clayey soil/calcium-bentonite backfills for slurry-trench cutoff walls[J]. Engineering Geology, 2015(195): 258-268.

[70] PHILIP L K. An investigation into contaminant transport processes through single-phase cement-bentonite slurry walls[J]. Engineering Geology, 2001, 60(1-4): 209-221.

[71] JOSHI K, KECHAVARZI C, SUTHERLAND K, et al. Laboratory and in situ tests for long-term hydraulic conductivity of a cement-bentonite cutoff wall[J]. Journal of Geotechnical and Geoenvironmental Engineering, 2010, 136(4): 562-572.

[72] LIU B, LI J T, WANG Z W, et al. Influence of seepage behavior of unsaturated soil on reservoir slope stability[J]. Journal of Central South University: Science and Technology, 2014, 45(2): 515-520.

第2章　防渗浆材的基本实验研究

2.1　防渗浆材的组成与实验方法

1)防渗浆材的基本组成

根据目前国内外垃圾填埋场防渗浆材研究现状与应用成果，针对垃圾填埋场防渗措施对防渗浆材及其结石体性能的要求，本着经济、实用、环保的原则。本书选择膨润土、水泥和粉煤灰作为垃圾渗滤液防渗浆材的主要添加材料。

(1)膨润土

膨润土是以蒙脱石为主要成分的黏土岩。膨润土资源十分丰富，世界已探明储量近百亿吨，其中美国、苏联和中国的储量占世界地质储量的1/4。钙基膨润土占世界地质储量的70%～80%，钠基膨润土资源十分有限。我国膨润土储量居世界第二位，仅次于美国，主要集中在东北和东部沿海各省，如吉林公主岭和九台、辽宁黑山、山东潍县涌泉、浙江临安和仇山等，且80%以上为钙基膨润土。

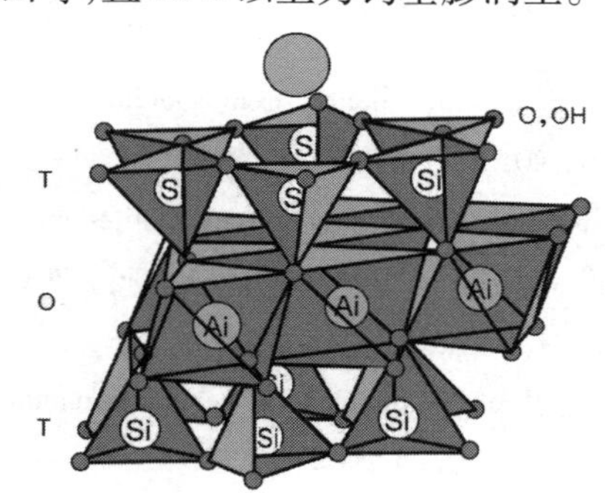

图2.1　蒙脱石的结构形式

蒙脱石的晶体结构是由两层硅氧四面体片中间夹一层铝(镁)氧八面体片构成的2∶1型层状硅酸盐，如图2.1所示。其中硅氧四面体片是由硅氧四面体共角顶连接形成位于同一平面的近似六方网状的硅氧片；铝(镁)氧八面体片是由两层相对的硅氧四面体片提供4个氧原子和2个由处于同一平面的羟基提供的氧原子所构成的八面体共棱连接形成的八面体片，而金属阳离子铝(镁)则位于八面体中心，从而形成了铝(镁)氧八面体片。蒙脱石晶体结构特征：一是两个单元层间以分子间力连接，结构比较松散，所以水分子或其他有机分子易进入层间，使膨润土产生吸水膨胀、高分散性及吸附性等；二是铝(镁)氧八面体中的铝离子可以被镁、锌等多种离子置换，硅氧四面体中的硅离子也可以被铝离子置换，由于低价阳离子置换高价离子，使得蒙脱石的晶体结构带负电荷，因此，为了达到电价平衡，蒙脱石晶胞会吸附交换性阳离子（K^+，Na^+，Ca^{2+}等），从而使得蒙脱石矿物有吸附阳离子和极性有机分子的特性。

蒙脱石也称微晶高岭石或胶岭石，是含少量碱及碱土金属的含水铝硅酸盐矿物，其化学通式为：

$$Na_x(H_2O)_4\{(Al_{2-x}Mg_x)[Si_4O_{10}](OH)_2\}$$

由于蒙脱石的成因类型或产地不同，其化学组成也有所变化，但 Si，Al，Fe，Mg 始终是蒙脱石的主要成分，其次是 K，Na，Ca 等元素，见表 2.1。

表 2.1　国内外膨润土的主要化学成分对比　　单位：%

膨润土成分	膨润土产地					
	美国	中国				
	怀俄明州	新疆托克逊	浙江临安	辽宁黑山	吉林刘房子	江苏南京
SiO_2	62.21	65.55	69.79	71.39	72.00	68.27
Al_2O_3	19.98	14.40	14.72	14.41	1.78	12.25
Fe_2O_3	3.86	2.57	1.28	1.71	2.30	2.44
MgO	2.61	2.18	1.91	1.52	1.77	1.31
CaO	1.00	1.47	1.60	1.20	0.96	1.83
Na_2O	1.99	3.07	2.12	1.98	1.90	1.46
K_2O	0.38	2.29	1.98	0.44	1.09	2.77
Ti_2O	0.13	0.26	0.07	—	0.16	0.22
烧失量	7.30	6.30	6.10	5.25	5.50	5.83

膨润土由于具有优良的物理化学性质，因此在环境治理、食品、医药和农业等领域的应用逐年扩大。膨润土的物理化学性质主要有以下几项：

①吸水膨胀性。膨润土具有良好的吸湿性，能吸附 8 ~ 15 倍于自身体积的水量。吸水后膨胀数倍可达到原体积的 30 余倍。钠基膨润土吸水速度慢，但吸水量大，而钙基膨润土吸水速度快（一般 2 h 即可达到饱和），吸水量小。钠基膨润土的吸水量和膨胀倍数是钙基膨润土的 2 ~ 3 倍。

②分散悬浮性。蒙脱石矿物的晶层间易进入水分子，使晶层分离，蒙脱石颗粒以单一晶胞或晶层面的平行叠置状态存在于液体中，由于蒙脱石晶胞带有负电性，晶胞间彼此相斥，因此蒙脱石矿物以胶体分散状态存在于水溶液中，当 $pH>7$ 时，更有助于膨润土的分散悬浮性。

③离子交换性。由于蒙脱石晶胞内高价离子 Si^{4+} 和 Al^{3+} 可被低价阳离子同晶置换，致使单位晶层中的电荷不平衡，出现过剩的负电荷。晶胞所带负电荷一部分由八面体晶片中 OH^- 置换 O^{2-} 来补偿，另一部分通过静电吸附低价阳离子平衡，这些被吸附的阳离子具有交

换性。最常见的可交换阳离子是 Ca^{2+} 和 Na^{+}。离子浓度相同时，高价阳离子易置换低价阳离子；当离子同价时，半径大的离子水化弱，易被黏土吸附，交换吸附能力大；离子浓度不同时，电价低而浓度高的离子也能够置换高电价低浓度的离子。而且离子交换吸附与脱附是一个动态平衡过程，达到交换吸附平衡需要一定的时间。

④对有机物的吸附性。蒙脱石中硅氧四面体或铝氧八面体中的 Si^{4+} 离子或 Al^{3+} 离子被其他低价阳离子取代的晶格置换引起内部电荷不平衡，形成负电荷吸附中心，从而具有吸附各种阳离子和极性分子的能力，所以蒙脱石晶层间和晶胞表面能吸附多种有机分子。同时由于蒙脱石独特的双八面体结构和层状组合具有较大的比表面积（456 ~ 676 m^2/g），因而其对大分子有机物也具有高度的选择吸附性。蒙脱石对有机物的吸附有交换吸附和物理吸附两种。交换吸附可以是共价键结合，如 CH_2N_2 遇到 H-蒙脱石形成-Si-OCH_3；也可以是离子键结合，如 Na-蒙脱石与有机胺盐作用，有机胺盐阳离子取代 Na^{+} 形成 R-NH_3-蒙脱石复合物。物理吸附通常在高温或有机溶剂中进行，层间含有高价态金属阳离子的蒙脱石对特定有机分子有较强的吸附能力，对垃圾渗滤液中有机物具有较好的吸附效果。

通过对 Cd^{2+} 和 Pb^{2+} 的吸附性实验，高岭石的稳定吸附能力最低，蒙脱石的稳定吸附能力最高。因此蒙脱石含量越高，越有利于阻止垃圾渗滤液对地下水的污染；黏性土中黏粒含量的增高不仅有利于阻止重金属离子的径流扩散，而且也有利于阻止重金属离子的化学扩散；黏性土中 $CaCO_3$ 的存在有利于使重金属离子呈稳定态吸附。

⑤化学稳定性与无毒性。蒙脱石在室温下不与碱、氧化剂、还原剂反应，具有较好的化学稳定性。膨润土对人、畜、植物无毒害和腐蚀作用，对人体皮肤无刺激，对神经和呼吸系统无影响。

对于南京小汤山钠基膨润土，其膨润土的性能指标见表 2.2。该膨润土的蒙脱石含量在 60% 以上，具有高塑性、低渗透性、分散悬浮性好等特点，并能较好地吸附渗滤液中的污染成分。

表 2.2　膨润土的性能指标

初始含水量/%	相对密度	液限/%	塑限/%	塑性指数	细度 200 目/%
10.0	2.71	2.65	38	22.7	>85

（2）粉煤灰

粉煤灰是燃煤电厂中磨细煤粉在锅炉中燃烧后从烟道排出并被收尘器收集的物质，其主要成分是 SiO_2，Al_2O_3 和 Fe_2O_3 等，表 2.3 是我国 40 个大型电厂粉煤灰化学成分分析统计值。粉煤灰通常为球状颗粒、不规则多孔玻璃颗粒、微细颗粒、钝角颗粒和含碳颗粒等，其中前三种颗粒 SiO_2 和 Al_2O_3 含量较高，具有较高的水化活性，有利于水泥-粉煤灰体系水化。粉煤灰颗粒尺寸变化范围大，直径从几百微米到几微米，比表面积一般为 2 500 ~7 000 cm^2/g，相对密度为 2.01 ~2.22。我国根据粉煤灰的细度和烧失量将其分为 3 个等级：Ⅰ级粉煤灰，

0.045 mm方孔筛筛余量小于12%，烧失量小于5%；Ⅱ级粉煤灰，0.045 mm方孔筛筛余量小于20%，烧失量小于8%；Ⅲ级粉煤灰，0.045 mm方孔筛筛余量小于45%，烧失量小于15%。

表 2.3　我国 40 个大型电厂粉煤灰化学成分分析统计值

氧化物	SiO_2	Al_2O_3	Fe_2O_3	CaO	MgO	SO_3	烧失量
范围/%	20 ~ 62	10 ~ 40	3 ~ 19	1 ~ 45	0.2 ~ 5	0.02 ~ 4	0.6 ~ 51

粉煤灰由低铁玻璃珠、多孔玻璃体及多孔碳粒组成，是一种多孔性的固相物质，孔隙度一般可达60% ~70%。粉煤灰的多孔性及组分特点均使其具有较优良的吸附和过滤性能，因此经常在水处理中使用。对于垃圾场防渗浆材的配制，选用一级（或二级）粉煤灰均可。粉煤灰对重金属离子具有一定的吸附能力，能有效降低渗沥滤液中 COD、BOD_5 和三氮的浓度。同时加入粉煤灰可有效降低浆材固结体的渗透系数。

（3）水泥

水泥是应用比较广泛的一种胶凝材料，也是注浆工程中广泛应用的一种材料。水泥用作注浆材料具有来源较广、成本较低、无毒性、施工简便等优点，但纯水泥浆存在易析水、稳定性差、颗粒大不易进入微小裂隙等缺点。垃圾填埋场防渗浆液材料常用 P·O 42.5 级普通硅酸盐水泥，水泥的主要成分及含量见表 2.4。水泥的作用主要是用来提高浆材的强度，使得浆材的强度满足要求，但是水泥的掺入量过大也会导致浆材的抗渗性能降低，故需要选择合适的掺入量。

表 2.4　水泥的主要成分及含量

SiO_2 /%	Fe_2O_3 /%	Al_2O_3 /%	CaO /%	MgO /%	总减量 /%	烧失量 /%	细度 /mm	初凝时间 /min	终凝时间 /min
22.05	2.35	6.07	58.64	2.71	0.72	3.02	0.4	180	240

（4）减水剂

为确保浆材的可灌性（可泵期）、稳定性和结石体的密实性，可选用聚羧酸减水剂（TOJ800-10A）、铁络木质素磺酸盐（FCLS）、萘磺酸盐甲醛缩合物（NUF-5）等作为浆液配制的减水剂（或称为稀释剂）。

聚羧酸系高效减水剂是高性能混凝土、高强度混凝土、矿渣混凝土、水泥灌浆、干砂浆中常用的高效减水剂。TOJ800-10A 等聚羧酸高效减水剂可增加混凝土和易性，并保持一定的坍落度，从而使防渗浆材能满足施工工艺要求。TOJ800-10A 聚羧酸减水剂具有早强高强、适应性优良、低坍落度损失、高耐久性等优点，当坍落度为 80 mm 左右时，减水率可为 25%以上；当坍落度为 180 mm 左右时，减水率可为 30%以上，具体性能指标见表 2.5。

表 2.5　TOJ800-10A 聚羧酸减水剂的性能指标参数

性能	含水率/%	pH 值（20% 水溶液）	Cl^- 含量/%	堆积密度/（$kg \cdot m^{-3}$）	烧失量/%	细度:0.315 mm 筛份/%	减水率/%
指标	≤1	7～8	≤0.1	510±10	≥85	≥90	≥25

（5）膨润土改性剂

实验研究证实，对膨润土进行有机化改性可以显著提高浆材结石体对渗滤液的吸附阻滞能力。首先，经有机化改性后的膨润土表面存在长碳链表面活性剂，使得膨润土层间距增大，比表面积增大，从而具有更高的吸附性能。其次，有机膨润土对有机污染物的吸附为水相与有机相之间的分配过程，此种情况对污染物的去除率主要决定于有机污染物在有机插层及水中的溶解程度，因此，有机污染物碳链越长，去除率越大；相反，在水中溶解度越大，去除率越小。膨润土对无机物吸附为静电吸附和离子交换吸附，包括由分子间作用力引起的物理吸附，以及层间所带的永久性负电荷对无机污染物的静电吸附，同时还有层间存在的阳离子与无机污染物阳离子发生离子交换的吸附作用等，使得有机膨润土吸附性能增强。最后，对膨润土进行有机改性后，使颗粒表面由于有机分子的包裹作用而转变成疏水性，从而提高对疏水性有机物的吸附。同时，膨润土经有机改性后，其表面性质发生了较大的变化，孔密度减少，孔径增大，分散性增强。因而既大大增加膨润土的吸附能力，又增大了膨润土的疏水性，提高了分离效率。

本书主要选用聚乙烯醇、羧甲基纤维素钠等对膨润土进行有机化改性。采用聚乙烯醇为改性剂对膨润土进行有机化改性，改性后性能显著提升主要原因如下：

①膨润土经聚乙烯醇改性后，其颗粒表面形成致密高黏度薄膜，同时由于膨润土的分散悬浮作用，使得颗粒分布均匀，彼此间黏结力更大，结构密实度提高，吸附阻滞性增强。同时浆材中颗粒经聚乙烯醇的包裹，形成表面细致的高吸附性颗粒，提高其抗渗性能。聚乙烯醇溶剂充填在膨润土层间结构中，形成许多细小孔道，增大了膨润土孔隙率及颗粒的比表面积，提高了其吸附性能。

②在高碱度条件下，膨润土、水泥以及聚乙烯醇通过化学反应得到以基本结构单元（SiO_4）四面体和（AlO_4）四面体联结而成的网状结构。出于结构上的原因，使浆材兼有有机聚合物、水泥的特点，表现为高强度、高韧性、高耐久性等特点。

③聚乙烯醇可以促进水泥水化反应的进行，有机聚合物聚乙烯醇分子中含有大量的醇羟基活性基团，能与水泥水化产物相互作用，改变水化产物的生成部位和形貌，其产物的填充作用能使试体更加密实。

采用羧甲基纤维素钠（CMC-Na）代替聚乙烯醇对膨润土进行有机化改性。试验研究，经羧甲基纤维素钠改性后的膨润土材料制成的防渗浆材表面会形成一层致密的薄膜，可有效降低浆材的渗透系数,可增加垃圾填埋场的使用寿命,并且改性后的浆材固结体对污染物及重金属离子的吸附阻断能力也得到了增强。

(6)其他外加剂

可在防渗浆材配制中掺入适量的碳酸钠。在碱性环境下更有助于水泥、膨润土及粉煤灰水化反应的进行以及膨润土的有机化改性。

此外,掺入适量的聚丙烯纤维可以有效提升防渗墙体的抗裂性与抗渗性。加入纤维可以减少浆材固结体中的细微裂隙从而提升抗渗能力,据研究,加入 0.1% 的聚丙烯纤维可以使浆材的抗渗性提升一倍。常用纤维为丙烯单丝纤维(长度为 5 ~10 mm),其产品具体测试性能指标见表 2.6。

表 2.6　聚丙烯纤维测试性能指标

测试项目	指标	实测值
抗拉强度/MPa	≥270	382
弹性模量/MPa	≥3 500	3 825
断裂伸长率/%	≥6	8
抗酸碱性	强	强
分散性	优	优

2)实验方法

(1)正交试验法的原理及分析方法

采用正交试验法进行浆材配方的优选,首先说明正交试验法的原理。对于单因素或两因素试验,因其因素少,试验的设计、实施与分析都比较简单。但在实际工作中,常常需要同时考察 3 个或 3 个以上的试验因素,若进行全面试验,则试验的规模将很大,往往因试验条件的限制而难于实施。全面试验可以分析各因素的效应、交互作用,也可选出最优水平组合。但全面试验包含的水平组合数较多(如图 2.2 所示的 27 个节点),工作量大,在有些情况下无法完成。对于三因素、三水平的试验方案见表 2.7。

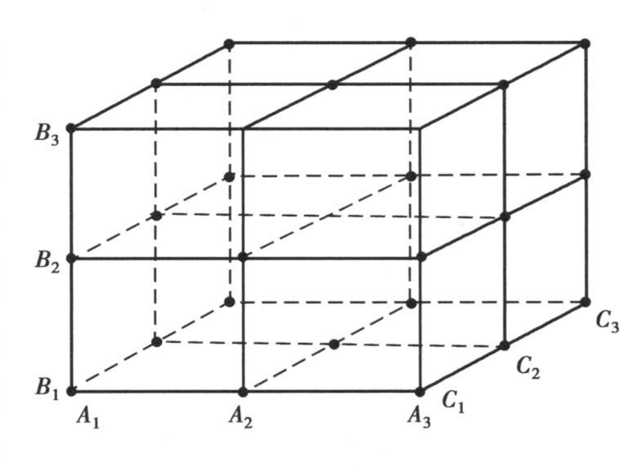

图 2.2　全面试验法节点示意图

表 2.7　三因素、三水平全面试验方案

试验方案		C_1	C_2	C_3
A_1	B_1	$A_1B_1C_1$	$A_1B_1C_2$	$A_1B_1C_3$
	B_2	$A_1B_2C_1$	$A_1B_2C_2$	$A_1B_2C_3$
	B_3	$A_1B_3C_1$	$A_1B_3C_2$	$A_1B_3C_3$

续表

试验方案		C_1	C_2	C_3
A_2	B_1	$A_2B_1C_1$	$A_2B_1C_2$	$A_2B_1C_3$
	B_2	$A_2B_2C_1$	$A_2B_2C_2$	$A_2B_2C_3$
	B_3	$A_2B_3C_1$	$A_2B_3C_2$	$A_2B_3C_3$
A_3	B_1	$A_3B_1C_1$	$A_3B_1C_2$	$A_3B_1C_3$
	B_2	$A_3B_2C_1$	$A_3B_2C_2$	$A_3B_2C_3$
	B_3	$A_3B_3C_1$	$A_3B_3C_2$	$A_3B_3C_3$

正交试验表的确定是利用正交表来安排与分析多因素试验的一种设计方法。它是从试验因素的全部水平组合中，挑选部分有代表性的水平组合进行试验的，通过对这部分试验结果分析得到全面试验的情况，寻求最优水平组合。

正交试验是用部分试验来代替全面试验的，不可能像全面试验一样对各因素效应、交互作用一一进行分析；当交互作用存在时，有可能出现交互作用的混杂。虽然正交试验设计有上述不足，但它能通过部分试验找到最优水平组合。

对于上述三因素、三水平试验，若不考虑交互作用，可利用正交表 $L_9(3^4)$ 安排，试验方案仅包含 9 个水平组合，就能反映试验方案包含的 27 个水平组合的全面试验情况，找出最佳的生产条件，如图 2.3 所示。

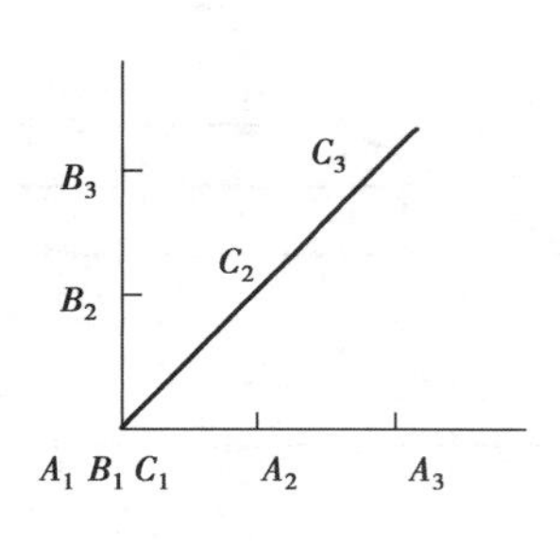

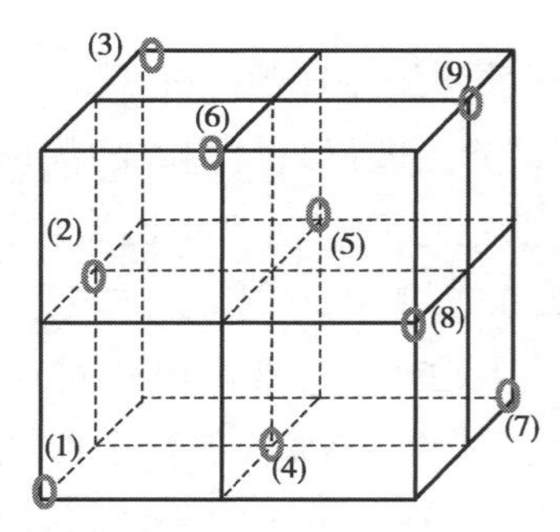

图 2.3　正交实验法示意图

正交设计就是从选优区全面试验点（水平组合）中挑选出有代表性的部分试验点（水平组合）来进行试验。图 2.3 中标有试验号的 9 个“(o)”，就是利用正交表 $L_9(3^4)$ 从 27 个试验点中挑选出来的 9 个试验点。这 9 种组合正交实验方案见表 2.8。

表 2.8　$L_9(3^4)$ 正交实验的 9 种组合方案

组合方案		
$A_1B_1C_1$	$A_2B_1C_2$	$A_3B_1C_3$
$A_1B_2C_2$	$A_2B_2C_3$	$A_3B_2C_1$
$A_1B_3C_3$	$A_2B_3C_1$	$A_3B_3C_2$

通过上述正交实验表的确定，保证了 A 因素的每个水平与 B 因素、C 因素的各个水平在试验中各搭配一次。对于 A，B，C 3 个因素来说，是在 27 个全面试验点中选择 9 个试验点，仅是全面试验的 1/3。

从图 2.3 正交实验法分析可知，所选择的每个实验配方在选择区间内分布比较均匀，此种设计方法是通过由一个点出发的 3 条棱线上均匀分布的 3 个点，通过两两相连所形成的水平或垂直平面相交点组合而成，所以实验组合在每个面上都是均衡分布的，其中，在三维直角坐标中每条棱边分别相当于 3 个因素，其上的 3 个点相当于 3 个水平。9 个试验点均衡地分布于整个立方体内，有很强的代表性，能较全面地反映选优区内的基本情况。

（2）正交试验法的分析方法

一般情况下，采用极差分析方法是正交试验结果的最基本的分析方法，比较容易理解且方便直观。以下简述了极差分析的过程，如图 2.4 所示。

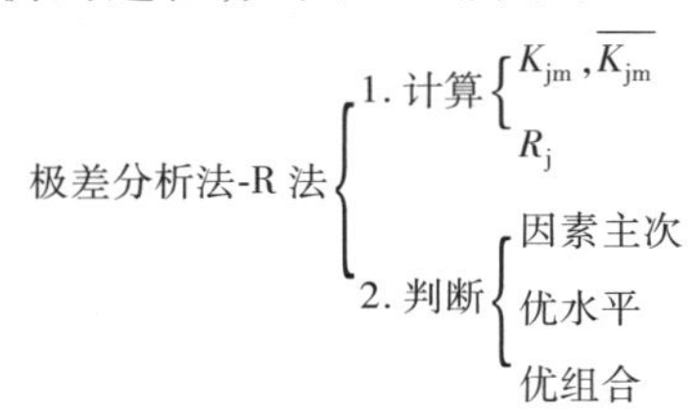

图 2.4　极差分析法示意图

其中，K_{jm} 为第 j 列因素 m 水平所对应的试验指标和，$\overline{K_{jm}}$ 为 K_{jm} 平均值。由 $\overline{K_{jm}}$ 大小可以判断第 j 列因素优水平和优组合。以各因素水平为横坐标，试验指标的平均值（$\overline{K_{jm}}$）为纵坐标，绘制因素与指标趋势图。由因素与指标趋势图可以更直观地看出试验指标随着因素水平的变化而变化的趋势，为进一步试验指明方向。

R_j 为第 j 列因素的极差，反映了第 j 列因素水平波动时，试验指标的变动幅度。

极差 R：表示该因素在其取值范围内试验指标变化的幅度。

$$R = \max(K_i) - \min(K_i) \tag{2.1}$$

根据极差 R 的大小，可判断各因素对试验指标的影响主次。比较各 R 值大小，R 值越大的表示因素对指标的影响大，因素越重要；R 值越小的表示因素对指标的影响较小。

极差分析法简单明了，通俗易懂，计算工作量少。但这种方法不能将试验中由试验条件改变引起的数据波动同试验误差引起的数据波动区分开来，也就是说，不能区分因素各水平间对应的试验结果的差异究竟是因素水平不同还是试验误差引起的，无法估计试验误差的大小。此外，各因素对试验结果的影响大小无法给以精确的数量估计，不能提出一个标准来判断所考察因素的作用是否显著。为了弥补极差分析的缺陷，可采用方差分析法。

方差分析法的基本思想是将数据的总变异分解成因素引起的变异和误差引起的变异两部分，构造 F 统计量，作 F 检验，即可判断因素作用是否显著。

方差分析法分析的过程如下：

总偏差平方和：

总偏差平方和 = 各列因素偏差平方和 + 误差偏差平方和

$$SS_{\mathrm{T}} = SS_{因素} + SS_{空列(误差)} \tag{2.2}$$

自由度分解：

$$df_T = df_{因素} + df_{空列(误差)} \tag{2.3}$$

求出方差：

$$MS_{因素} = \frac{SS_{因素}}{df_{因素}}, MS_{误差} = \frac{SS_{误差}}{df_{误差}} \tag{2.4}$$

构造 F 统计量：

$$F_{因素} = \frac{MS_{因素}}{MS_{误差}} \tag{2.5}$$

列方差分析表，作 F 检验：若计算出的 F 值 $F_0 > F_a$，则拒绝原假设，认为该因素或交互作用对试验结果有显著影响；若 $F_0 \leqslant F_a$，则认为该因素或交互作用对试验结果无显著影响。

3）防渗浆材实验项目及测试仪器

通过上述正交实验方法进行垃圾场防渗浆材组分的优选，实验过程中采用土工仪器测定浆材及其结石体的性能参数，并根据试验数据不断优化浆液的配方。需要测试的浆材（或固结体）性能及选用的测试仪器如下：

（1）浆材的可灌性

可灌性是基于流动度和可泵期来衡量浆材施工性能的综合技术指标。可泵期和流动度采用流动度仪（由流动度盘和截锥圆模组成）测试。金属截锥圆模（$\phi36 \times 60 \times 60$）：上口直径 36 mm，下口直径 60 mm，高 60 mm，内壁光滑且无接缝。塑料流动度盘：直径 500 mm，厚 5 mm，表面刻有不同直径的同心圆。

可灌性实验过程如图 2.5 所示，其实验步骤如下：

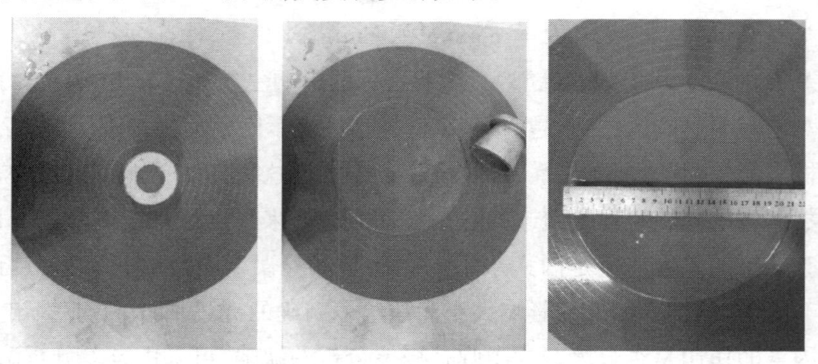

图 2.5　浆材可灌性实验过程

①将防渗浆材各组分按配比质量称重后倒入 2 000 mL 玻璃烧杯中。

②用 JJ-1 型增力电动搅拌器搅拌拟配制浆材 5 ~ 10 min，至膨润土颗粒均匀分布在浆液中即可。

③将流动度盘放在水平位置上,用湿布摩擦流动度盘和截锥圆模,使其表面湿而不带水,再将截锥圆模放于流动度盘的中央。

④将搅拌好的浆液迅速注入截锥圆模内,用抹刀刮平,再将圆模垂直提起,同时开启秒表计时;30 s 后用直尺量取浆材扩展后两个相互垂直方向的直径,取平均值作为浆材的流动度。

⑤每 5 min 按步骤④测浆材的流动度,直至该浆材的流动度达到 140 mm,此时的记录时间,即为浆材的可泵期。

(2)浆材的密度

防渗浆材的密度采用泥浆比重称测定,如图 2.6 所示。测量时,将浆液装满于泥浆杯中,加盖后使多余的浆液从杯盖中心孔溢出。擦干泥浆杯表面后,将杠杆放在支架上(主刀口坐在主刀垫上)。移动游码,使杠杆成水平状态(水平泡位于中央)。读出游码左侧的刻度,即为浆液的密度(即比重值)。可以将这种方法的原理形象地归结为“杠杆原理”。测浆液比密度前,要用清水对仪器进行校正。如读数不在 1.0 处,可用增减装在杠杆右端小盒中的金属颗粒进行调节。

图 2.6　泥浆比重称

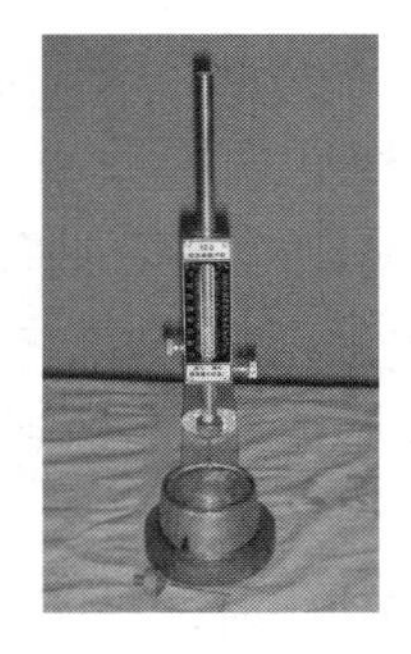

图 2.7　水泥维卡仪

(3)浆材的凝结时间

浆材的凝结时间分为初凝时间和终凝时间。初凝时间自水泥浆液拌合起,至水泥浆开始失去塑性所需的时间。终凝时间从水泥浆液加水拌合起,至水泥浆完全失去塑性并开始产生强度所需的时间。防渗浆材的初凝与终凝时间采用水泥维卡仪进行测定,如图 2.7 所示。

(4)浆材的流变参数

浆材的流变参数的测量包括浆液的静切力、动切力、塑性黏度、表观黏度、稠度系数和流性指数等,一般选用静切力计、旋转黏度计、漏斗黏度计等,尤以旋转黏度计最常用。旋转黏度计按动力可分为手动和电动两种;按转速范围可分为两速、六速和多速不等。目前常用六速旋转黏度计,如图 2.8 所示。

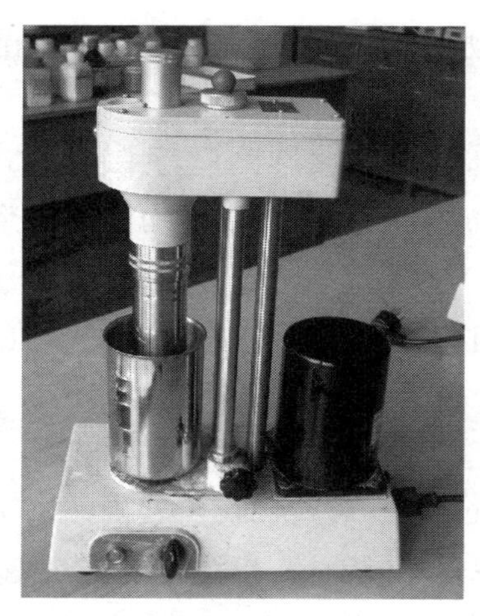

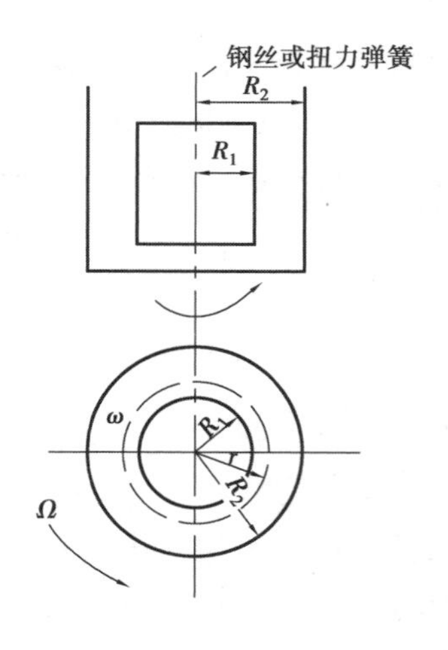

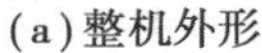

(a)整机外形　　(b)工作原理

图 2.8　六速旋转黏度计

六速旋转黏度计的工作原理:将浆液放置在两个同心圆筒的环隙空间内,电机经过传动装置带动外筒恒速旋转,借助于被测浆液的黏滞性作用于内筒一定的转矩,带动与扭力弹簧相连的内筒一个角度。该转角的大小与液体的黏性成正比,于是液体的黏度测量转换为内筒转角的测量。

测量时,将刚搅拌好的浆液倒入样品杯刻度线处(350 mL),立即放置于托盘上,上升托盘使液面至外筒刻度线处。拧紧手轮,固定托盘。如用其他样品杯,筒底部与杯底之间不应低于 1.3 mm。迅速从高速到低速进行测量,待刻度盘读数稳定后,分别记录各转速下的读数。

测浆液静切力时,应先用 600 r/min 搅拌 10 s,静置 10 s 后将变速手把置于 3 r/min,读出刻度盘上最大读数,即为初切力。再用 600 r/min 搅拌 10 s,静置 10 min 后将变速手把置于 3 r/min,读出刻度盘上最大读数,即为终切力。

试验结束后,关闭电源,松开托盘,移开量杯。轻轻卸下内外筒,清洗内外筒并擦干,再将内外筒装好。

如用 ϕ_{600},ϕ_{300},ϕ_{100},ϕ_3 代表外筒转 600,300,300,3 r/min 从仪器刻度盘上读到的格数,各类流体的黏度指标计算如下:

牛顿流体:

$$\eta = \phi_{300} \times 10^{-3} \tag{2.6}$$

宾汉流体:

$$\eta_p = (\phi_{600} - \phi_{300}) \times 10^{-3} \tag{2.7}$$

$$\tau_d = 0.511(2\phi_{300} - \phi_{600}) \tag{2.8}$$

$$\eta_A = 0.511\phi_{600} \times 10^{-3} \tag{2.9}$$

幂律流体：

$$n = 3.322 \lg \frac{\phi_{600}}{\phi_{300}} \tag{2.10}$$

$$k = \frac{0.511\phi_{600}}{511^n} \tag{2.11}$$

卡森流体：

$$\eta_\infty = [1.2(\phi_{600}^{1/2} - \phi_{100}^{1/2})]^2 \times 10^{-3} \tag{2.12}$$

$$\tau_C = 0.156[(6\phi_{100})^{1/2} - \phi_{600}^{1/2}]^2 \tag{2.13}$$

(5)浆材的抗压强度

浆材的抗压强度采用万能电子实验机进行测试，如图 2.9 所示，该仪器可将试验过程中的应力及应变变化过程的相关数据传递到计算机中，对所得的试验数据进行分析并保存。浆材的抗压强度测试步骤如下：

图 2.9　电子万能试验机

①浆材在浇筑过程中会发生初凝，故应在浆材制备 30 min 内进行铸模并成形。并将试模进行密封，将密封状态下的试块进行编号，并置于(20 ± 5) ℃的养护箱内进行带模养护。带模养护的试块应在养护时间 7 d 内脱模，脱模后的试块应尽快置于水中养护至相应试验所需龄期。试样成形及养护过程如图 2.10 所示。

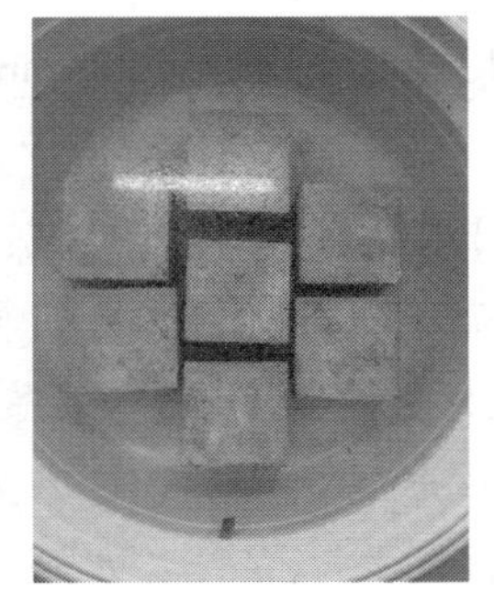

图 2.10　试样成形及养护过程

②在试块成形期间由于浆材的溢出和浆材的收缩，会导致试块成形面凹凸不平。因此，在试块进行试验前需要进行裁切和整平工作，由于试块在切割过程中易发生受剪破坏，因此在对试块进行切割时应格外仔细。

③进行试样的抗压强度试验，将试样水平放置在电子万能试验机上，通过计算机控制以0.5 mm/min的速率均匀地将荷载加在试样表面，直至试样破坏，并记录数据。试样抗压强度按下式进行计算：

$$\sigma = \frac{F}{A} \tag{2.14}$$

式中 σ——单个试样的抗压强度计算值，kPa；

F——实验过程中最大加载值，N；

A——试样受压面面积，mm^2。

④以一组3个试样抗压强度平均值作为实验结果，3个值中有一个超出平均值10%，应剔除后再取平均值，并将实验结果精确至1 kPa。

(6)浆材的抗剪强度

浆材的抗剪强度主要采用三轴应力应变仪进行测试，试验仪器如图2.11所示，该仪器可采集试验过程中试样的轴向应力、轴向应变及围压等相关数据，并对试验数据进行分析和保存。

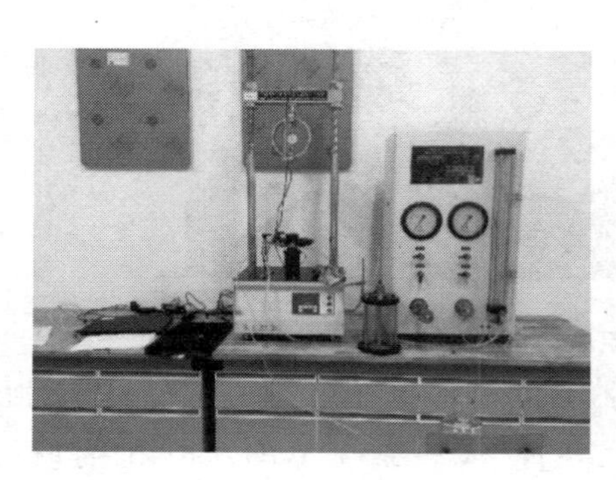

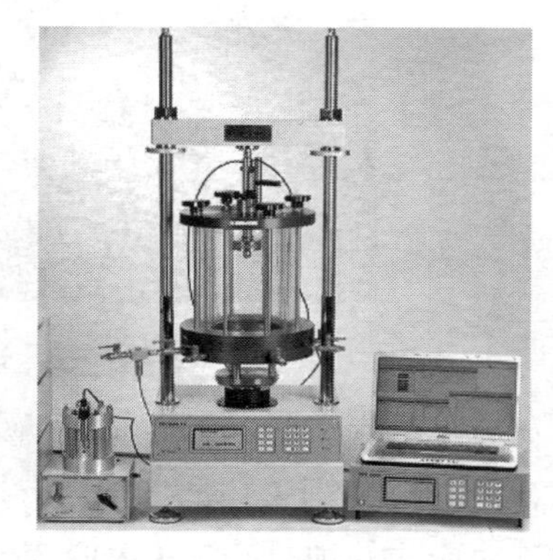

图2.11 应力应变三轴试验仪及计算机控制系统

浆材的抗剪强度测试步骤如下：

①在浆材搅拌均匀后30 min内，将浆材倒入已经在内壁均匀涂抹凡士林的模具(61.8 mm×120 mm)中，并浇筑至溢出。试块的养护与测试抗压强度试块的养护过程一致，养护完成后对试样进行裁切和整平，试样制备及养护过程如图2.12所示。

②试样养护28 d后进行三轴压缩试验，由于制备的浆材是用于垃圾填埋场的防渗浆材，根据浆材的使用环境，本书三轴试验采用不排水、不固结试验(UU试验)，试验过程采用按剪切速率进行采样，剪切速率为1 mm/min，采用单级加载的方式，最大剪切量为6 mm。

③试验完成后，关闭排水阀，卸载围压，导出压力室内的水，然后将试样拆除，拆除试样后用毛巾将试验仪器擦拭干净，导出试验数据。

图 2.12　三轴试样制备及养护

(7)浆材的渗透系数

浆材的渗透系数测试分别采用常规变水头渗透试验和全自动渗透系统实验两种方法进行。

变水头渗透实验一般用 N-55 型渗透仪,采用的试样尺寸为 61.8 mm×40 mm,试样的制备养护和三轴试样的制备与养护一致。变水头渗透实验的仪器及试样养护如图 2.13 所示。变水头渗透实验步骤参照《公路土工试验规程》规定。

图 2.13　试样养护及变水头试验仪器

依据土工实验规程,变水头渗透系数按下式进行计算:

$$k_T = 2.3 \times \frac{aL}{A(t_2 - t_1)} \lg \frac{H_2}{H_1} \tag{2.15}$$

式中　a——变水头管的断截面面积,cm^2;

L——渗径,即试样的高度,cm;

H_1,H_2——测试时的起始和终止水头,cm;

t_1,t_2——测读起始水头和终止水头的时间,s。

全自动渗透系统如图 2.14、图 2.15 所示,其实验步骤如下:

①将养护好的试样上下端装好滤纸和透水石后再装入橡胶模中,然后装在全自动渗透系统压力室内,用螺母拧紧,要求密封至不漏水、不漏气。

②将纯水注入压力室中,直至水溢出,关闭压力室阀门。然后将渗透压、围压及渗透出水压力装置连接至压力室和试样上下两端,渗透压装置连接试样底部,渗透出水压连接试样上端。

③实验过程中先将围压加载至 200 kPa,待围压稳定后加载渗透压,渗透压分 3 个阶段加载,分别为 50,100,150 kPa。加载压力为水压,每阶段加载时间相同,计算机及实时记录试验数据并保存。待试验结束后将仪器中的水排干净,切断电源,关闭仪器。最后对实验数据进行分析。

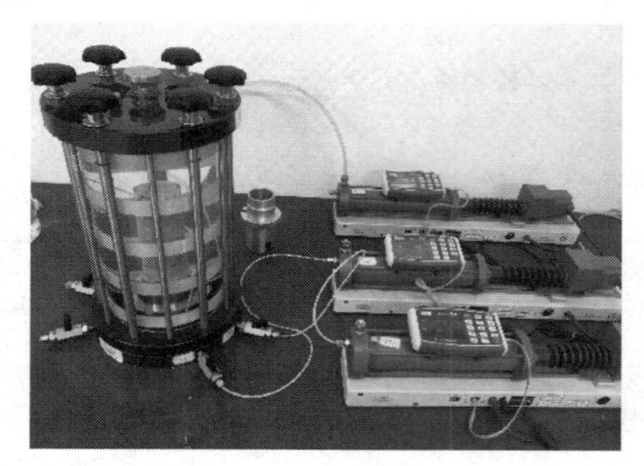

图 2.14 全自动渗透系统及试样养护

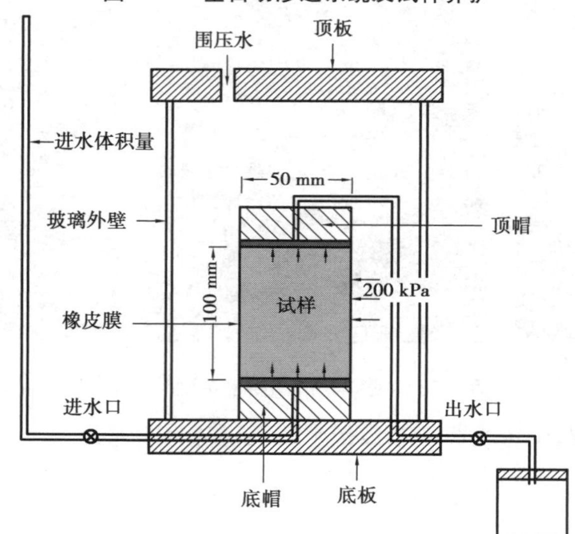

图 2.15 全自动渗透系统工作原理

全自动渗透系统测试试样的渗透系数按下式进行计算:

$$k_p = \frac{V_2 - V_1}{iA(t_2 - t_1)} \tag{2.16}$$

$$i = \frac{P}{10^5 \times \gamma_w h} \tag{2.17}$$

式中 k_p——渗透压在 p 时的浆材渗透系数,cm/s;

V_1, V_2——渗透开始和结束时的渗流量,mL;

t_1, t_2——渗透阶段开始和结束时间,s;

A——试件中部横断面,cm^2;

h——渗径,即试件高度,cm;

i——水力梯度;

P——施加的渗透压,kPa;

γ_w——水的重度,N/mm^2,取 $i_w = 0.009\ 8\ N/mm^2$。

(8)浆材的吸附阻滞性能

防渗浆材结石体对垃圾场渗滤液等污染物的吸附阻滞能力是检验生活垃圾填埋场防渗效果的重要指标。测试浆材的吸附阻滞性能,首先通过渗滤仪等仪器采集渗滤液经防渗浆材滤出后的样本;然后,使用高效液相色谱仪、火焰原子吸收分光光度计、原子荧光光度计等仪器测试渗滤液的有关成分组成。

由常州工学院自制的一种气压式生活垃圾填埋场渗滤仪,已获得授权发明专利(专利号:ZL201710119199.3),该渗滤仪的结构组成如图 2.16 所示,该渗滤仪试样尺寸为 $\phi 100 \times 50$ mm,直径为 100 mm,高度为 50 mm。气压式生活垃圾填埋场渗滤仪操作步骤如下:

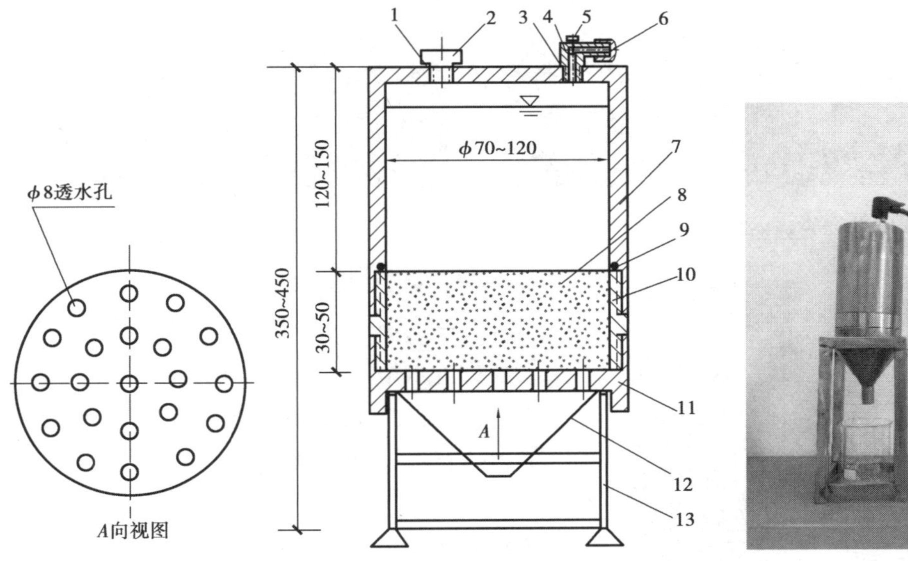

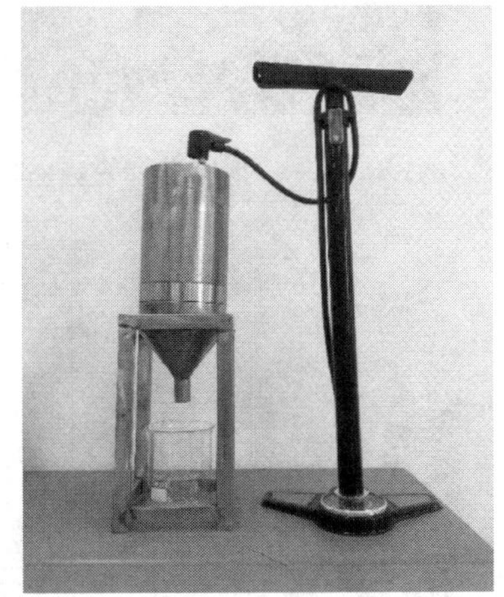

图 2.16　气压式生活垃圾填埋场渗滤仪结构原理及仪器组成

1,3,9—密封圈;2—螺帽;4—进气阀;5—调节杆;6—阀堵;7—储液室;8—浆材结石体;10—试样室;11—底座;12—锥形筒;13—环形支架

①将符合龄期养护强度的浆材结石体装入试样室中,要求试样与仪器内壁之间无缝隙,连接好储液室、底座、进气阀等,将渗滤仪固定在带锥形筒的环形支架上,并用烧杯(或其他容器)对准锥形筒的出液口准备收集滤液。

②将垃圾场渗滤液(或人工配制重金属溶液、酞酸酯溶液等)通过进液孔注入储液室中,注满渗滤液后及时用 $\phi 15 \sim 20$ mm 螺帽及 O 形密封圈密封。一般情况下,倒入的渗滤液为

250 mL 左右，然后拧紧螺母，保证在实验过程中仪器密封不漏水且不漏气。

③在进气阀的端头连接好打气筒（自带气压表），通过进气阀输入压缩空气给渗滤液进行加压，使渗滤液经浆材结石体（浆材试样）滤出，滤出的液体经锥形筒流入烧杯（或容器）中。在使用过程中，可通过进气阀的调节杆调节储液室的气压，工作气压保持在 0.1 ~ 0.5 MPa，待压力恒定后，可移开打气筒，及时用阀堵封住进气阀。

④从仪器最下方进行渗滤液收集，将渗出的渗滤液收集好后进行集中测定其内各种成分的变化情况。

通过高效液相色谱仪、火焰原子吸收分光光度计、原子荧光光度计等分析仪器测试渗滤液污染物（Hg，Pb，NH_4-N，TP，SS，COD_{Cr}，BOD_5 等）的初始浓度和滤出后的浓度，便可计算出浆材结石体的吸附阻滞率。高效液相色谱仪、火焰原子吸收分光光度计、原子荧光光度计分别如图 2.17、图 2.18、图 2.19 所示。

图 2.17　高效液相色谱仪

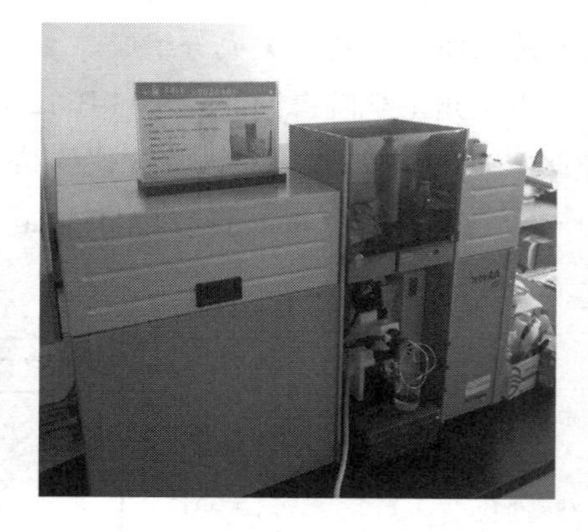

图 2.18　火焰原子吸收分光光度计

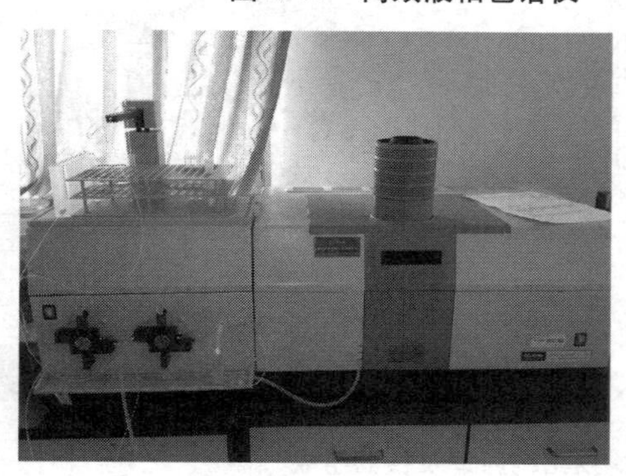

图 2.19　原子荧光光度计

（9）浆材其他性能测试

①浆材结实率：采用有机玻璃管测定。

②浆材析水率：采用量筒测定。

③浆材 pH 值：采用 pH 试纸测定。

④弹性模量及变形模量：采用应力-应变仪测定。

⑤浆材结石体耐久性测定：pH 值为 4 的酸性液体的长期浸泡试验。

⑥SEM 电镜图：采用 CX-200 扫描电镜仪测定。

此外，通过自制的一套防渗系统动态模拟实验装置进行浆材结石体的渗滤实验，完成防渗浆材低渗透系数的渗滤沉积作用和膨润土、粉煤灰对渗滤液等污染物吸附阻滞作用机理的深入研究。结合垃圾填埋场具体工程测试数据，通过数值模拟分析的方法完成防渗墙浆材结石体力学特性的研究，建立起对工程实践有指导意义的墙体应力-应变关系数学模型。根据地下水渗流运动的二维数学模型，建立垃圾场渗滤液中重金属污染物运移形式及数学模型，同时根据所建立的运移数学模型模拟分析防渗浆材对渗滤液等污染物的吸附阻滞作用。

2.2 BFC防渗浆材的实验研究

1）黏土基BFC浆材的正交试验

BFC浆材的主要成分由黏土（即膨润土）、粉煤灰和水泥组成。配制浆材所用黏土采用钙质膨润土，粉煤灰采用火电厂生产的Ⅱ级（或Ⅰ级）粉煤灰，水泥采用42.5级普通硅酸盐水泥。通过试验数据分析，黏土基浆材（黏土加量超过水泥）防渗性能优于水泥基浆材（水泥加量超过黏土）。

对于BFC浆材，在室内实验的基础上，得出了浆材中膨润土、粉煤灰和水泥的基本加量范围，为了得到浆材各组分对浆液可泵期及结石体渗透系数等性能的影响，优选浆材配方，采用正交试验方法进行实验研究。

根据浆材组分，选用三水平四因素正交试验表$L_9(3^4)$进行浆材配方优选试验，优化目标是结石体渗透系数低及浆液的可泵期适宜。BFC浆材的正交试验数据见表2.9和表2.10。对表2.10中的数据进行处理可得到各因素的极差值R（计算略），以此作为优化配方的依据。各因素水平（加量比例）对浆材固结体渗透性、抗压强度和可泵期的影响趋势，如图2.20—图2.31所示。

表2.9　黏土基防渗浆材因素与水平

水平	因素/%			
	A（水泥）	B（黏土）	C（粉煤灰）	D（纯碱）
1	15	22	15	1.1
2	18	25	20	1.25
3	22	30	25	1.5

表2.10　黏土基防渗浆材$L_9(3^4)$正交试验安排及试验结果

编号	因素				性能指标			
	A	B	C	D	$k/(10^{-7}\mathrm{cm\cdot s^{-1}})$		σ_c/kPa	
					7 d	28 d	7 d	28 d
1	1	1	1	1	87.7	5.37	216	747
2	1	2	2	2	10.2	0.62	326	958
3	1	3	3	3	0.97	0.4	542	1 526

续表

编号	因素				性能指标			
	A	B	C	D	$k/(10^{-7}\text{cm}\cdot\text{s}^{-1})$		σ_c/kPa	
					7 d	28 d	7 d	28 d
4	2	1	2	3	55.6	1.51	358	1 179
5	2	2	3	1	2.65	0.24	432	1 658
6	2	3	1	2	1.84	0.65	442	1 726
7	3	1	3	2	11.5	1.22	526	2 011
8	3	2	1	3	18.5	3.77	421	1 405
9	3	3	2	1	0.61	0.15	416	2 316

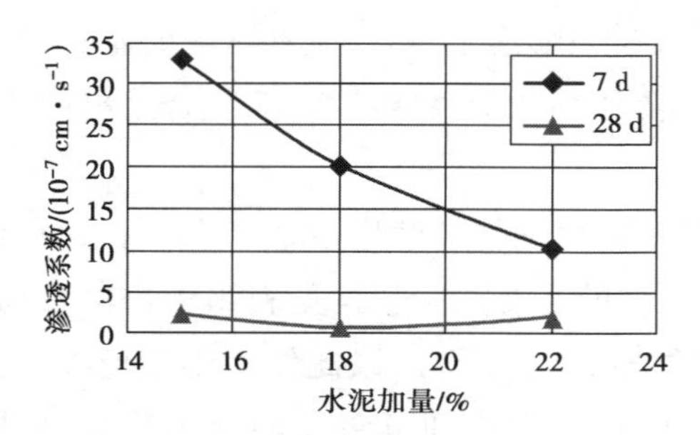

图 2.20　A(水泥)加量对渗透性影响

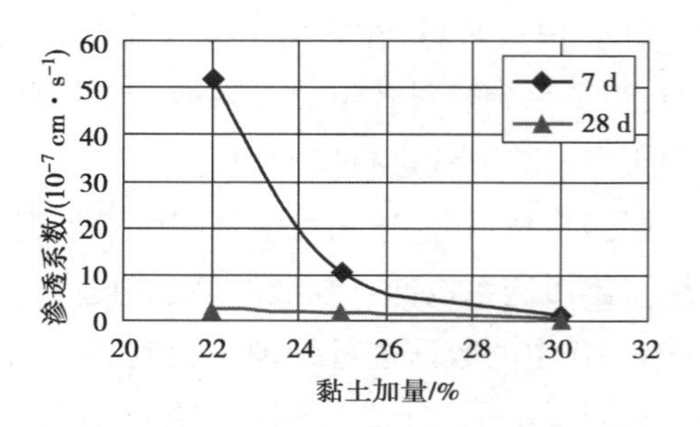

图 2.21　B(黏土)加量对渗透性影响

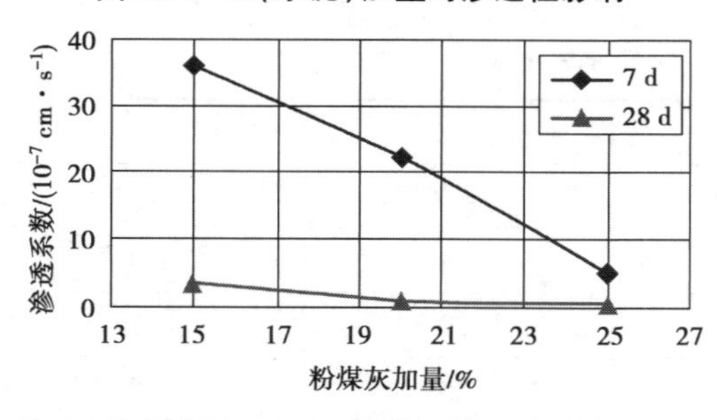

图 2.22　C(粉煤灰)加量对渗透性影响

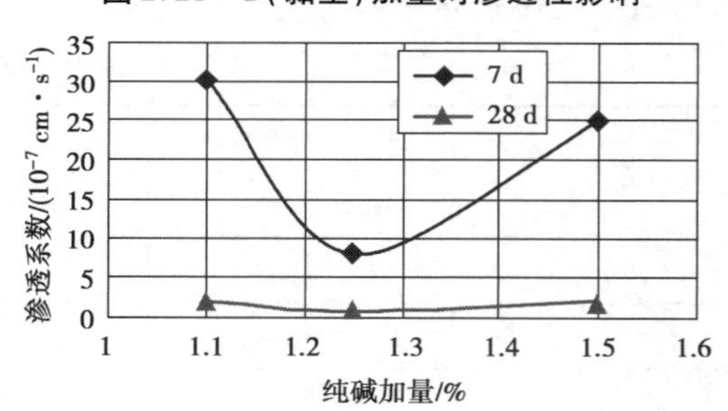

图 2.23　D(纯碱)加量对渗透性影响

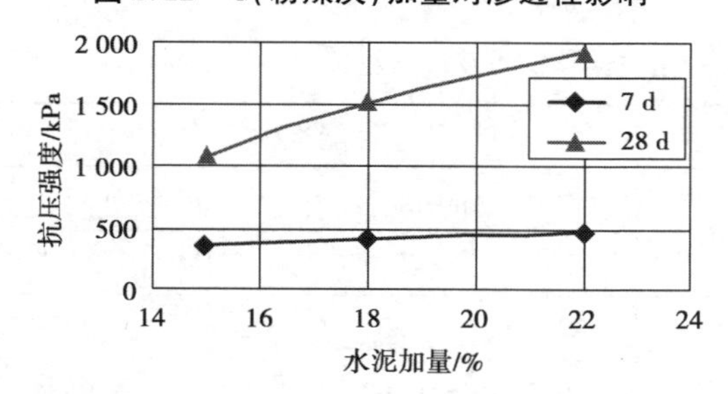

图 2.24　A(水泥)加量对抗压强度影响

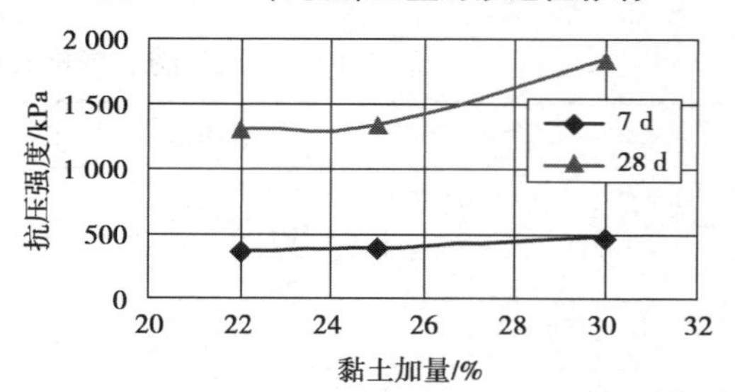

图 2.25　B(黏土)加量对抗压强度影响

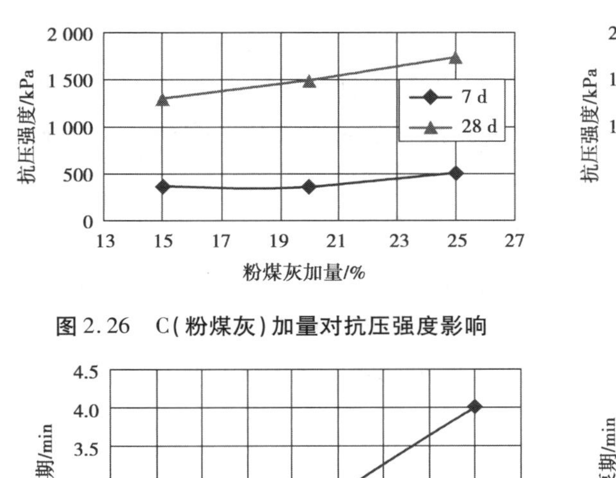

图 2.26　C(粉煤灰)加量对抗压强度影响

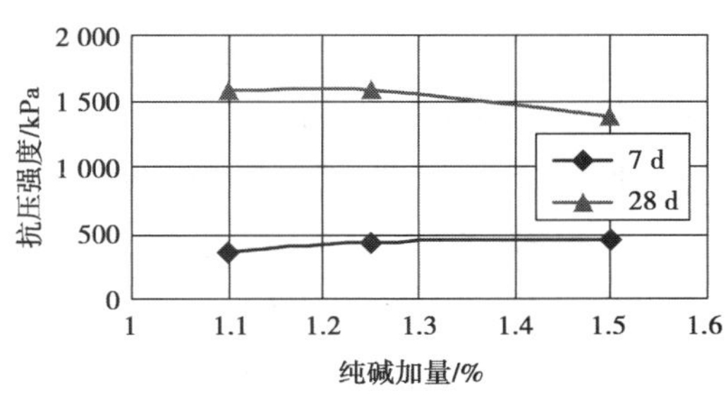

图 2.27　D(纯碱)加量对抗压强度影响

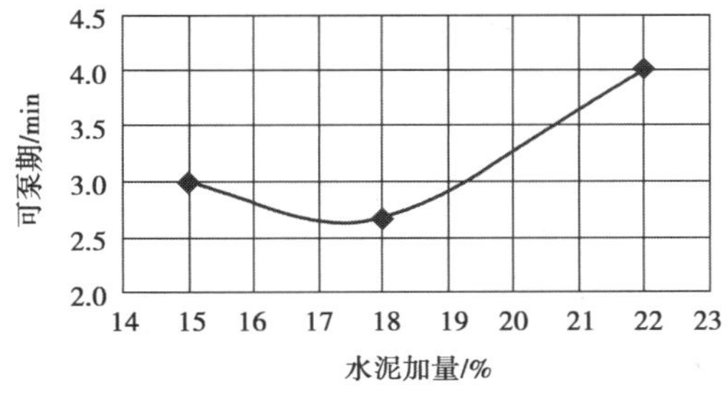

图 2.28　A(水泥)加量对可泵量影响

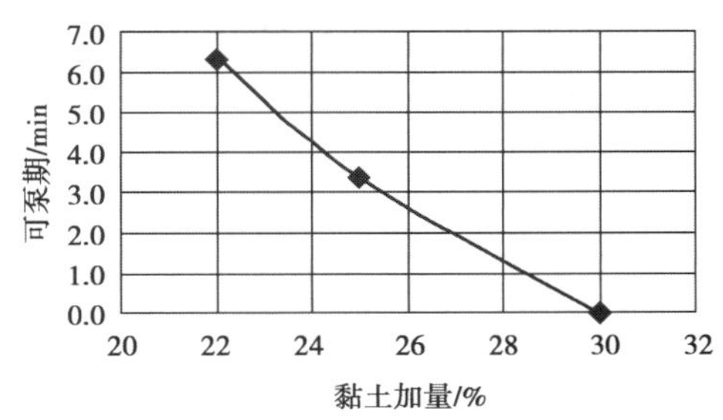

图 2.29　B(黏土)加量对可泵量影响

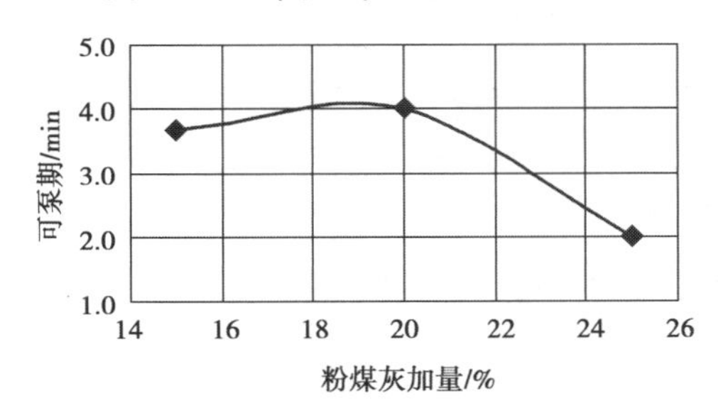

图 2.30　C(粉煤灰)加量对可泵量影响

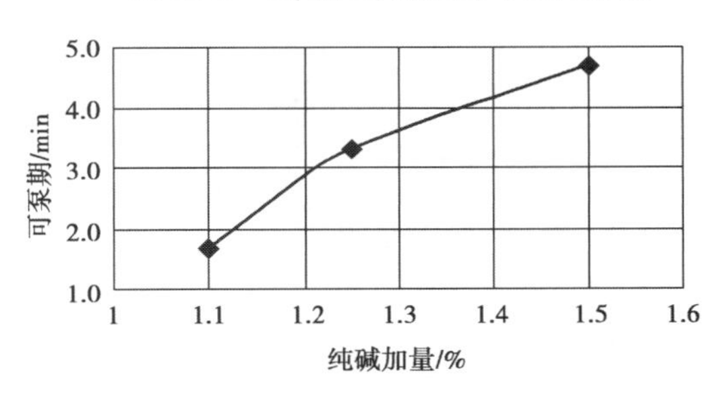

图 2.31　D(纯碱)加量对可泵量影响

防治垃圾填埋场渗滤液渗漏浆材的主要性能是低渗透性,同时考虑可泵期和浆材费用等,最后确定优选配方为:膨润土 20% ~30%、水泥 15% ~25%、粉煤灰 20% ~25%、纯碱 1.0% ~1.4%,余之为水。为使浆材能有较好的流动性和可泵期,还应加入适量的铁铬木质素磺酸盐 FCLS(或磺化腐殖酸钠 HFN)等稀释剂调节浆材的可泵期。以某组浆材配方为例:黏土 26%、水泥 22%、粉煤灰 23%、纯碱 1.2%、水 27%。FCLS 加量与可泵期的关系曲线如图 2.32所示。

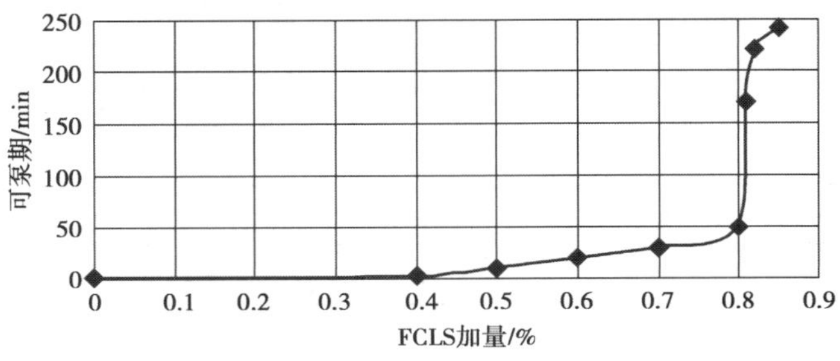

图 2.32　FCLS 加量与可泵期的关系曲线

由试验得知:膨润土加量越大,需相应增大 FCLS 加量从而增加可泵期;当 FCLS 加量达到某一值后会引起可泵期快速增加,因此应严格控制加量,否则会引起可泵期太长,浆液不稳定。FCLS 合理加量应控制在 0.35% ~0.75%,使浆液可泵期达到 15 ~50 min,即可满足灌浆作业要求。

2)黏土基 BFC 浆材固结体抗渗性和抗压强度

试验优选出的浆材配方具有良好可灌性,浆材结石率 >99.6%,其固结体 7 d 的渗透系数和无侧限抗压强度分别为(1.05 ~3.50)$\times 10^{-7}$cm/s 和 0.20 ~0.45 MPa,28 d 的渗透系数和无侧限抗压强度分别为 <0.8 $\times 10^{-7}$cm/s 和 <2.0 MPa,满足垃圾卫生填埋场防渗的规范要求。

2.3 BFCF 防渗浆材的实验研究

1)BFCF 防渗浆材的基本组成

选择膨润土、粉煤灰、水泥和纤维作为垃圾场渗滤液防渗浆材的主要添加材料,即在黏土基 BFC 浆材(N 型)配制的基础上,加入纤维材料,配制出膨润土-粉煤灰-水泥-纤维防渗浆材(简称"BFCF 浆材")。由于纤维在浆液中的无序离散,与 BFC 浆材相比,BFCF 浆材具有更好的抗渗性能及抗裂性能。BFCF 浆材组成及选材要求如下:

①膨润土:选用钙质膨润土,并经过钠化处理,蒙脱石含量达到 60% 以上。

②粉煤灰:火电厂生产的普通Ⅱ级粉煤灰。

③水泥:42.5 级普通硅酸盐水泥。

④纤维:聚丙烯纤维(或玻璃纤维),切成 10 ~30 mm 长的纤维丝。

⑤其他外加剂:纯碱,高效萘系减水剂(NUF-5)等。

2)BFCF 浆材的正交试验

通过浆材对比试验确定 BFCF 浆材的正交试验因素与水平,决定采用 $L_9(3^4)$ 三水平、四因素正交试验法优选黏土基 BFCF 浆材的配方,实验数据见表 2.11、表 2.12。

表 2.11　BFCF 浆材的正交试验因素与水平

水平	因素/%			
	A(膨润土)	B(水泥)	C(粉煤灰)	D(纤维)
1	18	16	14	0.05
2	20	19	18	0.10
3	22	22	22	0.15

注:其他外加剂加量,纯碱取 1.2%;NUF-5 减水剂取 0.60%。

表2.12中每份试样配制后的总体积为1 000 mL,按各因素所需比例取膨润土、粉煤灰、水泥、纤维、纯水及其他外加剂的加量,均匀拌合浆材并养护,分别进行浆材可泵期、养护28 d结石体的渗透系数k、抗压强度σ_c等性能的测试。采用36×60×60水泥净浆流动度仪测试浆液可泵期,可泵期指被泵送的水泥浆保持流动度为14~15 cm的最长时间。采用N-55变水头渗透仪测试浆材结石体养护28 d的渗透系数k;采用ST-CBR-I承载比试验仪测试浆材结石体养护28 d的无侧限抗压强度σ_c。

表2.12　BFCF浆材$L_9(3^4)$正交试验安排及试验结果

编号	各因素的加量/%				性能指标		
	A	B	C	D	可泵期/min	k(28 d)/(10^{-7}cm·s^{-1})	σ_c(28 d)/kPa
1	18	16	14	0.05	26	0.55	1.93
2	20	16	18	0.10	21	0.32	1.46
3	22	16	22	0.15	21	0.31	1.23
4	18	19	18	0.15	50	0.34	2.0
5	20	19	22	0.05	50	0.28	1.30
6	22	19	14	0.10	42	0.26	1.12
7	18	22	22	0.10	42	0.14	1.92
8	20	22	14	0.15	60	0.20	1.97
9	22	22	18	0.05	38	0.13	1.96

3)BFCF浆材配方的确定

对表2.12中的数据及各因素的极差值R进行分析,可得到各因素水平(加量比例)对浆材可泵期及固结体的渗透性和抗压强度的影响趋势,如图2.33—图2.36所示。考虑垃圾填埋场防渗浆材的主要性能应具有低渗透性、适当的抗压强度,同时结合对浆液可泵期的要求,确定出BFCF浆材的优选配方为(按配制1 000 mL浆液计算):膨润土220~280 g、粉煤灰170~230 g、水泥180~240 g、纤维0.6~1.2 g、纯碱8~15 g、NUF-5减水剂4~7 g,水670~830 mL。

BFCF浆材具有良好的可灌性,浆材结石率>99.0%,其固结体28 d的渗透系数、抗压强度和弹性模量分别为(0.12~0.98)×10^{-7}cm/s、0.75~2.0 MPa和230~350 MPa,从而满足生活垃圾填埋场隔离墙对浆材渗透性及抗压强度的要求。

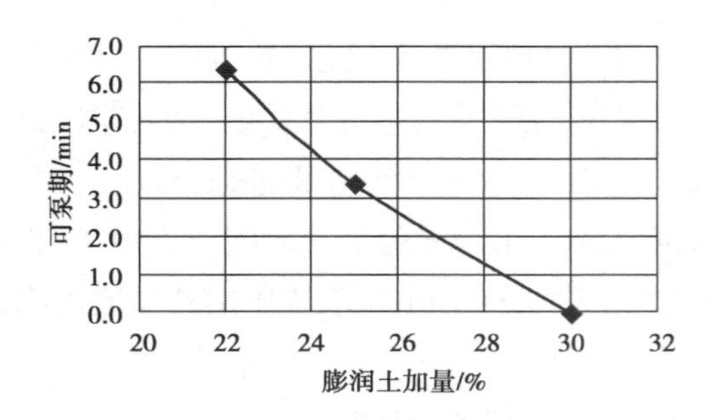

图 2.33　膨润土加量对 BFCF 浆材可泵期的影响

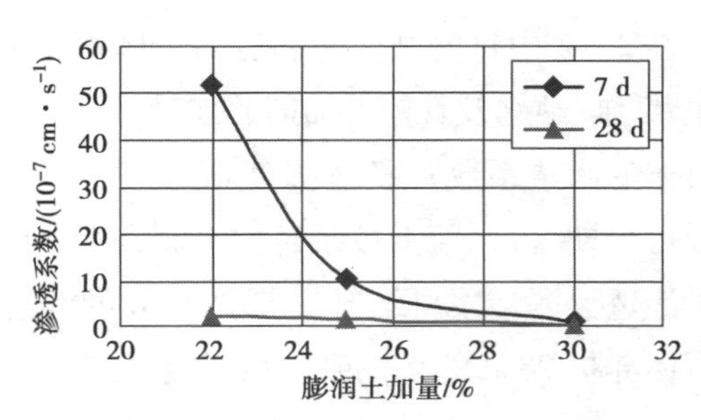

图 2.34　膨润土加量对 BFCF 浆材渗透性的影响

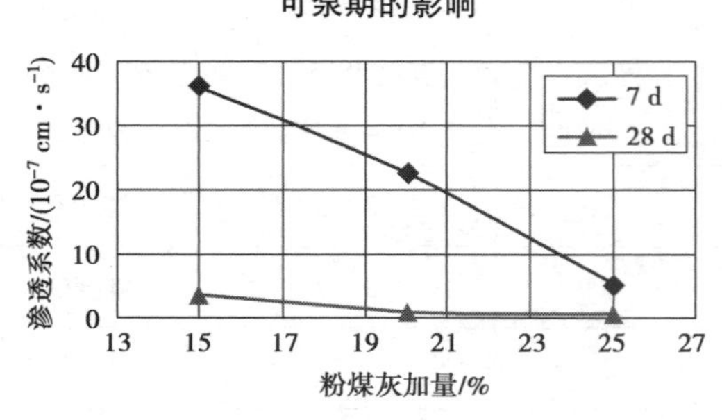

图 2.35　粉煤灰加量对 BFCF 浆材可泵期的影响

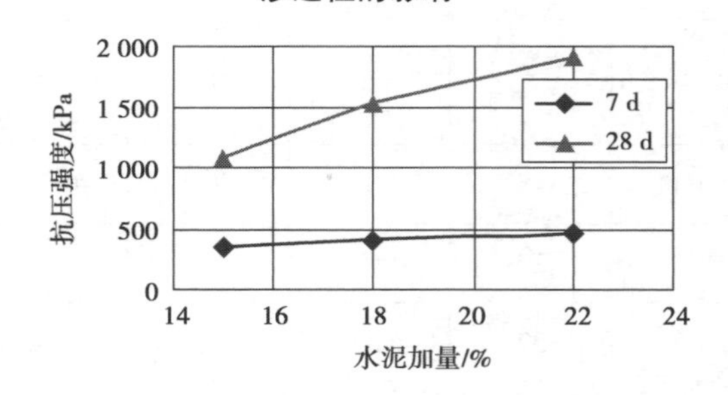

图 2.36　水泥加量对 BFCF 浆材可泵期的影响

2.4　PBFC 防渗浆材的实验研究

采用聚乙烯醇等有机化膨润土进行防渗浆材的配制，使其具有更高的防渗性能及吸附阻滞性能，即在黏土基 BFC 浆材（N 型）的配制基础上，采用聚乙烯醇（PVA）为改性剂对膨润土进行有机化处理，配制出聚乙烯醇改性的膨润土、粉煤灰、水泥为主剂的防渗浆材（简称“PBFC 浆材”），该类浆材渗透系数为$(0.53 \sim 1.86) \times 10^{-8}$ cm/s，而普通钠基膨润土-水泥浆材的渗透系数为$(1.3 \sim 5.5) \times 10^{-8}$ cm/s。根据膨润土改性剂及减水剂的种类，PBFC 浆材可细分出多种类型，本节先介绍 PBFC 浆材的基本实验方案，关于 PBFC 浆材性能的深入研究在后面章节中再详细叙述。

1）正交实验方案

通过前期浆材的室内对比试验，选用 TOJ800-10A 型聚羧酸高效减水剂，决定采用 $L_9(3^4)$三水平、四因素正交试验法优选浆材的配比组合，浆材实验因素与水平见表 2.13。根据表 2.13 中的因素及相应水平，采用三水平、四因素所配制的 9 组组合以及对其中的数据采用极差值法分析处理，其结果见表 2.14。

表 2.13　浆材实验因素与水平

水平	因素/%			
	水泥	有机膨润土	减水剂	聚乙烯醇
1	16	18	0.01	0.2
2	20	22	0.02	0.5
3	24	26	0.03	0.8

表 2.14　浆液 $L_9(3^4)$ 正交试验配比及测试结果

编号	各因素的加量百分比/%				渗透系数 k/(10^{-8}cm · s^{-1})	
	水泥	膨润土	减水剂	聚乙烯醇	7 d 龄期	28 d 龄期
1	16	18	0.01	0.2	13.31	1.86
2	16	22	0.02	0.5	11.25	0.97
3	16	26	0.03	0.8	9.92	0.78
4	20	18	0.02	0.8	7.15	0.55
5	20	22	0.03	0.2	8.73	0.73
6	20	26	0.01	0.5	5.54	0.35
7	24	18	0.03	0.5	4.92	0.44
8	24	22	0.01	0.8	2.16	0.29
9	24	26	0.02	0.2	7.27	0.53

注:①其他成分加量:粉煤灰取 18%,无水碳酸钠取 0.5%,各因素加量按 1 000 g 计算;

②实验中聚乙烯醇的掺入是将其先溶于水中,以溶液的形式掺入;

③浆材稳定性好、流动性和适宜的可泵期,其结石率在 99% 以上,析水率为 2% 左右。

2)各因素对渗透系数的影响分析

用正交试验极差值法对试验数据进行分析,见表 2.15,得出各因素对浆材固结体 7 d/28 d 龄期渗透系数的影响趋势,如图 2.37 所示。

表 2.15　浆材固结体渗透系数极差分析结果

因素		水泥	膨润土	减水剂	聚乙烯醇
渗透系数 /(10^{-8}cm · s^{-1}) (7 d/28 d)	K_1	11.49/1.20	8.46/0.95	7.00/0.83	9.77/1.04
	K_2	7.14/0.54	7.38/0.66	8.56/0.68	7.24/0.59
	K_3	4.78/0.42	7.58/0.55	7.86/0.65	6.41/0.54
	极差 R	6.71/0.78	0.88/0.40	1.56/0.18	3.36/0.50

注:K_1,K_2,K_3 分别代表试验因素的 3 个水平,所代表水平均由小到大,例如水泥因素,K_1,K_2,K_3 分别代表 16%,20%,24% 3 个水平。

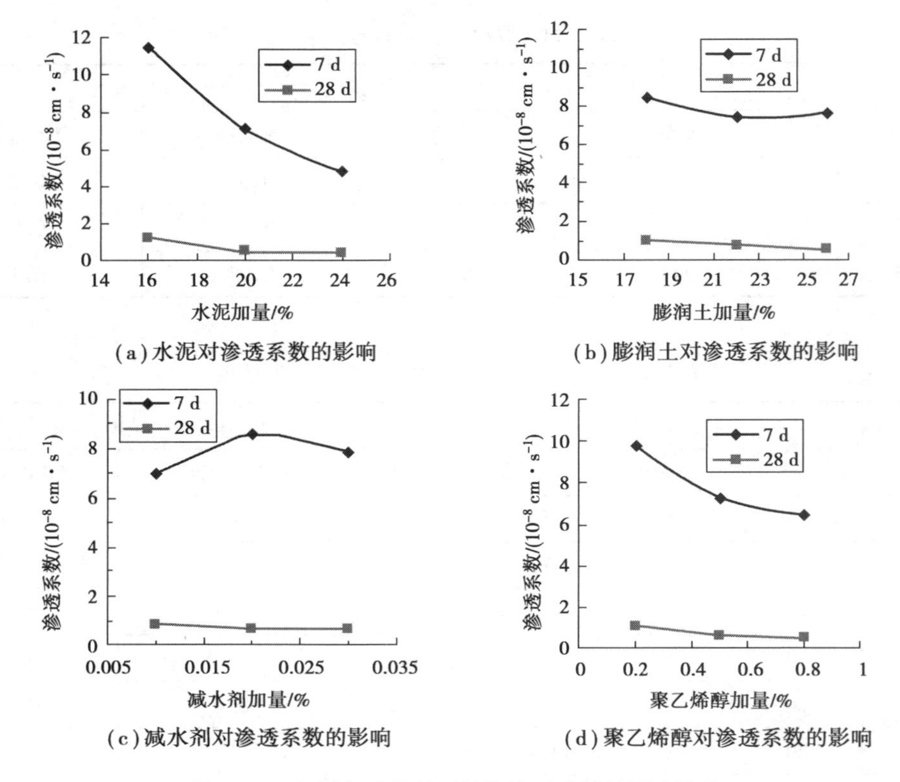

(a)水泥对渗透系数的影响

(b)膨润土对渗透系数的影响

(c)减水剂对渗透系数的影响

(d)聚乙烯醇对渗透系数的影响

图 2.37　各因素对浆材固结体渗透系数的影响趋势

由图 2.37 可知,试样 7 d 与 28 d 的渗透系数随水泥、膨润土、聚乙烯醇的增加而减小,且随着各种因素加量的增加,渗透系数减小趋势变缓;各因素对 28 d 龄期的浆材固结体的渗透系数影响程度由大到小依次为水泥、聚乙烯醇、膨润土、减水剂。聚乙烯醇加量对渗透系数的影响程度高于膨润土,对膨润土进行有机化改性效果明显,其抗渗特性优于天然膨润土。由极差分析得到各因素最优配比组合(质量百分比)为:水泥 18% ~24%、膨润土 18% ~26%、粉煤灰 17% ~22%、聚乙烯醇 0.2% ~0.8%、减水剂 0.01% ~0.03%;最优组合为:水泥 20%、膨润土 22%、粉煤灰 18%、聚乙烯醇 0.5%、减水剂 0.03% 与水泥 24%、膨润土 26%、粉煤灰 19%、聚乙烯醇 0.5%、减水剂 0.03% 两组。虽然,聚乙烯醇加入量为 0.8% 时,渗透系数较小,但此时浆液在搅拌时极易产生气泡而导致渗透性降低,因而聚乙烯醇加量不宜超过 0.8%,同时聚乙烯醇加量为 0.8% 与加量为 0.5% 时,渗透系数相差不大,因而聚乙烯醇加量为 0.5% 时为最优组合,进而从正交表中得到的优化组合为第五组配方。

上述极差法分析结果同多因素线性回归分析结果,其结果如下:

$$y = 4.371 - 0.098A - 0.050B - 9.167C - 0.833D \tag{2.18}$$

式中　A——水泥;

B——膨润土;

C——减水剂;

D——聚乙烯醇。

将已知实验数据代入式(2.18)得出多因素线性回归分析表,见表 2.16。

表 2.16　多因素线性回归分析表

模型	相关性			R 值
	零阶	偏	部分	
水泥	-0.709	-0.887	-0.709	0.929
膨润土	-0.359	-0.698	-0.359	
减水剂	-0.166	-0.410	-0.166	
聚乙烯醇	-0.453	-0.775	-0.453	

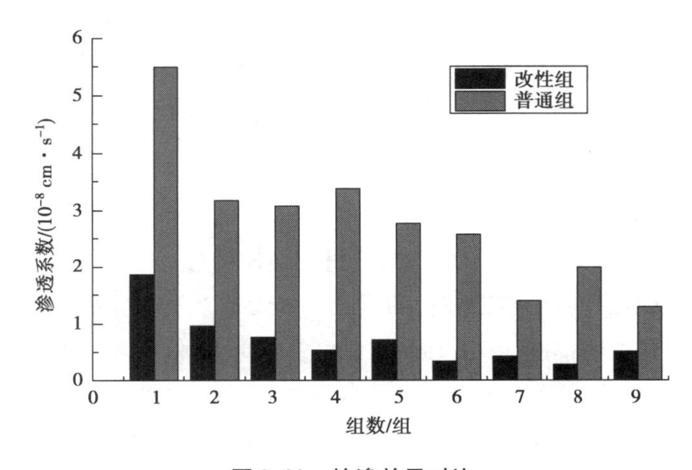

图 2.38　抗渗效果对比

从表 2.16 可以看出,0.709 >0.453 >0.359 >0.166,可知水泥起整体骨架作用,影响最大,其次为聚乙烯醇与膨润土,而减水剂对渗透系数的影响程度远低于其他因素对渗透系数的影响程度。经有机化改性的膨润土-水泥浆材抗渗透性能与普通钠基膨润土-水泥防渗浆材对比,如图 2.38 所示。

从以上实验结果分析可得出以下结论:

①随着水泥掺量的增加,所有配合比固结体(无论是 7 d 龄期还是 28 d 龄期)的渗透系数都在逐渐降低,但其降低程度有明显的不同。对于 28 d 龄期的固结体,当水泥配合比较小时,渗透系数显著增大,配合比 16% 的固结体的渗透系数相当于 24% 的 2.9 倍,并且在水泥加量较小时,增加膨润土、减水剂及聚乙烯醇的掺量,固结体渗透系数没有明显降低。主要原因:水泥用量较小时,水泥石骨架稀疏松散,结构内部孔隙较多,且增加有机化膨润土掺量可形成更多的结合水充填于空隙之中,从而导致固结体因过度膨胀性而将水泥石骨架涨破,形成渗流通道。

②在水泥用量增加的基础上,增加膨润土的用量或加大膨润土有机化程度(即加大聚乙烯醇配比),可以大幅降低固结体的渗透系数。主要原因:在水泥掺加量比例较高时,形成的浆材固结体骨架密度比较高,在此基础上,增加有机化膨润土用量由于其膨胀性能可以充填

其中孔隙,减少孔隙数量,减弱渗水途径。其次,就膨润土颗粒大小而言,其颗粒细小,可有效填充于水泥骨架中的孔隙内,优化了浆材固结体的孔级配和孔隙结构,使总的孔隙率降低,同时使渗径增长或阻塞,致使渗流作用减弱。

③由聚乙烯醇改性过的膨润土,层间结构改变,膨润土颗粒比表面积增加,具有更强的黏结和吸附性,其充填于水泥石骨架缝隙之中,使得细颗粒之间有更紧密的连接,孔隙率降低,致使渗流作用减弱,使外界的水分子不易侵入,表现出足够的水稳定性。与此同时其阻止了微细裂缝的产生,形成致密结构,从而拥有更高的抗渗性能。

④实验过程中,由聚乙烯醇与无水碳酸钠产生的絮状物可知,聚乙烯醇可与溶解在水中的无水碳酸钠产生微细丝絮状,阻止了试块裂缝的开展,提高抗渗强度。

⑤对于 PBFC 防渗浆材,因浆材中采用聚乙烯醇改性的有机化膨润土代替普通钠基膨润土,使浆材具有更高的防渗性能。其渗透系数在$(0.53\sim1.86)\times10^{-8}$ cm/s 之间,而普通钠基膨润土-水泥浆材的渗透系数大致水平为$(1.3\sim5.5)\times10^{-8}$ cm/s,与之相比,改性后膨润土组成的防渗浆材抗渗透性能、阻滞性能更好。

3)浆材渗透系数随龄期的变化趋势

如图 2.39 所示,给出了 9 组 PBFC 防渗浆材固结体的渗透系数 7 d 与 28 d 龄期的变化趋势。从柱状图可以看出,养护龄期较长的固结体的渗透系数与养护龄期小的固结体相比,渗透系数明显降低,其减小幅度达 7~15 倍,平均减小达 11 倍。养护期越长,水泥水化越彻底,固结体结构越密实,同时膨润土的自由结合水越来越多并趋于稳定,而且固结体自由水将不断减少,水泥水化产物的强度和密度将不断增加,浆材中的孔隙率减小,因此,使得水泥-有机化膨润土防渗浆材固结体的渗透系数在不同龄期时发生了显著变化。

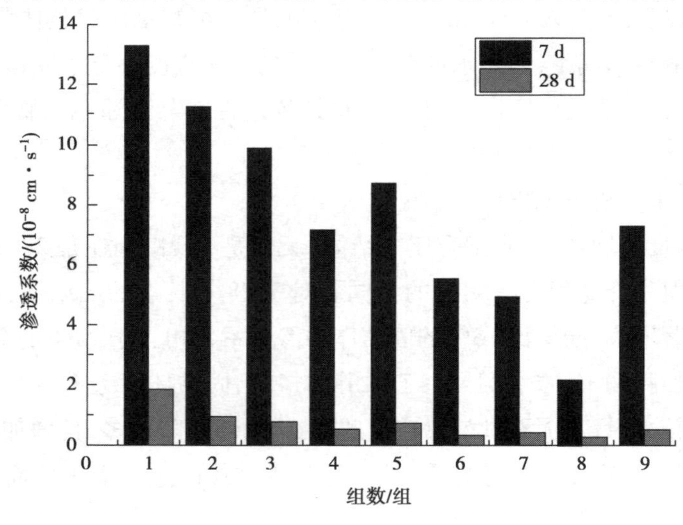

图 2.39 渗透系数随龄期及配比变化的柱状图

首先,在浆材的固结硬化反应阶段,经过膨润土的硬凝反应及聚结作用、水泥的水化反应以及粉煤灰所特有的火山灰反应等一系列的作用,在防渗浆材内部形成了大量的凝胶体及结晶体，其中，凝胶体主要是因为较多的经水化作用而形成的硅酸钙胶体集聚而形成的，而结晶体则主要由水化产物钙矾石和氢氧化钙等晶体聚集而成，由于这些产物(聚结体、凝胶体和结晶体)在结构体内的形成并且持续发展，为特殊网状结构的生成提供了有利条件，这种网状结构主要由所生成的结晶体和聚结体混合而成。如图 2.40 所示，在这种网状体中，大量的空隙存在为在胶体中不易发生反应的惰性粒子提供了空间，大量的未反应颗粒填充在孔洞中，使得这种网状结构形成了较紧密的固结体。

(a)浆材SEM 1 000倍图像

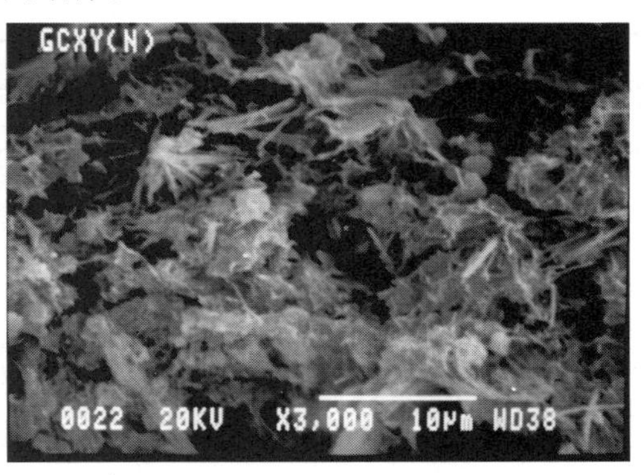

(b)浆材SEM 3 000倍图像

图 2.40　PBFC 浆材 SEM 图像

其次，防渗浆材中由于水泥的水化反应作用产生大量性质稳定的凝胶体，大量的水化反应产物如水化硅酸钙(C_2S,C_3S 等)、水化铝酸钙以及钙矾石等的产生进一步充填没有塞密实的孔隙或孔洞，与此同时，自身具有较好分散性的膨润土使得防渗浆材中的水化作用更加充分且分布较均匀，充分的接触面和空间加剧了 C_2S 和 C_3S 的产生速度。此外，水泥水化反应可以生成大量的 $Ca(OH)_2$，而存在于膨润土空间结构中的 Na^+ 和 K^+ 等活性阳离子可与 $Ca(OH)_2$ 中的 Ca^{2+} 发生离子交换作用，从而使得膨润土可以与其产生二次水化反应，二次水化反应使膨润土颗粒的分散层变得更薄，同时，形成的胶体粒子之间可以彼此吸附，从而生成更大的聚集体填充在孔洞之间，进一步提高了浆材固结体的抗压强度，降低了其渗透系数。

再次，膨润土颗粒的二次水化反应使得大量的 C-S-H 凝胶产生，进一步提高结构中空隙的密实度，并且在空气与水的共同条件下，组合在一起的晶体结构渐渐硬化，使得外部环境中的微粒子难以进入，从而得到良好的抗渗性。与此同时，因为膨润土自身所特有的特性，即在水作用下体积会发生膨胀，使得在水化过程中浆材固结体缝隙得到补充而减小固结体的渗透系数。

最后，由于浆材中添加的调节浆材和易性的材料粉煤灰所产生的火山灰活化反应，这种反应主要从两个方面提高浆材固结体的密实度，其一是因为反应所产生的具有活性的物质充填于介于水泥和粉煤灰之间的水化膜层；其二是因为粉煤灰中的非活性粒子在膨润土和水泥之间生成蜂窝结构体系中逐步密实，从本质上讲，水泥-有机化膨润土防渗浆材渗透系数较小的原因归根结底就是因为种种水化及其他反应使得浆材的密实度一步步提高。与此同时,聚乙烯醇从一定程度上降低了水泥等的水化速度,但并不影响其水化作用、粉煤灰的火山灰反应等,因而使得 7 d 与 28 d 龄期的浆材固结体渗透系数相差较大。

龄期为 28 d 的浆材固结体渗透系数随渗透时间的变化趋势如图 2.41 所示,图中给出了在正交实验表中具有代表性的三组浆材(分别为黏土基浆材第 5 组及第 6 组,水泥基浆材第 8 组,其中 5 组及 6 组的渗透系数变化较大,因而 6 组应为一代表组,5 组与 6 组同时也代表了 1 组与 2 组之间的差异)渗透系数在 28 d 内随时间变化的柱状图。在渗滤液的渗滤过程中,渗透初期(前 8 ~ 10 d 的时间)的渗透系数在逐渐增加,随后为减小态势。在渗透初期,渗透系数有较大的增加,且比率较大,一般在 4 ~ 14 d 增到最大值。随后随着渗滤的进行,单位时间滤出的水量逐渐减少,即浆材固结体的渗透系数逐渐减小,直至 18 d 后的相对稳定态势,即固结体在 18 d 以后渗透系数值相对较小,不同配比分别接近某一不同常数。

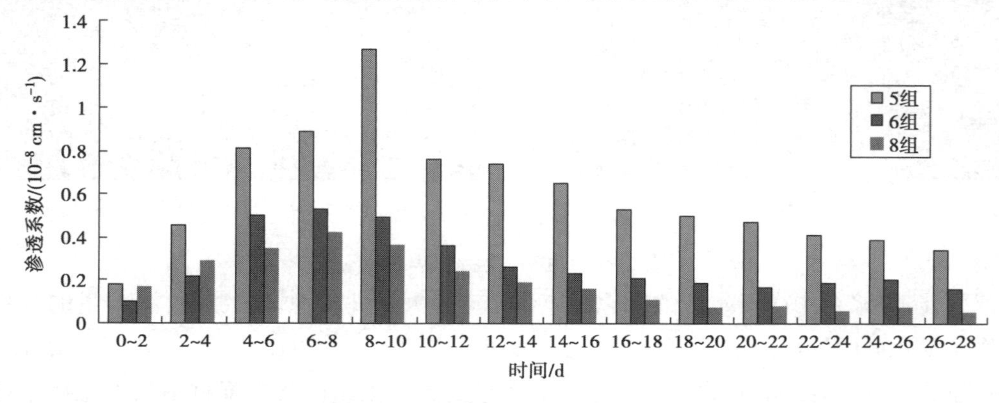

图 2.41　渗透系数随渗透时间的变化趋势

由图 2.14 分析可知,防渗浆材固结体经过 28 d 的养护,水泥水化等过程基本完成,固结体密实度较大,渗透系数较小,随着时间延长,固结体中渗水通道形成,从而导致渗透系数增加,同时由于膨润土经有机化改性后的高吸附性及黏聚性,吸附渗水作用带入的细小颗粒,同时渗水通道内水泥、粉煤灰等进一步水化反应,致使通道阻塞,使渗透系数进一步减小,并逐渐接近于某一较小常数。与此同时,渗水通道出现时间不同,会导致渗透系数有一定的波动,但由于后期渗水通道相对比较细小,对渗透系数影响相对较小,柱状图波动幅度较小。

4)浆材固结体应力-应变的特性

通过室内无侧限抗压强度试验,得到了有机化膨润土-水泥浆材固结体(养护 28 d)的无侧限抗压强度与变形之间的关系以及弹性模量、极限应变等力学参数。正交表中 9 组实验配方的无侧限抗压强度与轴向变形之间的关系如图 2.42 所示。

通过加载模拟分析得知,浆材固结体 28 d 凝期的竖向极限应变范围为 3.68% ~ 6.42%,弹性模量在 200 MPa 左右。在加压初期,与垃圾场周围土体应力变形曲线相似,近似直线,此阶段可视为弹性阶段;在堆载加压过程中,随着竖向应变的增加其抗压强度逐渐增加,初始强度增加缓慢;在达到浆材固结体极限强度时,曲线平稳下降而非突降,这说明防渗浆材的固结体具有明显塑性变性特征,其破坏形态体现为塑性破坏。

水泥-有机化膨润土浆材固结体的应力-应变曲线是软化型的。普通水泥土的应力-应变曲线在 1% 的应变以内就会出现峰值，而水泥-有机膨润土防渗浆材固结体极限应变可达到 5% 左右。这是因为固结体的骨架中填充了有机膨润土，使脆性骨架塑性化，从而使固结体有了更好的变形能力。

对比分析图 2.42 中各曲线，浆材配比的各因素对固结体应力及变形特性的影响不同。根据正交试验的结果，水泥是对固结体应力-应变曲线最重要的影响因素，即固结体 28 d 凝期的极限应变随水泥用量增加呈减小趋势，其余各因素对其轴向应力的最大值影响不显著。分析其原因是：水泥-有机膨润土浆材固结体骨架主要由水泥水化形成，水泥用量越多，其所形成的骨架越密集，强度越高。由此可知，水泥-有机化膨润土浆材固结体具有良好的力学性能，可在一定范围内适应垃圾场周围土体的变形要求。

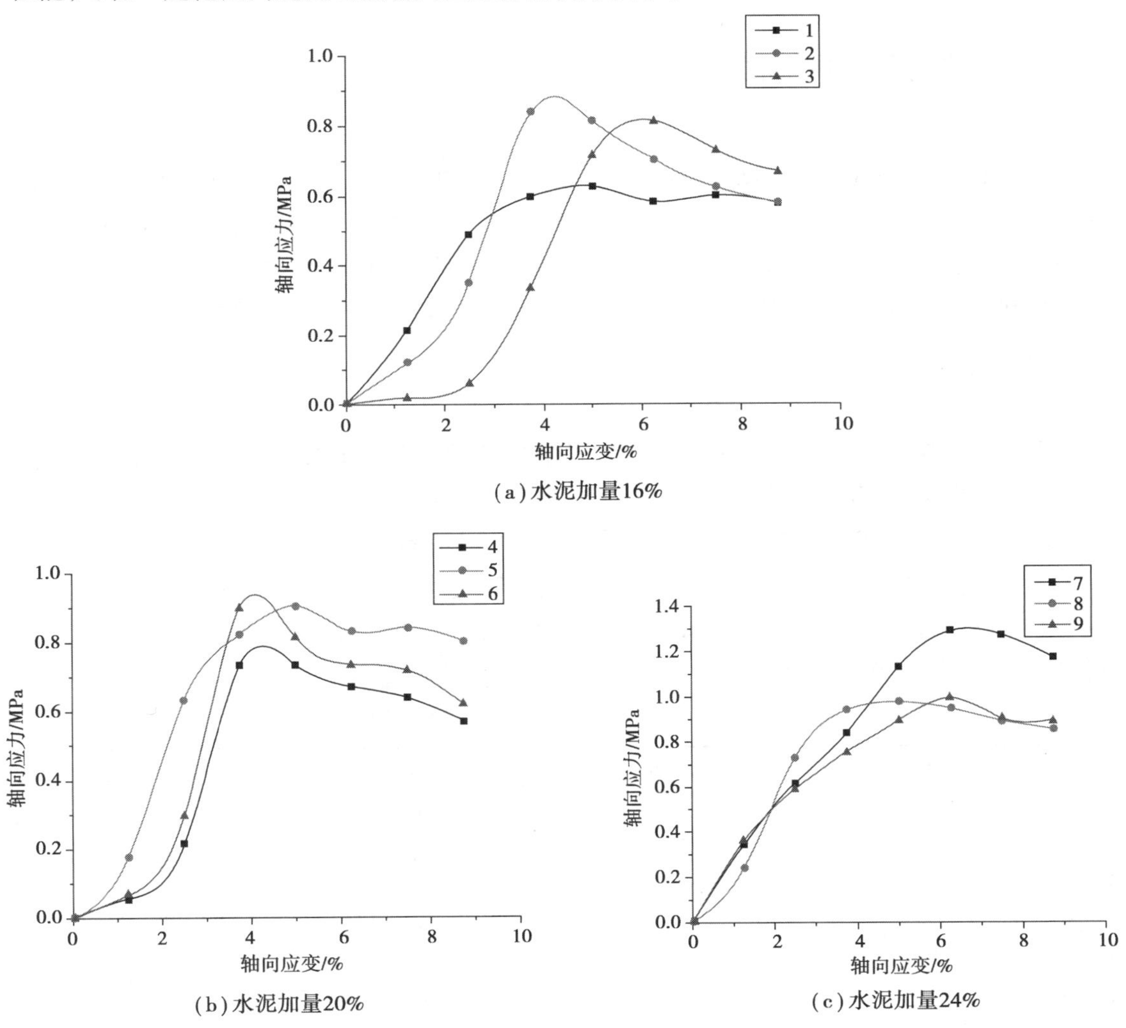

图 2.42　PBFC 浆材无侧限抗压试验固结体的应力-应变曲线

防渗浆材中采用聚乙烯醇有机化膨润土，具有更高的防渗性能。其平均渗透系数为 $(0.53 \sim 1.86) \times 10^{-8}$ cm/s，同普通钠基膨润土-水泥浆材渗透系数 $(1.3 \sim 5.5) \times 10^{-8}$ cm/s

相比，其抗渗透性及对垃圾场渗滤液污染物的吸附阻滞性能更高。

5）PBFC 浆材的配方确定

PBFC 浆材各因素最优水平（质量百分比）：水泥 18% ～24%、膨润土 18% ～26%、粉煤灰 17% ～20%、聚乙烯醇 0.2% ～0.8%、减水剂 0.01% ～0.03%。最优组合为：水泥 20%、膨润土 22%、粉煤灰 18%、聚乙烯醇 0.5%、TOJ800-10A 型聚羧酸高效减水剂 0.03% 与水泥 24%、膨润土 26%、粉煤灰 19%、聚乙烯醇 0.5%、TOJ800-10A 型聚羧酸高效减水剂 0.03% 两组。

采用聚乙烯醇为改性剂的浆材固结体具有更低的渗透系数、更优的吸附阻滞性能及耐久性，完全满足垃圾安全填埋场防渗要求。

2.5 NBFC 防渗浆材的实验研究

参照前述的 PBFC 防渗浆材实验研究成果，以羧甲基纤维素钠（简称“Na-CMC”）为改性剂（替代聚乙烯醇）对膨润土进行改性处理，配制出以羧甲基纤维素钠改性的膨润、粉煤灰、水泥为主要成分的一种新型防渗浆材（简称“NBFC 浆材”），NBFC 浆材抗渗能力与 PBFC 防渗浆材基本相同，优于现有各类 BFC 浆材，但其经济成本比 PBFC 防渗浆材要低，具有更加广阔的应用前景。

1）试验方案

根据前述浆材实验方法，为研究浆材中各组分对浆材固结体无侧限抗压强度在不同养护周期时的影响，结合前期已取得的实验成果对浆材性能影响较大的组分进行正交试验：水泥的掺量取 190 ~ 220 g/L，膨润土的掺量取 190 ~ 220 g/L，羧甲基纤维素钠的掺量取 0.5 ~ 2.0 g/L，碳酸钠的掺量取 1.0 ~ 2.5 g/L，其余组分对实验影响较小，取固定值：粉煤灰的掺量为 160 g/L，减水剂的掺量为 3 g/L，采用 $L_{16}(4^4)$ 四因素、四水平正交试验法优选浆材配比组合。正交实验结果见表 2.17。

表 2.17　浆材无侧限抗压强度正交试验表

编号	水泥 /(g·L^{-1})	膨润土 /(g·L^{-1})	碳酸钠 /(g·L^{-1})	CMC-Na /(g·L^{-1})	无侧限抗压强度/MPa		渗透系数 /(cm·s^{-1})	
					14 d	28 d	14 d	28 d
1	190	190	1.00	0.50	0.254	0.447	7.30E-06	2.20E-08
2	190	200	1.50	1.00	0.324	0.492	5.60E-06	1.50E-08
3	190	210	2.00	1.50	0.363	0.435	4.50E-06	7.40E-09
4	190	220	2.50	2.00	0.392	0.379	3.90E-06	5.70E-09
5	200	190	1.50	1.50	0.309	0.623	5.60E-06	1.40E-08
6	200	200	1.00	2.00	0.317	0.607	4.70E-06	9.00E-09

续表

编号	水泥 /(g·L⁻¹)	膨润土 /(g·L⁻¹)	碳酸钠 /(g·L⁻¹)	CMC-Na /(g·L⁻¹)	无侧限抗压强度/MPa		渗透系数 /(cm·s⁻¹)	
					14 d	28 d	14 d	28 d
7	200	210	2.50	0.50	0.387	0.518	4.30E-06	7.40E-09
8	200	220	2.00	1.00	0.387	0.480	3.90E-06	5.90E-09
9	210	190	2.00	2.00	0.354	0.811	1.90E-06	6.40E-09
10	210	200	2.50	1.50	0.367	0.658	1.80E-06	5.00E-09
11	210	210	1.00	1.00	0.381	0.522	2.60E-06	5.30E-09
12	210	220	1.50	0.50	0.372	0.489	4.30E-06	3.80E-09
13	220	190	2.50	1.00	0.373	0.748	2.50E-06	7.30E-09
14	220	200	2.00	0.50	0.393	0.774	3.70E-06	7.20E-09
15	220	210	1.50	2.00	0.412	0.657	7.20E-07	2.70E-09
16	220	220	1.00	1.50	0.431	0.604	9.10E-07	2.90E-09

2)无侧限抗压强度试验数据分析

(1)无侧限抗压强度的极差分析

为了解浆材固结体的无侧限抗压强度随着各组分掺量变化的规律,对表2.17中正交试验数据进行极差分析,得出各组分优水平并对浆材固结体无侧限抗压强度的影响规律。浆材固结体14 d,28 d无侧限抗压强度极差分析见表2.18、表2.19。

表2.18　试样14 d天无侧限抗压强度极差分析

编号		A	B	C	D
		水泥	膨润土	碳酸钠	CMC-Na
掺量/(g·L⁻¹)	1	190	190	1.00	0.50
	2	200	200	1.50	1.00
	3	210	210	2.00	1.50
	4	220	220	2.50	2.00
无侧限抗压强度/MPa	$\overline{K}_1$	0.333	0.323	0.346	0.352
	$\overline{K}_2$	0.350	0.350	0.354	0.366
	$\overline{K}_3$	0.369	0.386	0.374	0.368
	$\overline{K}_4$	0.402	0.396	0.380	0.369
最佳水平		A4	B4	C4	D4
极差值		0.069	0.073	0.034	0.017
主次顺序		B>A>C>D			

为了更直观地表现浆材固结体无侧限抗压强度与各组分掺量之间的关系,接下来根据极差分析表中数据绘制的各组分在不同时期对浆材固结体无侧限抗压强度的影响曲线如图2.43所示。

表2.19　试样28 d无侧限抗压强度极差分析

编号		A	B	C	D
		水泥	膨润土	碳酸钠	CMC-Na
掺量/$(g \cdot L^{-1})$	1	190	190	1.00	0.50
	2	200	200	1.50	1.00
	3	210	210	2.00	1.50
	4	220	220	2.50	2.00
无侧限抗压强度/MPa	K_1	0.463	0.657	0.545	0.550
	K_2	0.570	0.613	0.565	0.561
	K_3	0.620	0.546	0.605	0.580
	K_4	0.676	0.513	0.613	0.639
最佳水平		A4	B1	C4	D4
极差值		0.213	0.144	0.068	0.089
主次顺序		A > B > D > C			

由表2.18、表2.19及图2.43分析可知,浆材固结体的无侧限抗压强度在前期随膨润土掺量的增加而增加,但在后期膨润土掺量的增加却会影响浆材固结体的凝结强度,为了获取较佳的浆材前期强度,膨润土掺量选择为200~210 g/L。浆材各组分的掺量控制在以下范围内:水泥210~220 g/L,膨润200~210 g/L,碳酸钠1.5~2.5 g/L,羧甲基纤维素钠1.5~2.0 g/L,浆材具有较适宜的强度。

浆材的无侧限抗压强度在14 d龄期时平均值为0.364 MPa,到达28 d龄期时平均值为0.582 MPa。这是因为浆材的无侧限抗压强度在14 d龄期内主要受膨润土掺量的影响;而到达28 d龄期后,水泥成为影响浆材无侧限抗压强度的主要因素。在14 d龄期内浆材的无侧限抗压强度随着各因素掺量的增加而增大,此时各组分对浆材无侧限抗压强度的影响由大到小排序为:膨润土、水泥、碳酸钠、羧甲基纤维素钠;而到达28 d龄期时,浆材的无侧限抗压强度随膨润土掺量的增加而减小,随着水泥、碳酸钠及羧甲基纤维素钠掺量的增加而增加,此时各组分对浆材无侧限抗压强度的影响由大到小排序为:水泥、膨润土、羧甲基纤维素钠、碳酸钠。因此,水泥取代膨润土成为影响浆材无侧限抗压强度的主要因素。

碳酸钠和羧甲基纤维素钠作为膨润土的改性剂通过对膨润土进行改性影响膨润土的膨胀性,从而影响试样的整体无侧限抗压强度,具有不可忽视的作用。由于正交试验没有考虑其各因素之间的耦合作用,因此要进行因素影响分析需进一步分析各因素与浆材强度之间的关系。

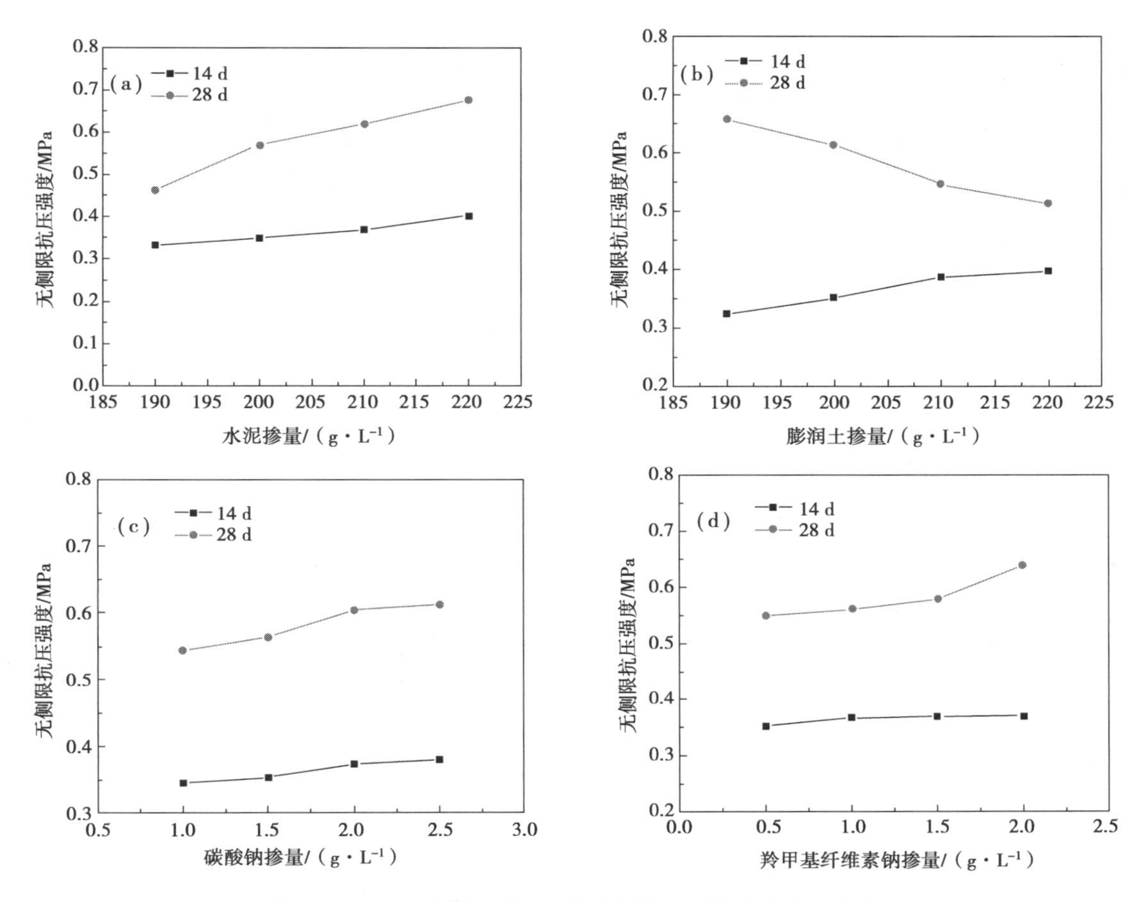

图 2.43　各组分对浆材固结体无侧限抗压强度的影响曲线

(2)各因素对浆材无侧限抗压强度的影响分析

分析水泥和膨润土掺量对试样无侧限抗压强度的影响。根据正交试验结果,以 210 g/L 水泥、200 g/L 膨润土、1.5 g/L 碳酸钠、1.5 g/L 羧甲基纤维素钠,除水外其他材料掺量不变为基准配比,水泥掺量为 190 ~ 230 g/L,膨润土掺量为 180 ~ 220 g/L,分别测试不同水泥和膨润土掺量下浆材固结体的无侧限抗压强度,具体比例见表 2.20。为了直观地了解浆材固结体的无侧限抗压强度与浆材各组分之间的规律,根据表 2.20 中的数据绘制不同掺量水泥对试样无侧限抗压强度影响曲线如图 2.44 所示,不同掺量膨润土对试样无侧限抗压强度影响曲线如图 2.45 所示。

表 2.20　不同掺量水泥和膨润土对试样无侧限抗压强度的影响

编号	水泥 /($g \cdot L^{-1}$)	膨润土 /($g \cdot L^{-1}$)	无侧限抗压强度/MPa		
			14 d	28 d	60 d
A1	190	200	0.303	0.549	0.625
A2	200	200	0.332	0.628	0.689

续表

编号	水泥 /(g·L^{-1})	膨润土 /(g·L^{-1})	无侧限抗压强度/MPa		
			14 d	28 d	60 d
A3	210	200	0.380	0.664	0.797
A4	220	200	0.405	0.742	0.820
A5	230	200	0.437	0.786	0.915
B1	210	180	0.324	0.771	0.874
B2	210	190	0.354	0.721	0.894
B3	210	200	0.363	0.661	0.766
B4	210	210	0.390	0.602	0.707
B5	210	220	0.412	0.485	0.589

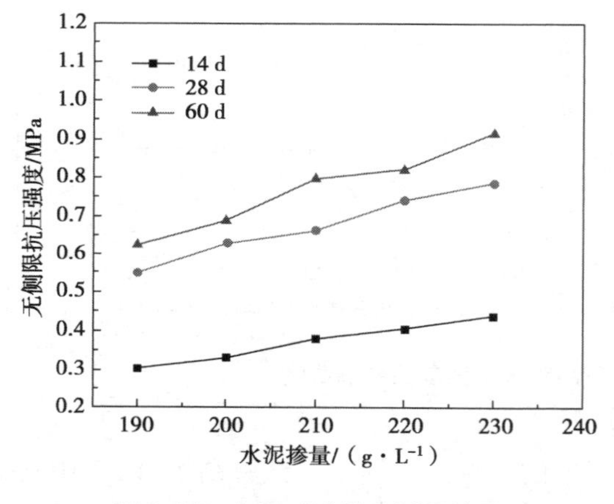

图 2.44　水泥对试样无侧限抗压强度的影响曲线

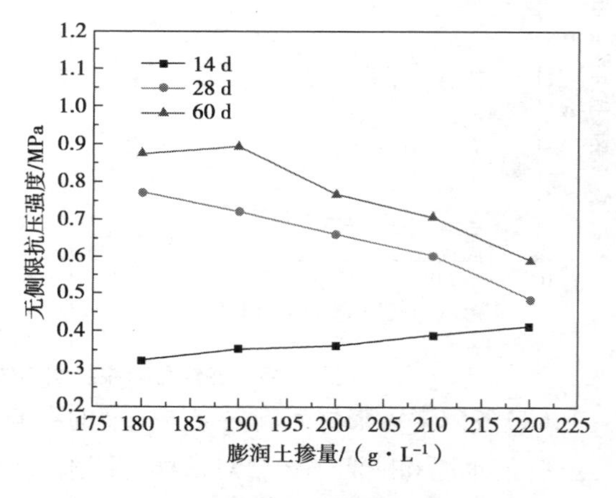

图 2.45　膨润土对试样无侧限抗压强度的影响曲线

由表 2.20 和图 2.44、图 2.45 分析可知，试样的无侧限抗压强度在各时期随着水泥掺量的增加而增大，而在 28 d 养护周期和 60 d 养护周期时随着膨润土掺量的增加总体呈现减小的趋势。影响试样无侧限抗压强度的主要因素为水泥，水泥掺量从 190 g/L 增至 230 g/L，试样 60 d 的无侧限抗压从 0.625 MPa 增至 0.915 MPa，增加了 0.29 MPa。膨润土掺量从 180 g/L 增至 220 g/L，试样 14 d 的无侧限抗压强度呈增加趋势，但只增长了 0.088 MPa，增长幅度较小，试样 60 d 的无侧限抗压强度曲线呈现先小幅增长后降低的趋势，曲线走势基本与正交实验相符。

分析碳酸钠和 CMC-Na 掺量对试样无侧限抗压强度的影响。碳酸钠作为膨润土的钠化剂，羧甲基纤维素钠为膨润土的改性剂，均通过对膨润土产生作用，改变膨润土的吸水性和膨胀系数从而对试样的无侧限抗压强度产生影响。根据正交试验结果，以 210 g/L 水泥、200 g/L 膨润土、1.5 g/L 碳酸钠、1.5 g/L 羧甲基纤维素钠，除水外其他材料掺量不变为基准配比,控制碳酸钠掺量为 1 ~3 g/L,羧甲基纤维素钠掺量为 0.5 ~2.5 g/L,分别测试不同碳酸钠和羧甲基纤维素钠掺量下试样的无侧限抗压强度,具体比例见表 2.21。

表 2.21　不同掺量碳酸钠和羧甲基纤维素钠对试样无侧限抗压强度的影响

编号	碳酸铵 /(g·L^{-1})	CMC-Na /(g·L^{-1})	无侧限抗压强度/MPa		
			14 d	28 d	60 d
A1	1	1.5	0.421	0.659	0.775
A2	1.5	1.5	0.454	0.678	0.783
A3	2	1.5	0.465	0.671	0.794
A4	2.5	1.5	0.462	0.673	0.796
A5	3	1.5	0.463	0.671	0.797
B1	1.5	0.5	0.433	0.668	0.778
B2	1.5	1	0.441	0.672	0.789
B3	1.5	1.5	0.463	0.676	0.796
B4	1.5	2	0.469	0.680	0.801
B5	1.5	2.5	0.470	0.679	0.802

为了直观地了解浆材固结体的无侧限抗压强度与浆材各组分之间的规律,根据表 2.21 提供的实验数据,绘制的不同掺量碳酸钠对试样无侧限抗压强度影响曲线如图 2.46 所示,不同掺量羧甲基纤维素钠对试样无侧限抗压强度影响曲线如图 2.47 所示。

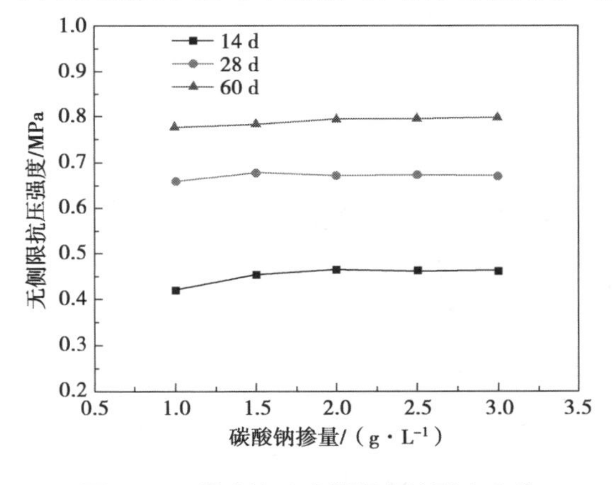

图 2.46　碳酸钠对试样强度的影响曲线

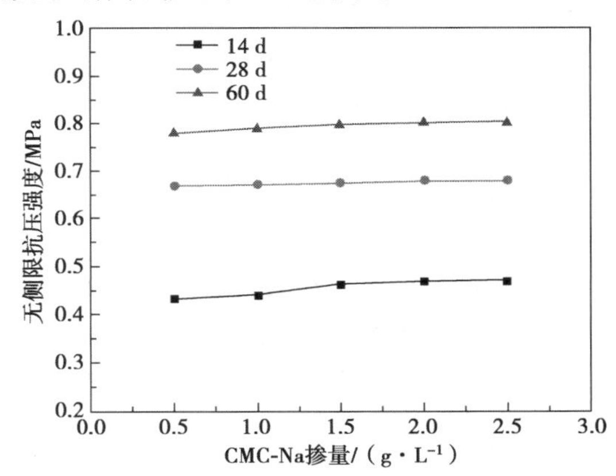

图 2.47　CMC-Na 对试样强度的影响曲线

由以上研究得出,该试样养护至 60 d 时,碳酸钠的掺量由 1 g/L 增至 2 g/L,试样的无侧限抗压强度提高了 0.019 MPa,而从 2 g/L 增至 3 g/L,试样无侧限抗压强度只提升 0.003 MPa,强度几乎没有改变,14 d,28 d 曲线规律与之类似。试样的无侧限抗压强度随 CMC-Na 的增加而逐渐增加,但增长幅度较小。

(3)浆材固结体强度 SEM 图片分析

为进一步探究 NBFC 防渗浆材固结体强度形成的原理,取两组样品养护 60 d 进行烘干、破碎和取样,采用扫描电镜实验得 SEM 图片,如图 2.48 所示。在固结体形成强度的过程中,主要是水泥在活性物介质-膨润土的围绕下进行的,水泥与水接触,发生水化反应,其熟料矿物的硅酸三钙、硅酸二钙水化生成不溶于水的水化硅酸钙,形成凝胶体,逐渐构成强度很高的空间网状结构;而铝酸三钙、铁铝酸四钙水化生成的水化铝酸钙与石膏反应,形成钙矾石填充空间网络结构。而粉煤灰中的硅铝玻璃球上部分 Si-O,Al-O 键也会与极性较强的 OH^-,Ca^{2+} 及剩余石膏反应,水化硅酸钙、水化铝酸钙和钙矾石,对结构进行增强。粉煤灰也具有微骨料填充效应,能够产生致密势能,减少固结体的孔隙比例,能有效提高固结体的密实性,对固结体整体强度具有显著作用。

(a)试样表面

(b)试样内部

图 2.48　NBFC 防渗浆材试样养护 60 d 的 SEM 图片

3)渗透系数试验数据分析

(1)渗透系数的极差分析

为了解浆材固结体的渗透系数随着各组分掺量变化的规律,对表 2.17 中正交试验数据进行极差分析,寻求各组分的优水平并对影响浆材固结体渗透系数的各组分进行主次排序。浆材固结体 14 d 和 28 d 渗透系数极差分析见表 2.22、表 2.23。

表 2.22　试样 14 d 渗透系数极差分析

编号		A	B	C	D
		水泥	膨润土	碳酸钠	CMC-Na
掺量 /(g·L^{-1})	1	190	190	1.00	0.50
	2	200	200	1.50	1.00
	3	210	210	2.00	1.50
	4	220	220	2.50	2.00

续表

编号		A	B	C	D
		水泥	膨润土	碳酸钠	CMC-Na
渗透系数 /(cm·s^{-1})	K_1	5.33E-06	4.33E-06	3.88E-06	4.90E-06
	K_2	4.63E-06	3.68E-06	4.06E-06	3.65E-06
	K_3	2.65E-06	3.03E-06	3.50E-06	3.20E-06
	K_4	1.96E-06	3.25E-06	3.13E-06	2.81E-06
最优水平		A4	B3	C4	D4
极差值		3.37E-06	1.30E-06	9.30E-07	2.10E-06
主次排序		A > D > B > C			

表 2.23　试样 28 d 渗透系数极差分析

编号		A	B	C	D
		水泥	膨润土	碳酸钠	CMC-Na
掺量 /(g·L^{-1})	1	190	190	1.00	0.50
	2	200	200	1.50	1.00
	3	210	210	2.00	1.50
	4	220	220	2.50	2.00
渗透系数 /(cm·s^{-1})	K_1	1.25E-08	1.24E-08	9.80E-09	1.01E-08
	K_2	9.08E-09	9.05E-09	8.88E-09	8.38E-09
	K_3	5.13E-09	5.70E-09	6.73E-09	7.33E-09
	K_4	5.03E-09	4.58E-09	6.35E-09	5.95E-09
最优水平		A4	B4	C4	D4
极差值		7.50E-09	7.85E-09	3.08E-09	4.15E-09
主次排序		B > A > D > C			

为了更直观地展现浆材固结体渗透系数与各组分掺量之间的关系，接下来根据极差分析表中数据绘制的各组分在不同时期对浆材固结体渗透系数的影响走势曲线如图 2.49 所示。

由表 2.22、表 2.23 及图 2.49 分析可知，浆材固结体的渗透系数在各时期随着水泥、碳酸钠和羧甲基纤维素钠掺量的增加而减小；在 14 d 时浆材固结体的渗透系数随着膨润土掺量的增加呈现先降低后增加的趋势，存在极小值，说明膨润土的掺量存在一个最佳区间，为 210 ~ 220 g/L，在 28 d 时随着膨润土掺量的增加，浆材固结体的渗透系数逐渐减小。14 d 时各因素掺量对浆材固结体渗透系数的影响由大到小排序分别为：水泥、羧甲基纤维素钠、膨润土、碳酸钠;28 d 时各因素掺量对浆材固结体渗透系数的影响由大到小排序分别为:膨润土、水泥、羧甲基纤维素钠、碳酸钠。在 28 d 时,膨润土取代水泥成为影响浆材固结体渗透系数的主要因素。

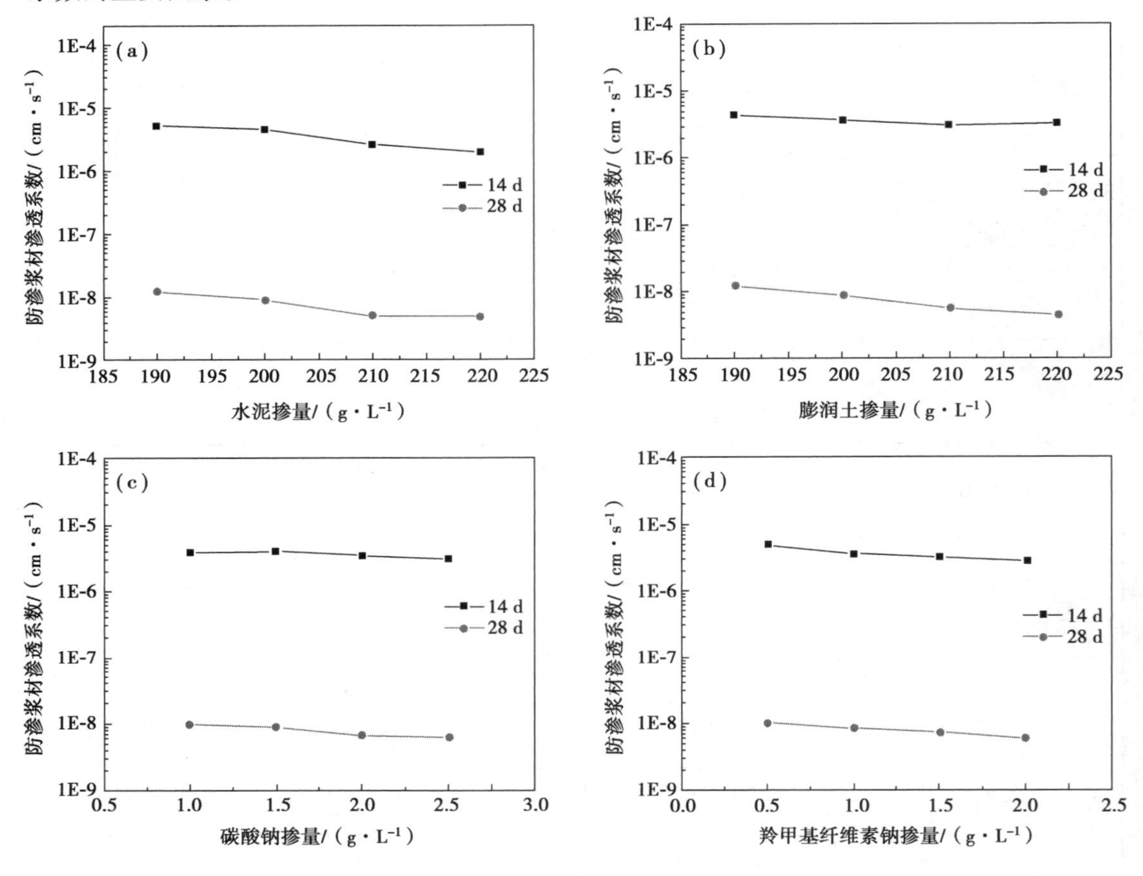

图 2.49　各组分对浆材固结体渗透系数的影响曲线

为了获取较低的渗透系数,浆材各组分的掺量应控制在以下范围内:水泥 210 ~ 220 g/L、膨润 210 ~ 220 g/L、碳酸钠 2.0 ~ 2.5 g/L、羧甲基纤维素钠 1.5 ~ 2.0 g/L。

碳酸钠和羧甲基纤维素钠作为膨润土的改性剂通过对膨润土进行改性影响膨润土的膨胀性,从而影响试样的渗透系数,具有不可忽视的作用。同样由于正交试验没有考虑其各因素之间的耦合作用,需要进行因素影响分析来更进一步分析各因素与浆材渗透系数之间的关系。

(2)各因素对浆材渗透系数的影响分析

首先分析水泥和膨润土掺量对试样渗透系数的影响。根据正交试验结果,以 210 g/L 水泥、210 g/L 膨润土、2.0 g/L 碳酸钠、1.5 g/L 羧甲基纤维素钠,除水外其他材料掺量不变为基准配比,控制水泥掺量为 210 ~ 250 g/L,膨润土掺量为 200 ~ 240 g/L,测试不同水泥和膨润土掺量下试样的渗透系数,具体比例见表 2.24。

表 2.24　不同水泥和膨润土掺量对试样渗透系数的影响

编号	水泥/(g·L^{-1})	膨润土/(g·L^{-1})	试样渗透系数/(cm·s^{-1})		
			14 d	28 d	60 d
A1	210	210	2.10E-06	4.90E-09	3.10E-09
A2	220	210	1.20E-06	2.30E-09	1.80E-09
A3	230	210	1.00E-06	1.70E-09	1.60E-09
A4	240	210	9.10E-07	1.60E-09	1.50E-09
A5	250	210	8.30E-07	1.50E-09	1.40E-09
B1	210	200	1.70E-06	5.30E-09	3.20E-09
B2	210	210	1.10E-06	3.80E-09	2.60E-09
B3	210	220	7.60E-07	2.20E-09	1.90E-09
B4	210	230	7.90E-07	1.60E-09	1.40E-09
B5	210	240	8.20E-07	1.40E-09	1.30E-09

为了揭示浆材固结体的渗透系数与浆材各组分之间的规律，根据表 2.24 中数据绘制的不同掺量水泥对试样渗透系数的影响曲线，如图 2.50 所示，不同掺量膨润土对试样渗透系数的影响曲线，如图 2.51 所示。

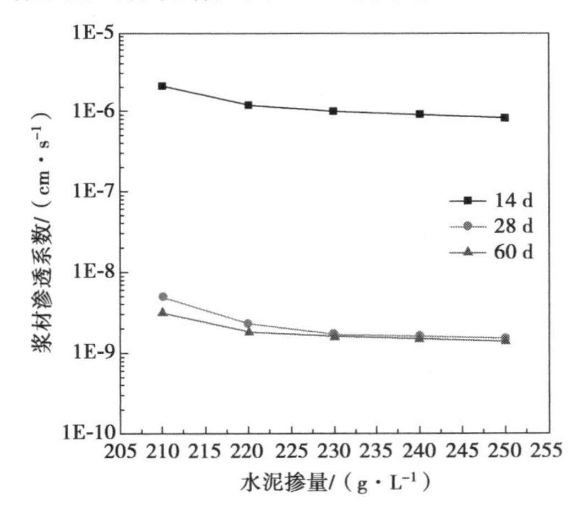

图 2.50　水泥对试样渗透系数的影响曲线

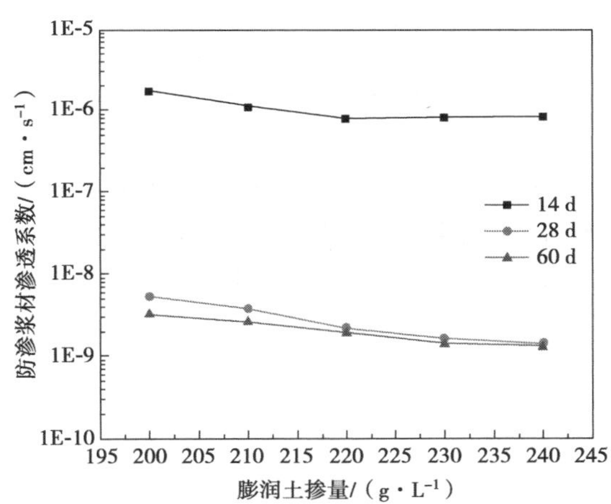

图 2.51　膨润土对试样渗透系数的影响曲线

由上述分析可知，影响试样 14 d 凝期渗透系数的主要因素为水泥，水泥掺量从 210 g/L 增至 250 g/L，试样的渗透系数从 2.10×10^{-6} cm/s 降到 8.30×10^{-7} cm/s，降低了 1.27×10^{-6} cm/s。膨润土掺量从 200 g/L 增至 240 g/L，试样的 14 d 渗透系数呈先减小后略微增大并趋于平缓的趋势，较之最低点减小了 8.80×10^{-7} cm/s，膨润土成为影响试样 28 d 渗透系数的主要因素，曲线呈现逐渐减小，并趋于平缓的趋势，曲线走势基本与正交实验相符。试样 60 d 时渗透系数曲线走势与 28 d 时基本一致，变化幅度较小，曲线趋于平缓。

分析碳酸钠和羧甲基纤维素钠掺量对试样渗透系数的影响。碳酸钠作为膨润土的钠化剂,羧甲基纤维素钠为膨润土的改性剂,均通过对膨润土进行作用,改变膨润土的吸水性和膨胀系数从而对试样的渗透系数产生影响。根据正交实验结果,以 210 g/L 水泥、210 g/L 膨润土、2.0 g/L 碳酸钠、1.5 g/L 羧甲基纤维素钠,除水外其他材料掺量不变为基准配比,控制碳酸钠掺量为 1 ~3 g/L,羧甲基纤维素钠掺量为 0.5 ~2.5 g/L,分别测试不同碳酸钠和羧甲基纤维素钠掺量下试样的渗透系数,具体比例见表 2.25。

表 2.25　不同碳酸钠和羧甲基纤维素钠掺量对试样渗透系数的影响

编号	碳酸钠 /($g \cdot L^{-1}$)	CMC-Na /($g \cdot L^{-1}$)	试样渗透系数/($cm \cdot s^{-1}$)		
			14 d	28 d	60 d
A1	1	1.5	3.40E-06	6.00E-09	4.80E-09
A2	1.5	1.5	3.90E-06	5.70E-09	3.50E-09
A3	2	1.5	3.10E-06	2.60E-09	2.20E-09
A4	2.5	1.5	2.70E-06	3.30E-09	2.90E-09
A5	3	1.5	2.50E-06	2.90E-09	2.70E-09
B1	2.0	0.5	4.10E-06	8.80E-09	4.10E-09
B2	2.0	1	3.30E-06	6.20E-09	3.30E-09
B3	2.0	1.5	2.70E-06	4.70E-09	2.70E-09
B4	2.0	2	2.30E-06	3.40E-09	2.20E-09
B5	2.0	2.5	2.20E-06	2.90E-09	2.20E-09

同理,为了揭示浆材固结体的渗透系数与浆材各组分之间的规律,根据表 2.25 实验数据绘制的不同掺量碳酸钠对试样渗透系数的影响曲线如图 2.52 所示,不同掺量羧甲基纤维素钠对试样渗透系数的影响曲线如图 2.53 所示。

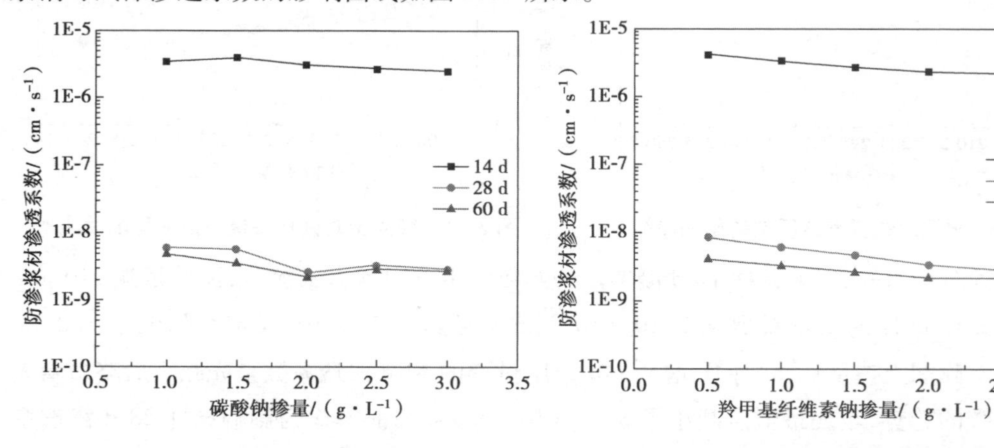

图 2.52　碳酸钠对试样渗透系数的影响曲线

图 2.53　羧甲基纤维素钠对试样渗透系数的影响曲线

由表 2.25 和图 2.52、图 2.53 分析可知,试样在养护至 14 d 和 28 d,碳酸钠掺量从 1.0 g 增至 2.0 g 时,试样的渗透系数有明显减小,随后从 2.0 g 增至 3.0 g,试样的渗透系数曲线较为平缓,几乎无变化。在试样养护的各时期,随着羧甲基纤维素钠掺量的增加,试样的渗透系数均呈现逐渐减小的趋势,但后期减小的趋势越来越平缓,几乎无变化,并且在养护至 60 d 时,试样的渗透系数减小曲线较之于 14 d 和 28 d 时更加平缓,变化幅度较小,总体变化趋势与正交实验相符。

由此可知,碳酸钠的掺量从 1.5 g/L 增至 2.0 g/L 时,对浆材固结体的渗透系数影响最为明显,当碳酸钠的掺量过少时,会影响碳酸钠对膨润土的钠化作用。在碳酸钠的掺量达到 2.0 g/L 后,对膨润土的钠化作用已较为完全,因此,随后增加碳酸钠的掺量对浆材固结的渗透系数影响较小,曲线几乎不再变化。掺入羧甲基纤维素钠的浆材不仅对重金属离子等污染物具有更好的吸附阻滞作用,还会在浆材固结体的表面形成致密的薄膜,进一步降低浆材的渗透系数。

(3)浆材固结体渗透系数 SEM 图片分析

为进一步探究固结体强度形成的原理,取两组样品养护 60 d 进行烘干、破碎和取样,采用扫描电镜实验得 SEM 图片,如图 2.54 所示。固结体空间骨架结构形成的过程,主要是水泥在活性物介质-膨润土的围绕下进行的,水泥与水接触,发生水化反应,其熟料矿物的硅酸三钙、硅酸二钙水化生成不溶于水的水化硅酸钙,形成凝胶体,逐渐构成密实的空间网状结构;而铝酸三钙、铝酸四钙水化生成的水化铝酸钙与石膏反应,形成钙矾石填充空间网络结构。

(a)试样表面

(b)试样内部

图 2.54　NBFC 防渗浆材试样养护 60 d 的 SEM 图片

2.6　研究结论

①本文简要说明了拟配制防渗浆材的组成与实验方法,对常用的防渗浆材实验项目及测试仪器进行了介绍。通过拟配制的浆材可灌性能、力学性能、渗透性能等最优配比分析、

极差分析、方差分析等得出浆材各组分对其不同性能影响的主次地位,并在考虑耦合作用的情况下,探究单一因素变化对浆材各性能指标的影响。最后通过电镜扫描试验分析影响浆材各性能指标的微观机理。

②通过实验研究,确定出了适合防治垃圾卫生填埋场或堆放场渗滤液漏失的 BFC 浆材优选配方为:膨润土 20% ~30% 、水泥 15% ~25% 、粉煤灰 20% ~25% 、纯碱 1.0% ~1.4% ,余之为水。为使浆材能有较好的流动性和可泵期,还应加入适铁铬木质素磺酸盐 0.3% ~0.5%(或磺化腐殖酸钠 HFN)来调节浆材的可泵期。BFC 防渗浆材具有良好的可灌性,浆材结石率 >99.6% ,其固结体 28 d 的渗透系数 $<0.8\times10^{-7}$ cm/s,无侧限抗压强度分别为 0.40 ~2.2 MPa,满足垃圾卫生填埋场防渗的规范要求。

③考虑垃圾填埋场防渗浆材的主要性能应具有低渗透性、适当的抗压强度,并结合对浆液可泵期的要求,通过正交试验优选出了 BFCF 浆材配方(质量百分比)为:膨润土 22% ~28% 、粉煤灰 17% ~23% 、水泥 18% ~24% 、纤维 0.06% ~0.12% 、纯碱 0.8% ~1.5% 、NUF-5 减水剂 0.4% ~0.7% ,余之为水(每配制 1 m^3 浆液,需加水 670 ~830 kg)。BFCF 浆材具有良好的可灌性,浆材结石率 >99.0% ,其固结体 28 d 的渗透系数、抗压强度和弹性模量分别为 $(0.12\sim0.98)\times10^{-7}$ cm/s、0.75 ~2.0 MPa 和 230 ~350 MPa,从而满足了生活垃圾填埋场隔离墙对浆材渗透性及抗压强度的要求。

④采用聚乙烯醇(简称“PVA”)为改性剂对膨润土进行改性处理,配制出以聚乙烯醇(PVA)改性的膨润、粉煤灰、水泥为主要成分的一种新型防渗浆材(简称“PBFC 浆材”),使浆材具有更高的防渗性能,PBFC 浆材各因素最优水平(质量百分比)为:水泥 18% ~24% 、膨润土 18% ~26% 、粉煤灰 17% ~20% 、聚乙烯醇 0.2% ~0.8% 、聚羧酸类高效减水剂 0.01% ~0.03% 、碳酸钠 0.45% ~0.55% ,余之为水。最优组合为:水泥 20% 、膨润土 22% 、粉煤灰 18% 、聚乙烯醇 0.5% 、TOJ800-10A 型聚羧酸高效减水剂 0.03% 、碳酸钠 0.5% 与水泥 24% 、膨润土 26% 、粉煤灰 19% 、聚乙烯醇 0.5% 、TOJ800-10A 型聚羧酸高效减水剂 0.03% 、碳酸钠 0.5% 两组。PBFC 浆材平均渗透系数为 $(0.53\sim1.86)\times10^{-8}$ cm/s,同普通钠基膨润土-水泥浆材渗透系数 $(1.3\sim5.5)\times10^{-8}$ cm/s 相比,其抗渗透性及对垃圾场渗滤液污染物的吸附阻滞性能更高。浆材固结体 28 d 凝期的无侧限抗压强度为 0.40 ~2.0 MPa,竖向极限应变范围为 3.68% ~6.42% ,弹性模量在 200 MPa 左右。

⑤以羧甲基纤维素钠(简称“Na-CMC”)为改性剂(替代聚乙烯醇)对膨润土进行改性处理,配制出以羧甲基纤维素钠改性的膨润、粉煤灰、水泥为主要成分的一种新型防渗浆材(简称“NBFC 浆材”),NBFC 防渗浆材配方(质量百分比)为:膨润土 20% ~210% 、水泥 21% ~22% 、粉煤灰 16% ~18% 、碳酸钠 0.15% ~0.25% 、羧甲基纤维素钠 0.15% ~0.2% ,余之为水。NBFC 浆材抗渗能力与 PBFC 防渗浆材基本相同,优于现有各类 BFC 浆材,但其经济成本比 PBFC 防渗浆材要低,具有更加广阔的应用前景。

参考文献

[1] 罗平,张辉,吴翌辰,等. 膨润土颗粒的制备及对废水中铬的吸附性能研究[J]. 非金属矿,2014,37(2):

72-74.
[2] 刘数华,方坤河.粉煤灰对水工混凝土抗裂性能的影响[J].水力发电学报, 2005,24(2):73-76.
[3] 姚汝方.高土石坝防渗墙混凝土性能试验[J].水利水电科技进展,2009,29(4):44-46,54.
[4] 许莹莹.土石坝地基混凝土防渗墙应力变形数值模拟研究[D].南京:河海大学,2007.
[5] DAI G Z, ZHU J, SHI G C. Analysis of the Properties and Anti-Seepage Mechanism of PBFC Slurry in Landfill[J]. Structural Durability & Health Monitoring, 2017,11(2):169-190.
[6] 黄天勇,王栋民,侯云芬,等.黏土及石灰石粉对水泥浆体性能的影响[J].混凝土,2014(7):76-79,84.
[7] 吕利,吴勇,张路,等.改性成都黏土预处理垃圾渗滤液的研究[J].环境科学与技术,2013,36(4):146-151.
[8] 李红霞,何少华,袁华山.膨润土对废水中有机污染物的吸附[J].矿业工程,2006,4(4):59-61.
[9] 刘建国,聂永丰,王洪涛,等.填埋场不同防渗配置下渗滤液及污染物泄漏[J].清华大学学报:自然科学版,2004,44(12):1684-1687.
[10] 卢应发,陈朱蕾,谢文良,等. 垃圾卫生填埋中的一些岩土工程技术[J].岩土力学,2009,30(1):91-98.
[11] 肖诚,熊向阳,夏军.生活垃圾卫生填埋场防渗结构设计影响因素分析[J].环境卫生工程,2007,15(5):29-32.
[12] 靖向党, 于波, 谢俊革,等.城市垃圾填埋场防渗浆材的实验研究[J].环境工程,2009,27(1):70-73.
[13] 詹良通,罗小勇,陈云敏,等.垃圾填埋场边坡稳定安全监测指标及警戒值[J].岩土工程学报,2012,34(7):1305-1312.
[14] 姜建梅,刘长礼,王晶晶,等.垃圾防渗黏性土对多环芳烃菲(PHEs)的吸附作用研究[J].环境科学与技术,2010,33(11):57-65.
[15] 冯臻.微波法制备有机膨润土吸附污染水中铅和苯酚的特性[J].无机盐工业,2008,40(6):47-49.
[16] 司政,陈尧隆,李守义.土石坝坝基塑性混凝土防渗墙应力变形分析[J].水力发电,2008,34(2):32-35.
[17] 陈飞.垃圾填埋场隔离墙浆材配制及防渗作用机理研究[D].南京:河海大学, 2014.
[18] 王营彩.垃圾填埋场防渗浆材性能及墙体变形分析[D].南京:河海大学, 2015.
[19] 代国忠,殷琨.生活垃圾填埋场防渗浆材配制与成墙工艺研究[J],冰川冻土,2011,33(4):922-926.
[20] 盛炎民.垃圾填埋场 PBFC 防渗浆材制备及性能研究[D].常州:常州大学, 2019.
[21] 章泽南.垃圾填埋场膨润土浆材制备及物理力学性能研究[D].常州:常州大学, 2020.

第 3 章　防渗浆材的可灌性能研究

3.1　研究目的

对于垃圾填埋场垂直防渗墙而言，除了对防渗浆材的抗渗性能及力学性能要求以外，为满足可灌性，浆材应具有较好的流动性和可泵期。浆材流动性的指标用流动度表示，即浆液搅拌完成后的扩展直径。可泵期是指浆材自加水拌合起，至流动度降低到可被泵送的流动度（一般取 140 mm）所经历的时间。可灌性是基于流动度和可泵期来衡量浆材施工性能的综合技术指标。其中，浆体的流动性直接决定了浆材在进行灌浆时的灌注性能，浆材的流动性越好（流动度越大），可灌性就越好。但研究发现，膨润土在一定掺量范围内将会降低浆材的流动度和可泵期，对浆材的可灌性有不利影响，易造成运输、泵送以及施工等问题。

为此，本章主要针对 PBFC 防渗浆材、NBFC 防渗浆材的可灌性进行研究，探讨各组分不同掺量对此类浆材固结体力学性能的影响趋势，为制备满足垃圾填埋场垂直防渗工程施工灌注要求的防渗浆材提供依据。

3.2　PBFC 防渗浆材的可灌性能研究

1）试验研究方案

通过对比试验确定 PBFC 防渗浆材的 $L_9(3^4)$ 正交实验因素与水平，优选出该防渗浆材的配方，实验数据见表 3.1、表 3.2。

表 3.1　防渗浆材实验因素与水平

水平	因素/(g·L^{-1})			
	水泥	膨润土	碳酸钠	PVA
K1	180	180	1	1

续表

水平	因素/(g·L⁻¹)			
	水泥	膨润土	碳酸钠	PVA
K2	200	190	2	2
K3	220	200	3	3

表3.2　防渗浆材 $L_9(3^4)$ 正交试验安排及其试验结果

编号	各因素掺量/(g·L⁻¹)			
	水泥	膨润土	碳酸钠	PVA
1	180	180	3	2
2	200	180	1	1
3	220	180	2	3
4	180	190	2	1
5	200	190	3	3
6	220	190	1	2
7	180	200	1	3
8	200	200	2	2
9	220	200	3	1

在正交试验的基础上，以190 g/L膨润土、180 g/L粉煤灰、200 g/L水泥、2 g/L碳酸钠、2 g/L聚乙烯醇，余之为水为基准配比配制防渗浆材，分别改变水泥和膨润土用量，测试不同配比防渗浆材的渗透系数，这3种试验配比见表3.3。

表3.3　PBFC防渗浆材的单因素试验配比

编号	水泥/(g·L⁻¹)	编号	膨润土/(g·L⁻¹)
A1	180	B1	180
A2	190	B2	190
A3	200	B3	200
A4	210	B4	210
A5	220	B5	220

2）实验数据分析

按照试验方案，对正交试验表中的防渗浆材配比的流动度和可泵期进行测试，试验结果见表3.4。

表3.4　防渗浆材流动度和可泵期正交实验结果

编号	可泵期/min	流动度/cm	流动度经时损失/($mm \cdot h^{-1}$)
1	60	160	20
2	75	185	36
3	80	195	41
4	30	160	40
5	25	150	24
6	140	235	40
7	165	250	40
8	70	170	25
9	—	125	15

在表3.4中,第9组配比的初始流动度为125 mm,小于流动度的最低要求140 mm,故没有可泵期,计算时按可泵期为0计算。由于第9组的可泵期为0,存在计算误差,故评价防渗浆材的各组分对防渗浆材的可灌性时引入流动度经时损失这一评价指标,在表3.4中,1～8组流动度经时损失采用式(3.1)计算可得,第9组配比的流动度经时损失实测值为15。

浆液流动度的经时损失计算式为:

$$\theta = \frac{F_0 - 140}{T} \tag{3.1}$$

式中　θ——浆液流动度的经时损失,mm/h;

F_0——浆液的初始流动度,mm;

T——浆液的可泵期,h。

采用方差分析法对流动度正交试验结果进行分析,分析结果见表3.5。

表3.5　流动度正交试验分析

变异来源	离差平方和	自由度	均方	F值
水泥	772.22	2	765.25	8.54
膨润土	4 525.55	2	562.55	4.56
碳酸钠	9 372.22	2	2 755.52	25.35
误差	1 254.33	2		

计算得:$F_{0.10(2,2)}=9.0$,$F_{0.05(2,2)}=19.0$,$F_{0.01(2,2)}=99.0$。通过F的检验结果表明,水泥和膨润土对流动度的影响不显著,而碳酸钠对流动度的影响是显著的。碳酸钠是影响流动度的主要因素,而水泥和膨润土是影响流动度的次要因素。采用极差分析法对正交试验结果进行分析,分析结果见表3.6至表3.8。

表 3.6　防渗浆材组分对浆材可泵期影响结果分析

因素		水泥	膨润土	碳酸钠	PVA
可泵期/min	K1	255	215	380	75
	K2	170	195	180	270
	K3	220	235	85	270
	d	85	40	295	195

通过采用极差分析法来分析不同配比的防渗浆材的可泵期、流动度和流动度经时损失可知，碳酸钠和 PVA 对 PBFC 防渗浆材的可灌性影响较大。在表 3.6 中，碳酸钠和 PVA 对可泵期的影响极差值分别为 295 min 和 195 min，而水泥和膨润土对可泵期的影响极差值分别为 85 min 和 40 min，相比较而言，碳酸钠和 PVA 作为改性剂和外掺剂，其掺量极小，但碳酸钠和 PVA 对可泵期的影响远大于水泥和膨润土，由于第 9 组配比的防渗浆材可泵期不能测出，使得分析结果与实际情况有所差别，分析存在一定误差，需要从其他指标进行深入分析。

表 3.7　防渗浆材组分对浆材流动度影响结果分析

因素		水泥	膨润土	碳酸钠	PVA
流动度/mm	K1	570	540	670	310
	K2	505	545	525	565
	K3	555	545	435	595
	极差值	65	5	235	285

从流动度的角度来看，在表 3.7 中，水泥和膨润土对流动度的影响极差值分别为 65 mm 和 5 mm，碳酸钠和 PVA 对流动度的影响极差值分别为 235 mm 和 285 mm，故防渗浆材各组分对流动度的影响从大到小依次排列为：PVA > 碳酸钠 > 水泥 > 膨润土，其中，碳酸钠和 PVA 对流动度的影响远大于水泥和膨润土。

表 3.8　防渗浆材组分对浆材流动度经时损失影响结果分析

因素		水泥	膨润土	碳酸钠	PVA
流动度经时损失/($mm \cdot h^{-1}$)	K1	100	97	116	51
	K2	85	104	106	85
	K3	96	80	59	105
	极差值	15	24	57	54

从流动度经时损失的角度来看，在表 3.8 中，水泥、膨润土、碳酸钠和 PVA 对防渗浆材流动度经时损失的影响极差值分别为 15，24，57 和 54 mm/h，与防渗浆材各组分对流动度经

时损失的影响与对可泵期和流动度的影响具有相似性，碳酸钠和 PVA 对防渗浆材流动度经时损失的影响远大于水泥和膨润土。

从防渗浆材各组分对可泵期、流动度和流动度经时损失的影响分析结果可知，碳酸钠和 PVA 对防渗浆材可灌性的影响较大，而水泥和膨润土对防渗浆材可灌性的影响相对较小。将表 3.5 至表 3.7 的正交试验统计结果绘制成图，如图 3.1 至图 3.3 所示。

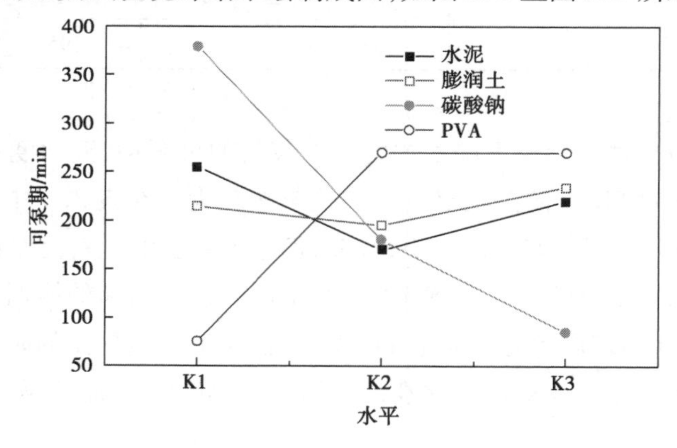

图 3.1　防渗浆材成分对可泵期的影响

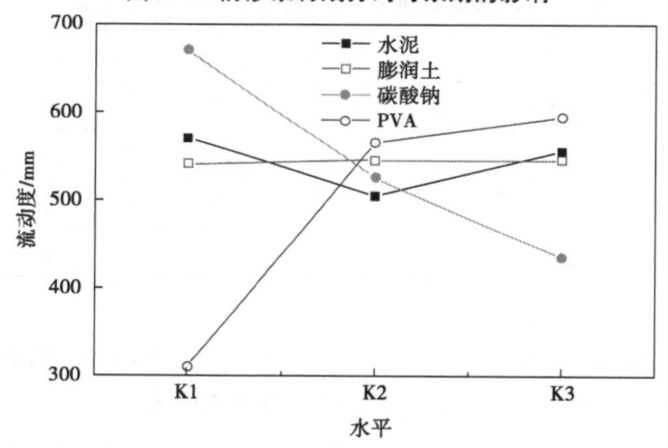

图 3.2　防渗浆材成分对流动度的影响

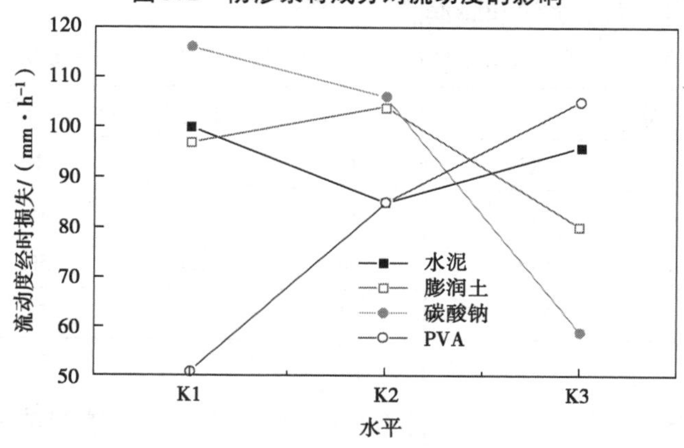

图 3.3　防渗浆材成分对流动度经时损失的影响

结合表 3.1 和图 3.1 可知,随着碳酸钠掺量从 1 g/L 增至 3 g/L,防渗浆材的可泵期从 380 min 减至 85 min;随着 PVA 掺量从 1 g/L 增至 3 g/L,防渗浆材的可泵期从 75 min 增至 270 min;而随着水泥和膨润土掺量的增加,防渗浆材的可泵期增减趋势并不明显。

同样,结合表 3.1 和图 3.2、图 3.3 可知,随着碳酸钠掺量的增加,防渗浆材的流动度和流动度经时损失也随之减小;随着 PVA 掺量的增加,防渗浆材的流动度和流动度经时损失也随之增大;而随着水泥和膨润土掺量的增加,防渗浆材的流动度和流动度经时损失增减趋势不明显。

从图 3.1、图 3.2 分析结果可知,碳酸钠掺量增加会降低防渗浆材的可灌性,但防渗浆材的流动度经时损失也减小,说明碳酸钠的掺入会增强防渗浆材初期的流动度稳定性;而 PVA 掺量的增加会增强防渗浆材的可灌性,但防渗浆材的流动度经时损失也会增大,说明 PVA 的掺入会降低防渗浆材初期的流动度稳定性。而水泥和膨润土对防渗浆材的可灌性的影响效果不明显,需要进行下一步的试验分析。

从正交试验结果可知,为保证防渗浆材具有良好的可灌性和初期的流动度稳定性,碳酸钠和 PVA 掺量宜控制在一定范围内,碳酸钠掺量宜控制在 1 ~2 g/L,PVA 掺量宜控制在 2 ~3 g/L。水泥和膨润土掺量的控制范围应进行更深入的试验来确定。

3) 水泥和膨润土对防渗浆材可灌性的影响

为探究水泥和膨润土对防渗浆材可灌性的影响,在正交试验的基础上参考表 3.3,进行单因素试验,试验结果见表 3.9。试验发现当碳酸钠和 PVA 掺量均为 2 g/L 时,水泥和膨润土的掺量从 180 g/L 增至 220 g/L,防渗浆材的初始流动度均大于 140 mm,满足了施工对防渗浆材的流动度要求,且防渗浆材的可泵期均大于 40 min,基本满足了施工现场对防渗浆材运输及浇筑的要求。

在表 3.9 的基础上,绘制水泥和膨润土掺量对防渗浆材可泵期和流动度的影响曲线,如图 3.4 至图 3.7 所示。从图 3.4 和图 3.5 可知,当水泥含量的增加,防渗浆材的可泵性和流动性有所降低,但随水泥含量从 210 g/L 增至 220 g/L,防渗浆的可泵期和流动度表现出增加的趋势,这是水泥含量的增加和水灰比的降低,使水泥与水发生水化反应后自由水存量减少,水泥颗粒在水中不易分散。这将导致水泥胶团发生物理凝聚的概率大大增加,使流动度自然减小,但随着水泥用量进一步增加,水泥与水的水化反应不完全,自由水减少的速率减小,从而导致防渗浆材的可泵期和流动度呈现增加的趋势。随着水泥掺量的增加,初始流动度随之减小,达到可泵送的最低流动度的流动度损失也随之减小。同时,随着水泥含量的增加,水泥浆的物理摩擦阻力也会增加,流动度损失也会增加,因此,可泵期也会缩短。

表 3.9　不同掺量水泥和膨润土的防渗浆材的可泵期和流动度

编号	可泵期/min	流动度/mm	编号	可泵期/min	流动度/mm
A1	195	205	B1	95	190
A2	135	195	B2	90	185

续表

编号	可泵期/min	流动度/mm	编号	可泵期/min	流动度/mm
A3	85	180	B3	85	180
A4	60	170	B4	70	170
A5	80	175	B5	50	165

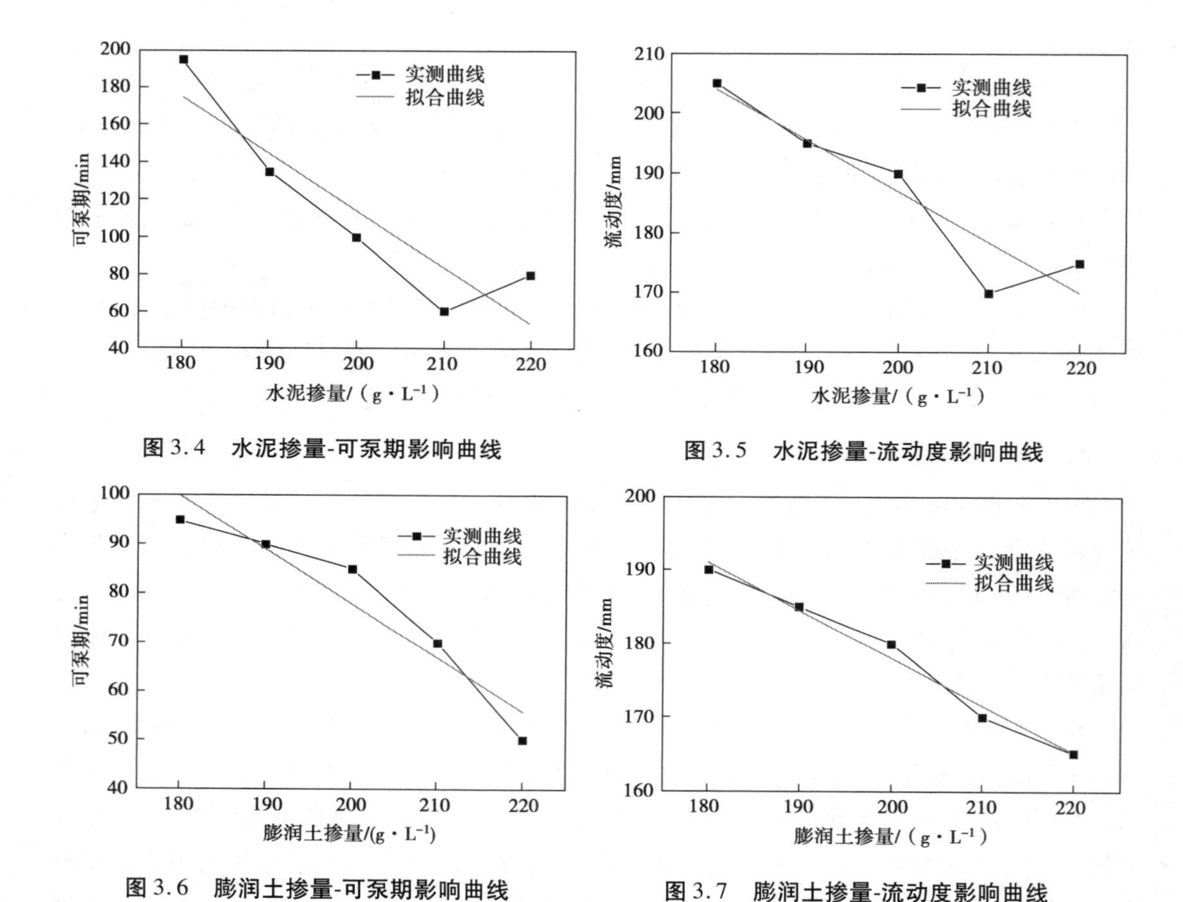

图 3.4　水泥掺量-可泵期影响曲线

图 3.5　水泥掺量-流动度影响曲线

图 3.6　膨润土掺量-可泵期影响曲线

图 3.7　膨润土掺量-流动度影响曲线

对图 3.4 和图 3.5 中实测值曲线进行线性拟合可以得出如下公式：

$$y = -3.05x + 724 \tag{3.2}$$

$$y = -0.85x + 357 \tag{3.3}$$

从式(3.2)、式(3.3)可知，水泥对防渗浆材的可泵期和流动度的影响系数分别为 3.05 和 0.85。从图 3.6、图 3.7 可以看出，随着膨润土掺量的增加，浆材的可泵期和流动度呈下降趋势；随着用水量的增加，颗粒间的自由水分子减少，防渗泥浆的流动性相应降低；随着膨润土掺量的增加，初始流度减小，流度损失减小到可泵送的最低流度时间减少。同时，随着膨润土用量的增加，浆体的物理摩擦阻力增大，流动度损失也会随着时间的增加而增加，因此泵送周期也会减小。同样对图 3.6 和图 3.7 中的实测曲线进行线性拟合可得出如下公式：

$$y = -1.1x + 298 \tag{3.4}$$

$$y = -0.65x + 308 \tag{3.5}$$

由式(3.4)、式(3.5)可知，膨润土对防渗浆材的可泵期和流动度的影响系数分别为1.1和0.65。比较水泥和膨润土对防渗浆材的可泵期和流动度的影响系数可知，水泥对防渗浆材的可泵期和流动度的影响比膨润土影响大，即水泥对防渗浆材可灌性的影响比膨润土大。

4）碳酸钠和PVA对防渗浆材可灌性的影响

碳酸钠和聚乙烯醇(PVA)是以溶液的形式掺入膨润土中对膨润土进行钠化改型和改性处理，因而碳酸钠和PVA对防渗浆材的可灌性影响主要是碳酸钠和PVA对膨润土的影响，从而影响了防渗浆材的可灌性。膨润土一般以蒙脱石为主要成分，由于蒙脱石晶体结构由硅氧四面体、铝氧八面体组成，其层间阳离子与结构单元层之间的作用力较弱，这使得膨润土的结构单元层之间距离容易扩大，膨润土的被表面积增大，其吸附能力更强。

碳酸钠改性膨润土的原理主要是基于膨润土的阳离子交换特性。以钙基膨润土为原料制备钠基膨润土，其反应过程为钠离子与可交换钙离子在蒙脱土中的离子交换反应。反应公式如下：

$$\text{Ca-Bentonite} + 2\text{Na}^{+} \longrightarrow 2\text{Na-Bentonite} + \text{Ca}^{2+} \tag{3.6}$$

由于Ca^{2+}的交换能力大于Na^{+}，所以反应的平衡向右。为了使反应平衡向左，可增加钠离子的浓度或降低钙离子的浓度。一般情况下钠化很难完全反应，因为钙基膨润土以叠加几何形式悬浮在水中，钙基膨润土与碳酸钠的反应仅发生在膨润土颗粒的表层，且钙离子水化作用容易在膨润土表面形成一层隔膜，从而影响钠化反应进行。

与钙基膨润土相比，钠基膨润土具有吸水慢、吸水率高、膨胀率高等特点。随着碳酸钠含量的增加，钠基膨润土溶液中钠离子浓度增加。反应式(3.6)的平衡向右，即膨润土中有更多的膨润土是钠基膨润土，在制备防渗浆材时膨润土会吸收更多的用水，使得防渗浆材中的自由水的量减小，从而导致防渗浆材的流动度和可泵期减少，即防渗浆材的可灌性降低。

采用聚乙烯醇改性膨润土的原理是通过离子交换与膨润土中的Ca^{2+}和Na^{+}进行离子交换，将有机组分引入膨润土中。改性膨润土由亲水性变为疏水性。另一方面，由于聚乙烯醇中的羟基取代了膨润土层间的可交换阳离子和结合水，因此有机复合膨润土是由共价键和范德华力形成的，从而大大增强了膨润土去除有机物的能力。取一定量的膨润土，然后向膨润土中加入PVA溶液，可以发现膨润土分散悬浮在PVA溶液中，并不呈现吸水膨胀性。为研究碳酸钠和PVA对膨润土的影响，对未掺入碳酸钠和PVA的膨润土(原状膨润土)与已掺入碳酸钠和PVA的膨润土进行电镜扫描。电镜图如图3.8和图3.9所示。

比较图3.8与图3.9可以看出，在掺入了碳酸钠和PVA后，膨润土的颗粒更大，晶层结构空间相较更大，这是由于在掺入碳酸钠后，膨润土的吸水性得到增强，土颗粒在吸水后呈现膨胀特性，且在掺入PVA后，由于离子交换作用，PVA分子与膨润土中的Ca^{2+}与Na^{+}等发生离子交换作用，从而将有机成分引入膨润土中，PVA分子进入膨润土的晶层空间，导致膨润土的晶层空间增大。

图 3.8　未掺入碳酸钠和 PVA 的膨润土

图 3.9　已掺入碳酸钠和 PVA 的膨润土

从微观结构可以看出，一方面，碳酸钠和 PVA 对膨润土的微观结构的影响较大，这决定了防渗浆材的流动度和可泵期，即防渗浆材的可灌性；另一方面，由于有机高分子材料易在强碱环境下产生絮凝，碳酸钠和 PVA 还会对防渗浆材的可灌性产生耦合作用。

3.3　NBFC 防渗浆材的可灌性能研究

1）试验方案

不同配比的 NBFC 防渗浆材，其流动性和可泵期存在很大的差异，为了研究每个组分对浆材试验的影响，需进行大规模的试验，不仅难以操作而且因实验室条件会产生很大的误差。因而结合前期已取得的实验成果，决定采用正交试验方法，采用拟订的正交表对试验存在的多种因素进行安排，并分析当其变化引起的结果的变动。正交试验法需在所有的因素水平组中挑选一些具有代表性的组合进行实验，并从这些具有代表性的因素组合中分析出整个因素组合全面的试验情况，还可从其中挑选出最优级的因素组合，这样就大大减少了试验的次数，并且能从中获得理想的数据组合。但是正交试验法往往需要前期大量的试验作为选择代表性组合的基础。

根据前期浆材实验基础，决定对浆材性能影响较大的组分进行正交实验：水泥的掺量取 180～220 g/L，膨润土的掺量取 180～220 g/L，碳酸钠的掺量取 1.5～2.5 g/L，其余组分对实验影响较小，取固定值：粉煤灰的掺量为 160 g/L，羧甲基纤维素钠的掺量为 1.5 g/L，减水剂的掺量为 3 g/L，为了对表中数据进行方差分析，预留一列空白列。采用 $L_9(3^4)$ 四因素、三水平正交试验法对防渗浆材的流动度和可泵期进行试验。正交试验结果见表 3.10。

表 3.10　防渗浆材的流动度与可泵期正交试验表

编号	水泥 /(g·L^{-1})	膨润土 /(g·L^{-1})	碳酸钠 /(g·L^{-1})	流动度 /mm	可泵期 /min	流动度经时损失/(mm·h^{-1})
1	180	190	2.50	170	60	30
2	200	190	1.50	165	50	30
3	220	190	2.00	150	30	20
4	180	200	2.00	170	45	40
5	200	200	2.50	155	55	16
6	220	200	1.50	165	55	27
7	180	210	1.50	170	45	40
8	200	210	2.00	160	40	30
9	220	210	2.50	130	—	15

注：第 9 组初始流动度为 135 mm，小于浆材施工所要求的 140 mm，没有可泵期。

2)试验数据分析

(1)方差分析法

为了增加防渗浆材的流动度与可泵期正交试验表的精确度,现采用方差分析法对正交实验表中的数据进行分析,见表3.11。方差分析法可有效估计误差的大小,明确各因素的试验结果影响的重要程度。由表3.11可知,水泥、膨润土、碳酸钠的离差平方和均大于误差效应的77.78,因此,以上因素无须归并为误差效应重新进行计算。最后进行显著性检验,通过对不同查置信度的临界 F 值进行查表,本试验中,在置信度为90%时,临界值为:$F_{0.10(2,2)}=9.0$。

由此可见,$F_{0.05(2,2)} > F_{水泥} > F_{碳酸钠} > F_{膨润土}$,因此水泥属于显著影响因素,碳酸钠、膨润土在浆材流动度试验中属于次要因素。

表3.11　防渗浆材的流动度试验方差分析

评价指标	水泥/($g \cdot L^{-1}$)	膨润土/($g \cdot L^{-1}$)	碳酸钠/($g \cdot L^{-1}$)	误差
离差平方和	705.56	172.22	338.89	155.56
自由度	2	2	2	2
均方	352.78	86.11	169.45	77.78
F 值	4.54	1.11	2.18	

(2)极差分析法

为了更直观地了解浆材的各指标随着浆材各组分掺量的增加而发生的变化趋势,采用极差分析法对浆材各组分的可泵期、流动度、流动度经时损失的影响进行分析,见表3.12至表3.14。

表3.12　防渗浆材的可泵期试验极差分析表

编号		A	B	C
		水泥	膨润土	碳酸钠
掺量/($g \cdot L^{-1}$)	1	180	190	1.50
	2	200	200	2.00
	3	220	210	2.50
可泵期/min	K_1	50.00	46.67	50.00
	K_2	30.00	33.33	38.33
	K_3	28.33	28.33	20.00
最优水平		A1	B1	C1
极差值		21.67	18.34	30.00
主次顺序		C > A > B		

表 3.13　防渗浆材的流动度试验极差分析表

编号		A	B	C
		水泥	膨润土	碳酸钠
掺量/$(g \cdot L^{-1})$	1	180	190	1.50
	2	200	200	2.00
	3	220	210	2.50
流动度/mm	K_1	170.00	161.67	166.67
	K_2	160.00	163.33	160.00
	K_3	148.33	153.33	151.67
最优水平		A1	B2	C1
极差值		21.67	10.00	15.00
主次顺序		A > C > B		

表 3.14　防渗浆材的流动度经时损失极差分析表

编号		A	B	C
		水泥	膨润土	碳酸钠
掺量/$(g \cdot L^{-1})$	1	180	190	1.50
	2	200	200	2.00
	3	220	210	2.50
流动度经时损失/$(mm \cdot h^{-1})$	K_1	36.67	26.67	32.33
	K_2	25.33	27.67	30.00
	K_3	20.67	28.33	20.33
最优水平		A3	A1	C3
极差值		16.00	1.66	12.00
主次顺序		A > C > B		

NBFC 防渗浆材的可泵期、流动度和流动度经时损失的变化曲线如图 3.10 至图 3.12 所示。

由浆材的可泵期极差分析表和图 3.10 可知，随着碳酸钠掺量的增加，浆材的可泵期逐渐减小，并且减小的幅度较大，碳酸钠的掺量从 1.5 g/L 增加至 2.5 g/L，防渗浆材的可泵期下降了 30 min。防渗浆材的可泵期随着水泥和膨润土掺量的增加而减小。各组分对防渗浆材的可泵期影响效果从大到小排序依次为：碳酸钠 > 水泥 > 膨润土。

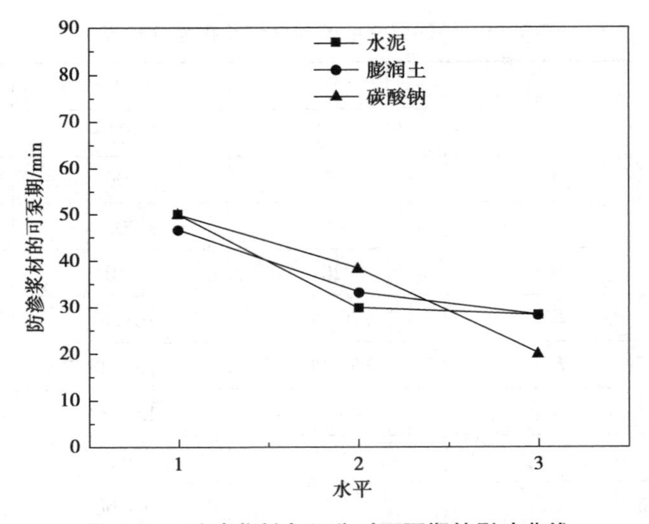

图 3.10　防渗浆材各组分对可泵期的影响曲线

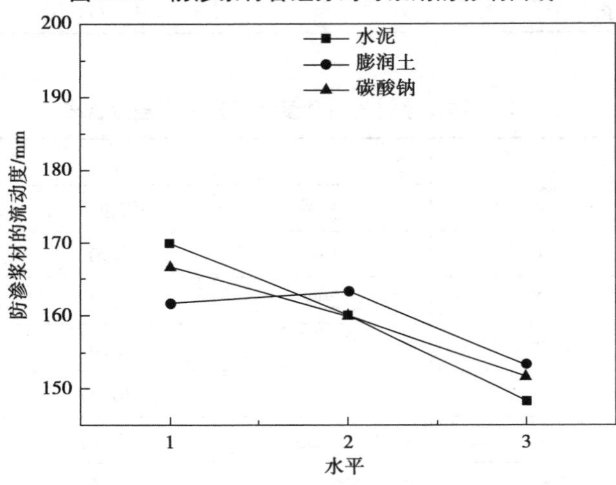

图 3.11　防渗浆材各组分对流动度的影响曲线

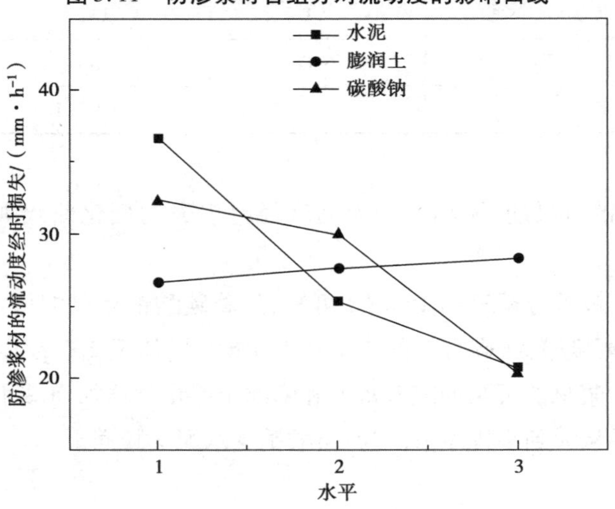

图 3.12　防渗浆材各组分对流动度经时损失的影响曲线

浆材的流动度经时损失是由浆材的流动度和可泵期计算得到的，它反映的是浆材的流动度和可泵期之间的关系。随着碳酸钠和水泥掺量的增加，浆材的流动度经时损失总体表现出降低的趋势，而随着膨润土掺量的增加，浆材的流动度经时损失逐渐增大。

从浆材的流动度极差分析表和图 3.11 可知，水泥的极差值为 16 mm，成为影响浆材流动度的主要因素，这与离差分析结果一致。经正交试验由于没能考虑碳酸钠与膨润土的耦合作用，浆材的流动度随膨润土掺量的变化难以判断。因此，为了进一步判断膨润土和碳酸钠掺量对浆材流动度和可泵期的影响，需进行单因素实验分析。

3）膨润土和碳酸钠对防渗浆材可灌性的影响

碳酸钠作为膨润土的钠化剂，对膨润土进行钠化作用，从而对浆材的流动度、可泵期产生作用，因此，为了考虑碳酸钠与膨润土之间的相互作用，采用单因素试验进行分析。根据正交实验结果，以水泥掺量 200 g/L、膨润土掺量 200 g/L、碳酸钠掺量 1.5 g/L、粉煤灰掺量 160 g/L、羧甲基纤维素钠掺量 1.5 g/L、减水剂掺量 3 g/L 为基准配比，控制膨润土掺量为 190 ~ 230 g/L，碳酸钠掺量为 1 ~ 3 g/L，分别测试膨润土和碳酸钠各掺量下浆材的流动度与可泵期，具体试验见表 3.15。

根据表 3.15 分别绘制的膨润土和碳酸钠对浆材流动度、可泵期、流动度经时损失的影响曲线如图 3.13 至图 3.15 所示。

表 3.15　膨润土和碳酸钠对浆材流动度和可泵期的影响

编号	膨润土 /($g \cdot L^{-1}$)	碳酸钠 /($g \cdot L^{-1}$)	流动度/mm	可泵期/min	流动度经时损失 /($mm \cdot h^{-1}$)
A1	190	1.50	190	95	32
A2	200	1.50	185	85	32
A3	210	1.50	180	70	34
A4	220	1.50	175	60	35
A5	230	1.50	175	50	42
B1	200	1.00	215	125	34
B2	200	1.50	195	100	33
B3	200	2.00	170	70	25
B4	200	2.50	155	45	20
B5	200	3.00	135	0	20

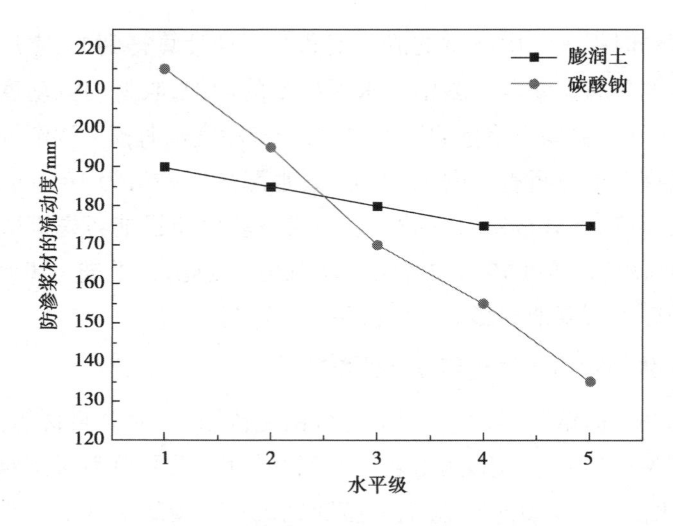

图 3.13　膨润土和碳酸钠对浆材的流动度的影响曲线

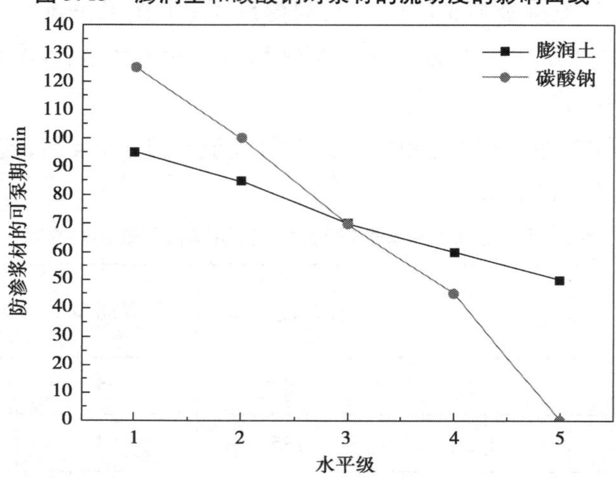

图 3.14　膨润土和碳酸钠对浆材的可泵期的影响曲线

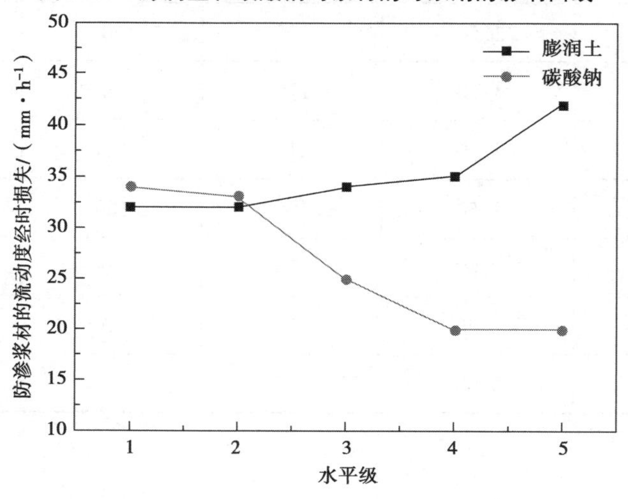

图 3.15　膨润土和碳酸钠对浆材的流动度经时损失的影响曲线

从上述分析可知，随着碳酸钠掺量的增加，防渗浆材的流动度和可泵期呈现减小的趋势，且减小的趋势较为明显，在碳酸钠的掺量达到2.5～3.0 g/L时，浆材的流动度和可泵期几乎不能满足施工要求，因此，为了获得较好的工程性能，需要严格控制碳酸钠的掺量。随着膨润土掺量的增加，浆材的流动度和可泵期也均呈现减小的趋势，但是膨润土的掺量从190 g/L增至230 g/L，浆材的流动度和可泵期只分别减小了15 mm和45 min。相比于碳酸钠掺量从1 g/L增至3 g/L，浆材的流动度和可泵期分别减小80 min和125 min，膨润土掺量变化对浆材流动度和可泵期的影响显得较小。

图3.15反映的是浆材的流动度随时间的增长而损失速率的快慢，浆材的流动度经时损失越大，代表单位时间内浆材的流动度减小值越多；反之，则越少。膨润土的掺量从190 g/L增至230 g/L，浆材的流动度经时损失从32 mm/h增至42 mm/h，说明随着膨润土掺量的增加，浆材流动度在单位时间减小得越来越快，不利于垃圾填埋场防渗浆材长距离运输的要求。随着碳酸钠掺量的增加，浆材的流动度经时损失逐渐减小，说明碳酸钠掺量的增加可以有效减缓浆材流动度随时间逐渐减小的速度，对浆材的流动度具有一定的保持作用，该结果与上述极差分析结果相一致。

4）防渗浆材流动度与可泵期的SEM微观分析

膨润土的主要成分为蒙脱石，其单元结构是由两层（SiO_4）四面体夹一层[$AlO_2(OH)_4$]铝氧八面体，由于晶层中的氧层间联系力不大，蒙脱石单元结构的c轴上具可变性。蒙脱石晶体中的Ca^{2+}容易被碳酸钠中的Na^+离子置换，这就使其具备了被钠化的条件。钠化后蒙脱石单元晶体的c轴间的距离便会具备更强的可变性，这就使得钠基膨润土拥有更好的吸水膨胀性、阳离子交换能力，为其他分子进入其中进行改性和复合提供了优异的条件。

钠化过程一般不能全部完成，这时膨润土会以悬浮物的形式分散在液体中，钠化过程大多数只能在膨润土的表面进行，其次随着浆液中钙离子含量的增多，也会对钠化反应起到抑制作用。钙基膨润土经钠化转变为钠基膨润土后，吸水量可由原来的200%增至500%，这就使得浆材中的自由水含量大大减小，从而解释了随着碳酸钠掺量的增加，浆材的流动度和可泵期具有大幅的降低。由于防渗浆材中的自由水含量较低时，水泥发生水化反应所需的水量不足，水泥发生反应的速率降低，形成凝胶体量减少，对浆材的流动度经时损失具有一定的保持作用。

钙基膨润土的吸水速度快，因此流动度经时损失较大；而钠化后的膨润土虽然吸水量大，但是吸水速度缓慢，这就是浆材中的自由水缓缓减少而不是立刻被吸收，这也表现为浆材流动度经时损失较小。另外羧甲基纤维素钠的掺入也可使浆材具有一定的黏度，可有效地保持浆材中的水分，减少流动度经时损失，使其在高温高压状态下仍具有一定的流动度。实验得知，取羧甲基纤维素钠配置成溶液直接加入未经钠化的膨润土中，膨润土颗粒处于悬浮状分散在溶液中，其吸水膨胀性并无明显变化。

为了进一步研究碳酸钠对膨润土的钠化作用及羧甲基纤维素钠对膨润土的改性作用，进行防渗浆材流动度与可泵期的SEM微观分析。以水泥掺量200 g/L、膨润土掺量200 g/L、碳酸钠掺量 1.5 g/L、粉煤灰掺量 160 g/L、羧甲基纤维素钠掺量 1.5 g/L、减水剂掺量 3 g/L 为基准配比，另取一组不添加碳酸钠和羧甲基纤维素钠的膨润土浆材固结体，待养护后，与基准配比得到的同期浆材固结体在电镜扫描试验下进行比较，其 SEM 图如图 3.16、图3.17 所示。

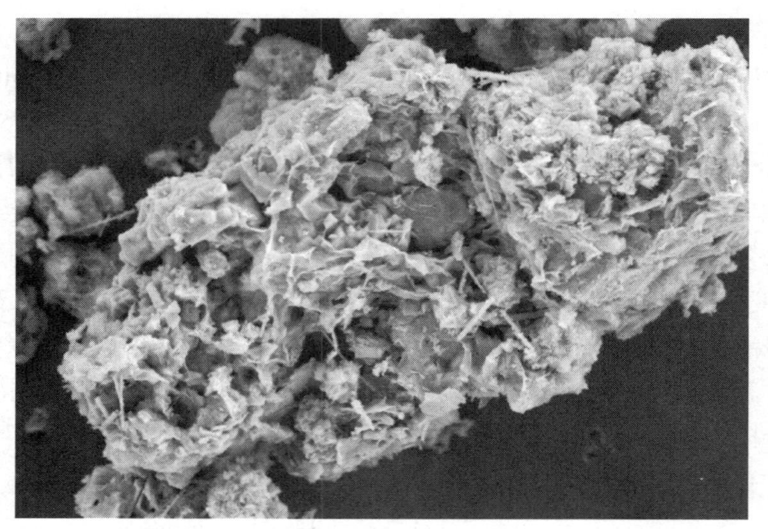

图 3.16 未添加碳酸钠和羧甲基纤维素钠的浆材固结体 SEM 图

图 3.17 添加碳酸钠和羧甲基纤维素钠的浆材固结体 SEM 图

对比图 3.16 与图 3.17 可以看出，添加碳酸钠和羧甲基纤维素钠的浆材固结体相比于同期未添加碳酸钠和羧甲基纤维素钠的浆材固结体，膨润土颗粒结构更加饱满，浆材固结体的空间网格结构更加密实牢固。这是因为掺入碳酸钠后，膨润土晶层间的距离可变性随之增强，羧甲基纤维素钠分子也会与晶层中的离子发生交换作用，使其可以更好地镶嵌入其中，膨润土的吸水性、膨胀性也得以增强，这表现为浆材流动性和可泵期的降低。

3.4　研究结论

①通过对 PBFC 防渗浆材的可泵期、流动度极差分析可知，碳酸钠和 PVA 对 PBFC 防渗浆材的可灌性影响较大，防渗浆材各组分对可泵期和流动度的影响从大到小依次排列为：PVA > 碳酸钠 > 水泥 > 膨润土。为保证防渗浆材具有良好的可灌性和初期的流动度稳定性，碳酸钠和 PVA 掺量应在一定范围内，碳酸钠掺量宜控制在 1 ~ 2 g/L，PVA 掺量宜控制在 2 ~ 3 g/L。随着 PVA 掺量的增加，防渗浆材的流动度和可泵期增大，这是因为离子交换作用使得 PVA 分子与膨润土中的 Ca^{2+} 与 Na^{+} 等发生离子交换，从而增强了膨润土在 PVA 溶液中的分散悬浮作用。

②随着水泥、膨润土掺量的增加，防渗浆材的可泵期和流动度降低，这是由于水泥和膨润土掺量增加，水泥和膨润土颗粒的需水量增加，自由水相应减少，水泥和膨润土颗粒不能很好地分散在水中，从而导致颗粒发生物理凝聚的概率大大增加，使流动度自然减小，初始流动度减小，达到可泵送的最低流动度的流动度损失也随之减小，即可泵期降低。从微观结构分析，碳酸钠和 PVA 对膨润土的微观结构的影响比较大，这决定了防渗浆材的流动度和可泵期，即防渗浆材的可灌性，另一方面，由于有机高分子聚合物易在强碱环境下产生絮凝，碳酸钠和 PVA 还会对防渗浆材的可灌性产生耦合作用。

③对于 NBFC 防渗浆材，随着碳酸钠掺量的增加，防渗浆材的流动度和可泵期呈现减小的趋势，且减小的趋势较为明显，在碳酸钠的掺量达到 2.5 ~ 3.0 g/L 时，浆材的流动度和可泵期几乎不能满足施工要求，因此，为了获得较佳的工程性能，需要严格控制碳酸钠的掺量。随着膨润土掺量的增加，浆材的流动度和可泵期也均呈现减小的趋势，但是膨润土的掺量从 190 g/L 增至 230 g/L，浆材的流动度和可泵期只分别减小了 15 mm 和 45 min。相比于碳酸钠掺量从 1 g/L 增至 3 g/L，浆材流动度和可泵期分别减小 80 min 和 125 min，膨润土掺量变化对浆材流动度和可泵期的影响显得较小。

④通过 NBFC 防渗浆材 SEM 图分析，添加碳酸钠和羧甲基纤维素钠的浆材固结体相比于同期未添加碳酸钠和羧甲基纤维素钠的浆材固结体，膨润土颗粒结构更加饱满，浆材固结体的空间网格结构更加密实牢固。

参考文献

[1] 代国忠，盛炎民，李书进，等. 垃圾填埋场 PBFC 防渗浆材可灌性的试验研究[J]. 硅酸盐通报，2018，37(2)：561-566.

[2] DAI G Z，SHENG Y M，PAN Y T，et al. Application of a bentonite slurry modified by polyvinyl alcohol in the cut-off of a land fill[J]. Advances in Civil Engineering. 2020(2)：1-9.

[3] 陈永贵，张可能，邓飞跃，等. 粘土固化注浆帷幕对渗滤液中苯酚的吸附性能研究[J]. 中南大学学报：

自然科学版,2009,40(1):243-247.
[4] 徐立恒,赵伟波. 有机膨润土作为防渗垫层材料的性能研究[J]. 中国计量学院学报,2008,19(3):237-239,250.
[5] 狄军贞,戴男男,江富,等. 强化垂直流可渗透反应墙处理渗滤液污染物[J]. 环境工程学报,2015, 9(3):1033-1037.
[6] ISMAIL S, SHAHADAT M, KADIR N N A. Formulation study for softening of hard water using surfactant modified bentonite adsorbent coating[J]. Applied Clay Science, 2017(137):168-175.
[7] DU S, WANG L, XUE N, et al. Polyethyleneimine modified bentonite for the adsorption of amino black 10B [J]. Journal of Solid State Chemistry, 2017(252):152-157.
[8] 陈文,熊琼仙,庞小峰,等. 原子吸收光谱法研究巯基改性膨润土对 Pb^{2+} 的吸附解吸[J]. 光谱学与光谱分析,2013,33(3):817-821.
[9] 赵莽,严绍军,何凯,等. 龙门石窟裂隙防渗灌浆新材料试验研究[J]. 长江科学院院报, 2016, 33(6):115-123,128.
[10] 陈一清. 城市生活垃圾卫生填埋法对地下水的影响[J]. 北方环境,2001(2):46-47.
[11] 韩素平,李东勇. 高掺量粉煤灰防渗浆液性能的试验研究[J]. 太原理工大学学报,2004,35(1):48-49.
[12] 靖向党,于波,谢俊革,等. 城市垃圾填埋场防渗浆材的实验研究[J]. 环境工程,2009,27(1):70-73.
[13] 代国忠,靖向党. 生活垃圾填埋场垂直防渗浆材的试验研究[J]. 混凝土,2010(8):139-141.
[14] 向阳开,蓝祥雨. 隧道聚丙烯纤维混凝土抗渗性能分析及试验比较[J]. 土木建筑与环境工程,2010,32(5):114-118.
[15] JONES D R V,DIXON N. Landfill lining stability and integrity:the role of waste settlement[J]. Geotextiles and Geomembranes,2005,23(1):27-53.
[16] 宋宝华,邹东雷,陈延君,等. 城市废弃物填埋场中有机膨润土的防渗研究[J]. 环境工程,2004,22(6):65-68.
[17] 朱艳,陈均序. 膨润土对水泥浆溶液的影响[J]. 华东公路,2007(1):67-70.
[18] 王营彩. 垃圾填埋场防渗浆材性能及墙体变形分析[D]. 南京:河海大学, 2015.
[19] 盛炎民. 垃圾填埋场 PBFC 防渗浆材制备及性能研究[D]. 常州:常州大学, 2019.
[20] 章泽南. 垃圾填埋场膨润土浆材制备及物理力学性能研究[D]. 常州:常州大学, 2020.
[21] 姚汝方. 高土石坝防渗墙混凝土性能试验[J]. 水利水电科技进展, 2009, 29(4): 44-46,54.
[22] 赵林. 水泥风化土浆薄壁防渗墙墙体材料应用[J]. 水利科技, 2016(2): 37-39.
[23] SUN Z M, QU X S, WANG G F, et al. Removal characteristics of ammonium nitrogen from wastewater by modified Ca-bentonites[J]. Applied Clay Science, 2015, 107: 46-51.
[24] 许家境, 代国忠, 宋杨, 等. 垃圾填埋场防渗墙渗透性能有限元分析[J]. 中国农村水利水电, 2020(3): 129-133.
[25] 王弘,黄丽,郭金溢,等. 膨润土的湿法钠化改型方法研究[J]. 黄金科学技术,2012,20(1):89-93.

第 4 章 防渗浆材的力学性能研究

4.1 研究目的

对于垃圾填埋场垂直防渗墙,尽管不需要承担较大竖向荷载,但在垃圾填埋场的重力作用下,墙上会有较大的水平位移,这就要求垂直防渗墙相对与周围的土壤的变形模量相似,以达到截水墙的变形与周围的土壤的变形相协调。而常用混凝土防渗墙的弹性模量为(2 ~3) × 10^4 MPa。基础受到压缩变形是由上部荷载引起的,防渗墙的顶部将承担比上层土柱更多的负载,最终导致防渗墙产生裂缝而破坏。相对而言,塑性混凝土的弹性模量是适当的(50 ~800 MPa),它的刚度与周围的土壤相似,墙上有很好的柔性,低渗透系数、良好的兼容性变形、应力小且均匀分布,墙体内部不容易破裂,更适合垃圾填埋场防渗工程。

各组分比例对浆材固结体力学性能有一定影响,本章主要采用 PVA 对膨润土进行改性混合水泥及粉煤灰制备的 PBFC 防渗浆材,探讨各组分不同掺量对 PBFC 浆材固结体力学性能的影响趋势,旨在为防渗墙设计与施工提供理论依据。

4.2 试验研究方案

以第 3 章的浆材正交试验表为基础,进行 PBFC 防渗浆材的抗压强度试验,主要测试防渗浆材 14,28 和 56 d 的抗压强度,并对试验结果进行分析。

由于碳酸钠与聚乙烯醇在溶液状态下会发生交联反应,过量的碳酸钠会使聚乙烯醇溶液凝胶化,产生白色絮状物,改变聚乙烯醇对膨润土的改性作用,经过实验得知碳酸钠和聚乙烯醇以 1∶1 比例比较合适。在正交试验的基础上,以 190 g/L 膨润土、180 g/L 粉煤灰、200 g/L水泥、2 g/L 碳酸钠、2 g/L 聚乙烯醇,余之为水为基准配比配制防渗浆材,分别改变水泥、膨润土及 PVA(碳酸钠)掺量,测试不同配比防渗浆材的不同龄期抗压强度及 28 d 抗剪强度,试验配比见表 4.1。

表 4.1　PBFC 防渗浆材的单因素试验配比

编号	水泥/($g \cdot L^{-1}$)	编号	膨润土/($g \cdot L^{-1}$)	编号	PVA(碳酸钠)/($g \cdot L^{-1}$)
A1	180	B1	180	C1	1.0
A2	190	B2	190	C2	1.5
A3	200	B3	200	C3	2.0
A4	210	B4	210	C4	2.5
A5	220	B5	220	C5	3.0

4.3　正交试验结果及数据分析

按照所设计的试验方案，对正交试验表中的防渗浆材配比的 14,28 和 56 d 强度进行测试，试验数据结果见表 4.2。分析表 4.2 中的数据可知，浆材试块养护至 14 d，试块的平均强度为 280 kPa，养护至 28 d，其平均强度为 592 kPa，养护至 56 d，其平均强度为 746 kPa。一般认为，浆材养护 56 d 的强度是浆材的最终强度，在上述正交试验中，浆材的 14 d 强度占总强度的 40%，28 d 强度占总强度的 80%。可以认为，前 28 d 是浆材的主要强度增长期，其抗压强度在 600 kPa 左右，实际工程中可以以此作为参考数据。

表 4.2　防渗浆材龄期抗压强度实验数据结果

编号	14 d/kPa	28 d/kPa	56 d/kPa
1	244	801	960
2	201	513	702
3	324	625	845
4	298	512	743
5	204	561	852
6	289	676	702
7	232	289	413
8	359	670	732
9	370	678	768

表 4.3　防渗浆材 28 d 龄期强度方差分析

变异来源	离差平方和	自由度	均方	*F* 值
水泥	58 724.22	2	765.25	146.25
膨润土	65 842.53	2	564.23	19.78

续表

变异来源	离差平方和	自由度	均方	F 值
碳酸钠	10 321.25	2	558.78	15.65
误差	586.45	2		

$$F_{0.10(2,2)}=9.0, F_{0.05(2,2)}=19.0, F_{0.01(2,2)}=99.0$$

采用方差分析法对浆材的 28 d 抗压强度正交试验结果进行分析，分析结果见表 4.3。由表 4.3 可知，F 的检验结果表明，碳酸钠和膨润土对强度的影响不显著，而水泥对强度的影响是显著的。水泥是影响流动度的主要因素，而碳酸钠和膨润土是影响流动度的次要因素。用极差分析法对浆材强度实验结果进行分析，见表 4.4 至表 4.6。

表 4.4　浆材养护 14 d 强度测试结果分析

因素		水泥	膨润土	碳酸钠	PVA
强度/kPa	K_1	674	769	722	869
	K_2	764	791	981	892
	K_3	983	961	818	760
	极差值	309	192	259	132

表 4.5　浆材养护 28 d 强度测试结果分析

因素		水泥	膨润土	碳酸钠	PVA
强度/kPa	K_1	1 602	1 939	1 478	1 703
	K_2	1 744	1 749	1 807	2 147
	K_3	1 979	1 637	2 040	1 475
	极差值	377	302	562	672

表 4.6　浆材养护 56 d 强度测试结果分析

因素		水泥	膨润土	碳酸钠	PVA
强度/kPa	K_1	2 117	2 507	1 817	2 213
	K_2	2 286	2 297	2 320	2 394
	K_3	2 315	1 913	2 581	2 110
	极差值	198	594	764	284

由以上各数据表分析可知，在浆材主要强度增长期内，随着水泥掺量的增加，浆材的强度也随之增大，且水泥对浆材强度的影响比膨润土大；随着膨润土掺量的增加，在 14 d 范围

内,浆材的强度是随之增大的,但在 28 d 范围内,其强度却是减小的。由表 4.6 可知,在 56 d 之后,水泥对浆材强度的影响是最小的,决定浆材强度的主要因素是膨润土和碳酸钠的掺量。比较上述表格中的数据可知,碳酸钠和聚乙烯醇对浆材的强度有不可忽视的影响,聚乙烯醇是影响浆材 28 d 强度的最主要因素,碳酸钠是影响浆材 56 d 强度的最主要因素。由于正交试验没有考虑其各因素之间的耦合作用,因此,进行单因素试验需要更进一步分析各因素与浆材强度之间的关系。

4.4 PBFC 防渗浆材配比对抗压强度的影响分析

1)水泥对防渗浆材抗压强度的影响

按照实验方案(表 4.1),对不同水泥掺量的 PBFC 防渗浆材及不同龄期试块进行抗压强度测试,试验结果见表 4.7。对实验数据进行统计分析,分别得出水泥掺量-抗压强度、养护龄期-抗压强度之间的关系曲线,如图 4.1、图 4.2 所示。

表 4.7 不同水泥掺量的防渗浆材配比测试结果

编号	7 d/kPa	14 d/kPa	28 d/kPa	56 d/kPa
A1	163	198	355	418
A2	174	235	453	519
A3	198	361	515	675
A4	227	374	624	755
A5	295	428	716	790

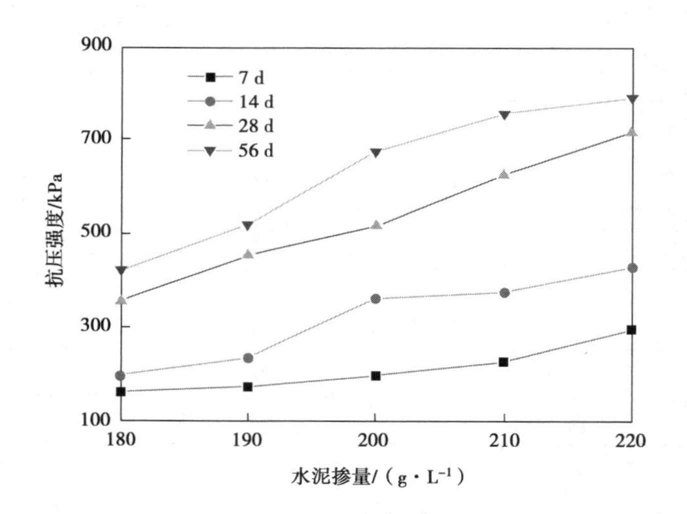

图 4.1 水泥掺量-抗压强度关系曲线

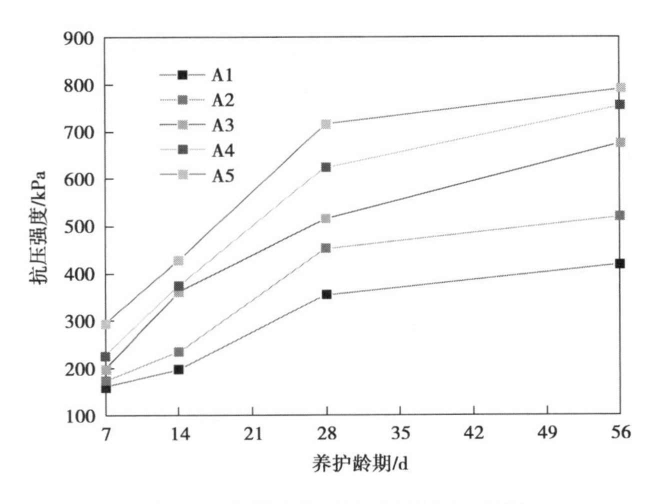

图4.2　养护龄期-抗压强度关系曲线

由图4.1可知,在其他掺量不变的情况下,随着水泥掺量的增加,防渗浆材的抗压强度随之增大;水泥掺量从180 g/L增至220 g/L,7 d龄期固结体强度从163 kPa增至295 kPa,增加了132 kPa,而56 d固结体强度从418 kPa增至790 kPa,增加了372 kPa。由图4.2可知,浆材的抗压强度增加的幅度随养护时间的增长呈减小趋势,这说明水泥对浆材强度的影响随浆材养护时间的增加是减小的。

由于水泥水化过程中会释放大量的钙离子,从而使得膨润土发生钙化反应,向钙基膨润土转变,与钠基膨润土相比,钙基膨润土更易导致浆材泌水。而浆材的强度随着龄期的增长而提高,因此,防渗浆材的固结强度主要与水泥掺量有关。浆材的抗压强度随着水泥掺量的增加而提高。而随着养护龄期的增长,水泥水化完全,一般来说,水泥水化在养护龄期的28 d内完成,而后期防渗材料强度的增长主要是由于养护后期粉煤灰的火山灰反应。这是造成后期防渗材料强度增长的主要因素,但这只是组成防渗浆材强度的一部分,且不是主要因素,因此,随着防渗浆材养护龄期到28 d后,防渗浆材的强度仍旧持续增长,但强度增长速率减缓。

2)膨润土对防渗浆材抗压强度的影响

按照实验方案(表4.1)对不同膨润土掺量PBFC防渗浆材及其不同龄期试块进行抗压强度测试,试验结果见表4.8。对实验数据进行统计分析,分别得出膨润土掺量以及养护龄期与抗压强度的关系曲线,如图4.3、图4.4所示。

表4.8　不同膨润土掺量的防渗浆材配比测试结果

编号	7 d/kPa	14 d/kPa	28 d/kPa	56 d/kPa
B1	171	226	523	613
B2	198	361	576	686
B3	225	308	559	673
B4	236	286	536	662
B5	268	287	542	655

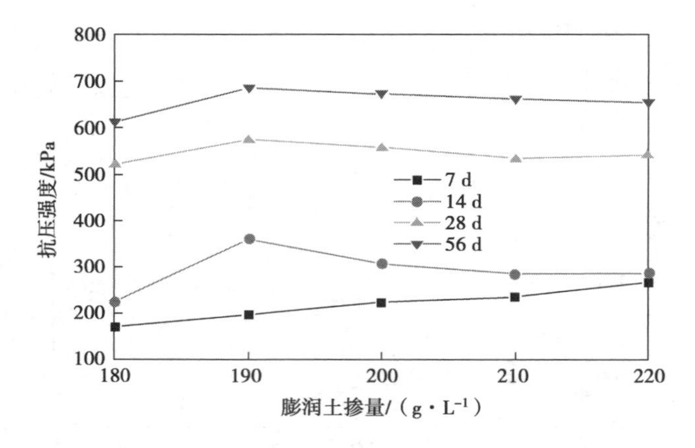

图 4.3　膨润土掺量-抗压强度关系曲线

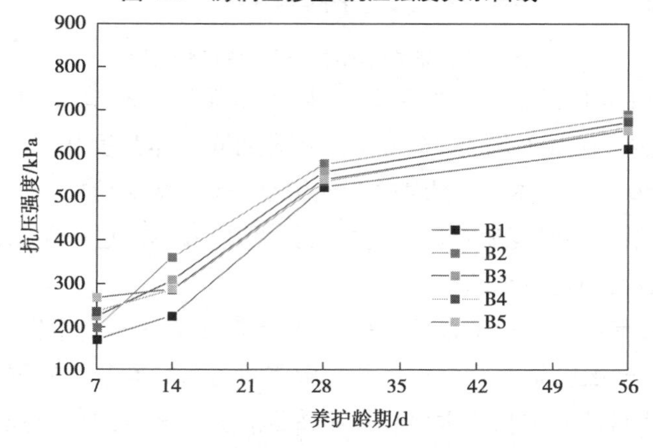

图 4.4　养护龄期-抗压强度关系曲线

由图 4.3 可知，随着膨润土掺量的增加，7 d 龄期固结体的强度也随之增加，但增幅不大，膨润土从 180 g/L 增至 220 g/L，浆材的强度只增加了 97 kPa；对于 14 d 龄期固结，随着膨润土掺量的增加，浆材的强度呈现先增大后减小的趋势，膨润土从 180 g/L 增至 190 g/L，浆材的强度达到最大值，为 361 kPa，但是膨润土掺量继续增加，浆材的强度呈现减小趋势，膨润土掺量为 220 g/L，浆材的强度达到最小值，与最大抗压强度相比分别减小了 74 kPa，28 d 与56 d 龄期的固结体变化规律类似。由图 4.4 可知，防渗浆材的抗压强度增加的幅度随着养护时间的增长呈现减小趋势，这说明水泥对浆材强度的影响随着浆材养护时间的增加是减小的，与养护龄期和抗压强度的关系基本一致。

分析其原因，这是因为在水化过程中，膨润土吸附了大量的水分子后体积膨胀。当在膨润土泥浆中加入水泥时，膨润土中的蒙脱石会与水泥和粉煤灰的水化产物 $Ca(OH)_2$ 发生反应，生成的产物硅酸钙和铝酸有助于浆材强度的提升，但比较而言，膨润土中蒙脱石的化学反应对强度的贡献是非常小的。大多数膨润土不与水泥和粉煤灰发生反应，而是由水泥和粉煤灰填充于水化后形成的水泥粉煤灰骨架结构，对水泥粉煤灰骨架进行加固。因此，增加膨润土的掺量可以提高浆材固结体的强度。然而，当膨润土掺量过多时，膨润土填充于水泥水化产物骨架中会导致浆材固结体的强度降低，所以，膨润土的掺量需要控制在一定范围内才能有助于提高浆材固结体的抗压强度。

3）碳酸钠和PVA对防渗浆材抗压强度的影响

按照实验方案（表4.1）对不同碳酸钠和PVA掺量的PBFC防渗浆材及其不同龄期试块进行抗压强度测试，试验结果见表4.9。对表4.9的实验数据进行统计分析，得出碳酸钠和PVA掺量与抗压强度之间的关系曲线，如图4.5所示。

表4.9　不同碳酸钠和PVA掺量的防渗浆材配比测试结果

编号	7 d/kPa	14 d/kPa	28 d/kPa	56 d /kPa
C1	194	375	509	683
C2	185	357	526	659
C3	198	361	515	675
C4	203	355	519	667
C5	77	280	445	586

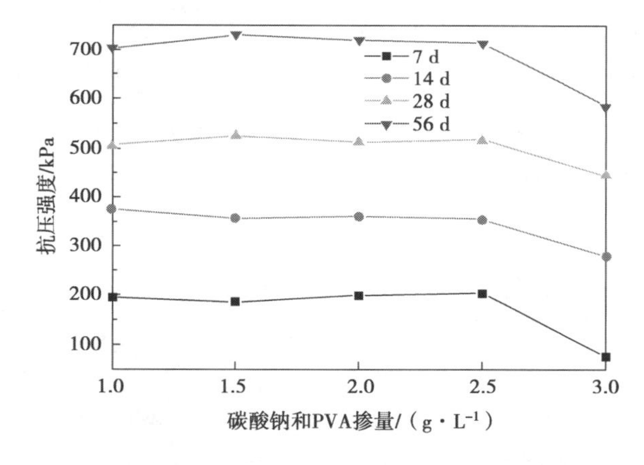

图4.5　碳酸钠和PVA掺量-抗压强度关系曲线

由图4.5可知，对于7 d龄期的固结体，当碳酸钠和PVA掺量在1.0 g/L到2.5 g/L时，其强度基本不变，而当碳酸钠和聚乙烯醇掺量为3.0 g/L时，其强度会突然降低，14,28,56 d龄期的固结体强度变化规律与其类似。

为进一步探究碳酸钠和膨润土对防渗浆材固结体强度的影响原理，取C1,C3和C5 3组样品养护28 d试件进行烘干、破碎、取样，在扫描电镜下测试三组试样的SEM图。C1配比防渗浆材SEM如图4.6所示，C3配比防渗浆材SEM如图4.7所示，C5配比防渗浆材SEM如图4.8所示。

研究证实，碳酸钠和PVA对防渗浆材抗压强度的影响主要是对膨润土的影响。在图4.6和图4.7中，当碳酸钠和聚乙烯醇的掺量为1.0 g/L和2.0 g/L时，防渗浆材内部颗粒分散较为均匀且颗粒粒径较大，膨润土对水泥-粉煤灰骨架的“加固”作用较为明显，在图4.8中，当碳酸钠和PVA掺量为3.0 g/L时，膨润土的吸水膨胀性进一步增强，导致膨润土的晶层结构空间增大，这时膨润土对水泥-粉煤灰骨架的“加固”作用相对较低，主要体现在防渗浆材的抗压强度的是强度有所降低。

图 4.6　C1 配比防渗浆材 SEM 图

图 4.7　C3 配比防渗浆材 SEM 图

图 4.8　C5 配比防渗浆材 SEM 图

4.5　常规三轴试验 PBFC 防渗浆材破坏形态机理分析

1) 试验步骤

浆材的抗剪强度主要采用三轴应力应变仪进行测试，浆材的配比试验方案见表 4.1，其试验步骤如下：

①在浆材搅拌均匀后 30 min 内，将浆材倒入准备好的模具中，模具直径为 61.8 mm，高为 120 mm，在模具内壁涂抹凡士林。然后将成型的试样放在水中养护，养护完成后对试样进行裁切和整平。

②试样养护 28 d 后进行三轴压缩试验，且采用不排水不固结试验（UU 试验），试验过程采用按剪切速率进行采样，剪切速率为 1 mm/min，采用单级加载的方式，最大剪切量为 6 mm。应力应变三轴试验仪在试验过程中会通过数据采集系统实时采集试验数据保存在计算机中，达到试验结束条件后系统会自动停止试验。

③试验完成后，需关闭排水阀，卸载试样周围压力，排除压力缸内的水，拆除试样，切勿

将试样小颗粒散落在试验仪器的任何小孔上，拆除试样后用毛巾将试验仪器擦干净，导出试验数据。

2）防渗浆材的破坏机制分析

观察防渗浆材试块通过三轴压缩试验达到破坏后的情况，大部分试块的破坏类型为典型剪切破坏，如图4.9所示。防渗浆材试块出现自端部一侧沿45°～60°倾角的剪切裂缝，这些裂缝沿斜向贯穿整个试块，最后使得试块产生剪切破坏。

部分试块的破坏类型为楔形与劈裂剪切破坏，如图4.10所示。可以看出，试块顶部首先出现竖向裂缝，裂缝自顶部向下不断延伸，产生劈裂剪切破坏，劈裂至试块1/3部位时有斜向倾角裂缝产生，沿着这个裂缝又有楔形破坏产生。

图4.9　试块发生典型的剪切破坏

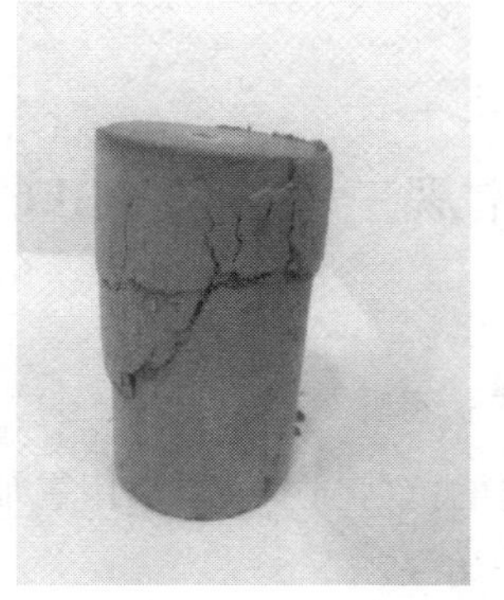

图4.10　试块发生楔形与劈裂剪切破坏

从材料的破坏机制来看，典型截切破坏、楔形及劈裂剪切破坏均有张拉裂缝产生，且裂缝形式具有自上而下的特点。产生张拉裂缝的主要原因是随着竖向三轴应力逐渐增大，由此产生横向的拉应力超过试块抗拉强度，从而造成材料的破坏。

3）不同配比和围压对防渗材料抗剪强度的影响

按照前述试验方案，对养护龄期为28 d的不同配比的PBFC防渗浆材试块进行围压为100，200和300 kPa的三轴抗压试验，每组编号试块进行了10次以上重复试验，以取得可靠的应力-应变数据。对于不同配比及不同围压条件下，选择UU三轴试验具有代表性的试验

组应力-应变曲线关系（A1 ~ A5，B1 ~ B5，C1 ~ C5 ）如图 4.11 所示。

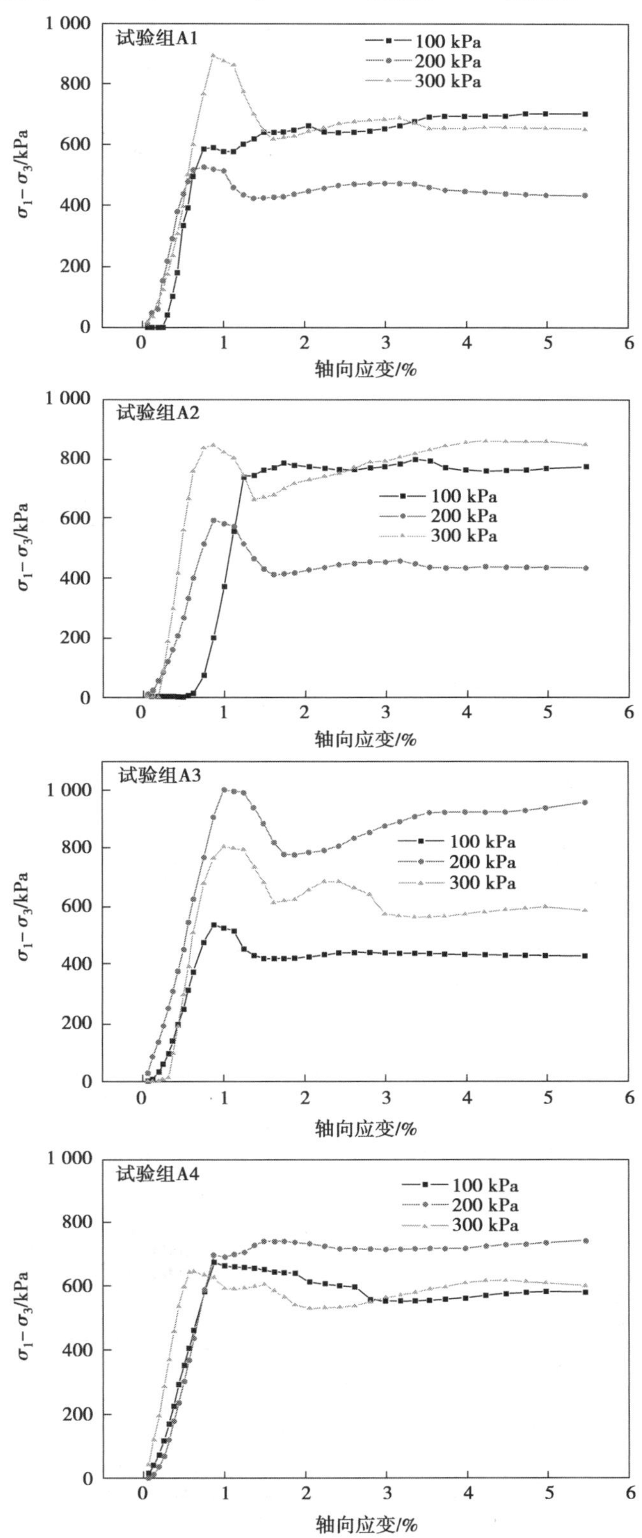

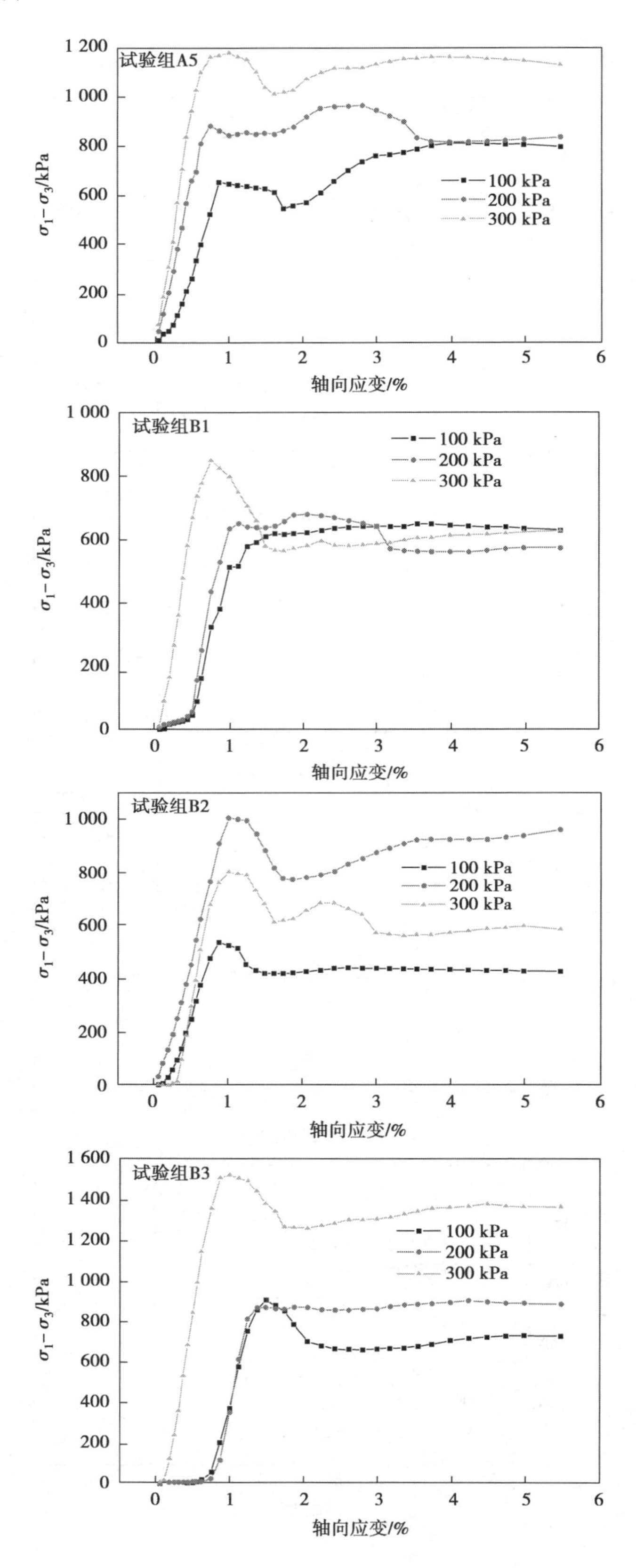

试验组A5
1 200
1 000
800
600
400
200
0
0
1
2
3
4
5
6
$\sigma_1-\sigma_3$/kPa
轴向应变/%
100 kPa
200 kPa
300 kPa
试验组B1
1 000
800
600
400
200
0
$\sigma_1-\sigma_3$/kPa
轴向应变/%
100 kPa
200 kPa
300 kPa
试验组B2
1 000
800
600
400
200
0
$\sigma_1-\sigma_3$/kPa
轴向应变/%
100 kPa
200 kPa
300 kPa
试验组B3
1 600
1 400
1 200
1 000
800
600
400
200
0
$\sigma_1-\sigma_3$/kPa
轴向应变/%
100 kPa
200 kPa
300 kPa

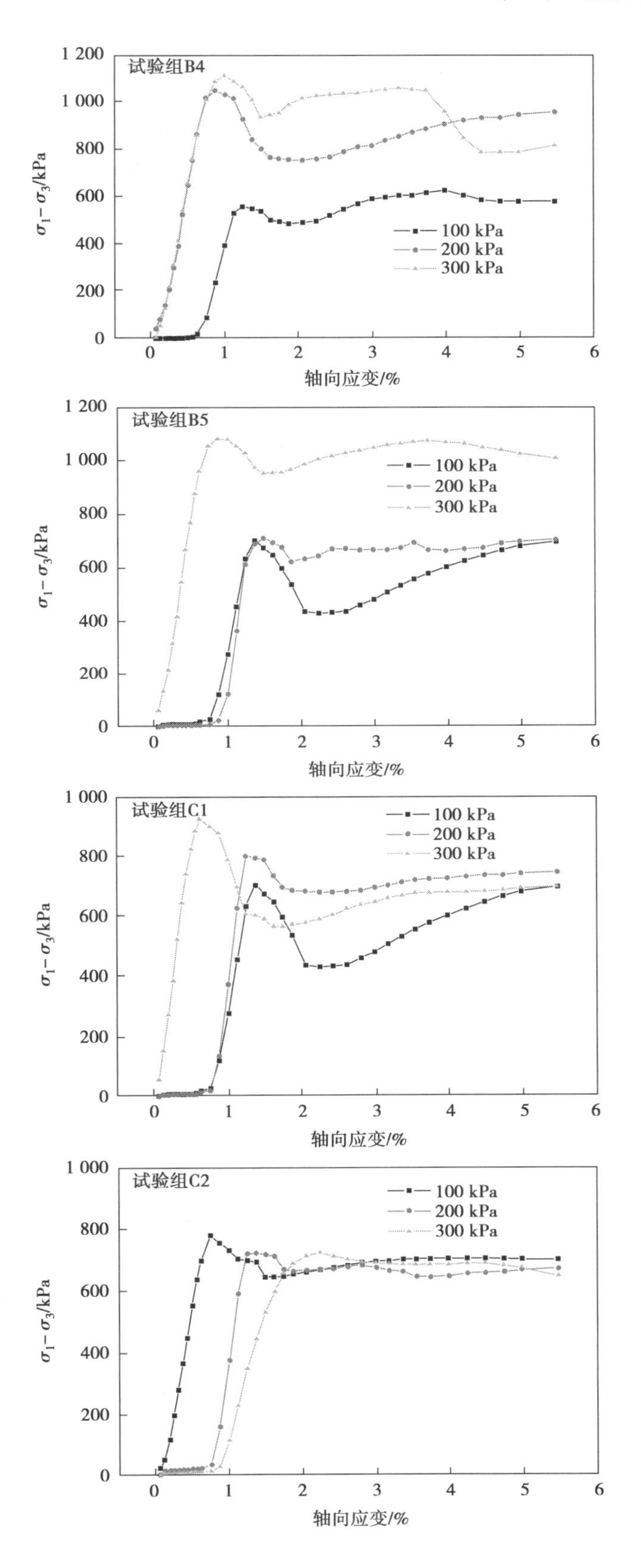
试验组B4
1 200
1 000
800
600
400
200
0
$\sigma_1-\sigma_3$/kPa
0 1 2 3 4 5 6
轴向应变/%
100 kPa
200 kPa
300 kPa
试验组B5
1 200
1 000
800
600
400
200
0
$\sigma_1-\sigma_3$/kPa
0 1 2 3 4 5 6
轴向应变/%
100 kPa
200 kPa
300 kPa
试验组C1
1 000
800
600
400
200
0
$\sigma_1-\sigma_3$/kPa
0 1 2 3 4 5 6
轴向应变/%
100 kPa
200 kPa
300 kPa
试验组C2
1 000
800
600
400
200
0
$\sigma_1-\sigma_3$/kPa
0 1 2 3 4 5 6
轴向应变/%
100 kPa
200 kPa
300 kPa

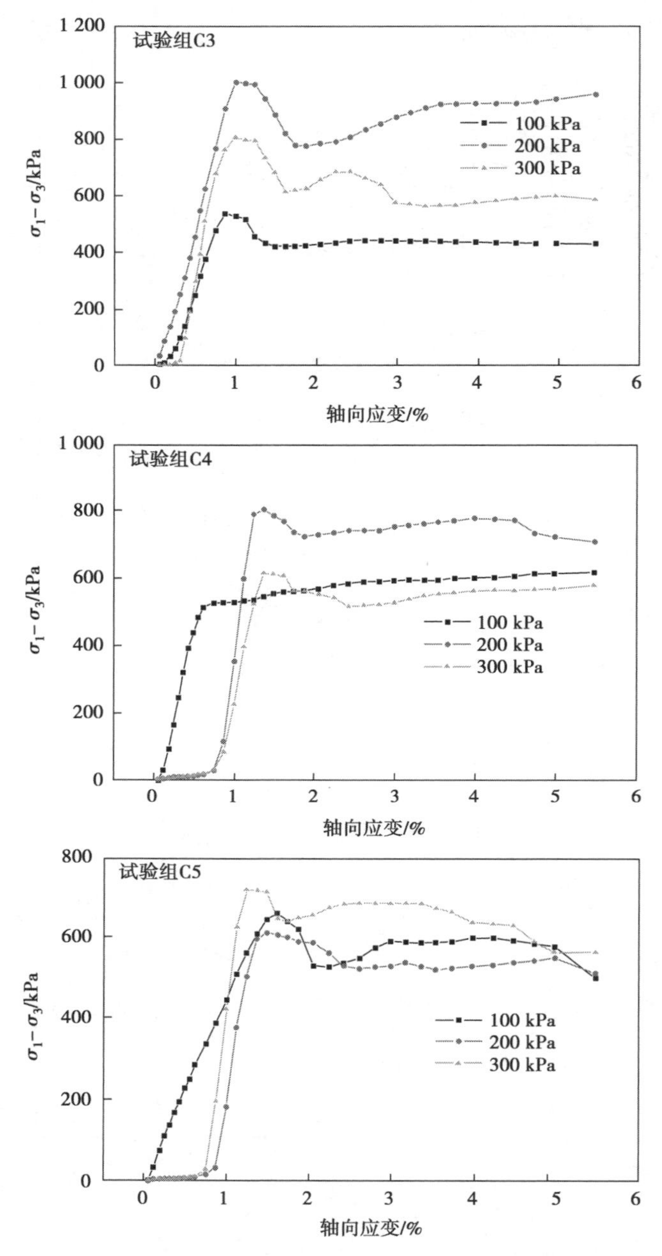

图 4.11　各组试块三轴 UU 试验应力-应变关系曲线

从图 4.11 中给出的曲线可以看出，在不同试验条件的情况下，防渗浆材的应力-应变曲线呈现基本相同的屈服方式。以试验组 A3 为例，在不同围压状态下，试块的应力-应变曲线变化规律是随着应变的增大，试块的应力是先直线性增大，然后应力下降再增大，最后保持平稳的状态，且在应变达到极限应变时，试样达到其极限应力值，可以得知，试块的极限应变值在 0.5% ~1.5%。观察其他试验组的关系曲线图也可得出在进行不固结、不排水三轴试验时，防渗浆材试块的极限应变值在 0.5% ~1.5%，此时可以认为试块已经被破坏，试块应力达到其极限应力。

表 4.10　防渗浆材力学性能参数(极限应力、极限应变及抗剪强度参数)

试验编号	围压						抗剪强度参数	
	100 kPa		200 kPa		300 kPa			
	ε_{peak}/%	$\sigma_1-\sigma_3$ /kPa	ε_{peak}/%	$\sigma_1-\sigma_3$ /kPa	ε_{peak}/%	$\sigma_1-\sigma_3$ /kPa	C /kPa	φ /(°)
A1	0.87	589	0.75	526	0.87	892	81.12	29.59
A2	1.74	785	0.87	595	0.87	843	192.69	19.31
A3	0.87	537	1	1 004	1	804	78.73	33.38
A4	0.87	675	1.49	734	0.62	645	244.26	13.17
A5	0.87	655	0.75	884	1	1 175	100.90	34.46
B1	1.62	620	1.12	651	0.75	849	155.37	22.25
B2	0.87	537	1	1 004	1	804	78.73	33.38
B3	1.49	908	1.49	871	1	1 518	79.16	41.03
B4	1.24	556	0.87	1 045	1	1 109	71.07	37.33
B5	1.37	702	1.49	710	0.87	1 080	111.34	31.36
C1	1.37	702	1.24	801	0.62	924	201.96	20.91
C2	0.75	780	1.37	723	2.24	723	464.94	-8.92
C3	0.87	537	1	1 004	1	804	78.73	33.38
C4	1.49	553	1.37	803	1.37	614	161.26	19.50
C5	1.62	659	1.49	611	1.24	721	246.65	9.59

注:ε_{peak}——试样发生破坏时的极限应变,%;

$\sigma_1-\sigma_3$——试样发生破坏时的极限应力,kPa;

C——试样的黏聚强度,kPa;

φ——试样的内摩擦角,(°)。

为了进一步分析不同配比和围压对防渗材料抗剪强度的影响,给出防渗浆材的极限应力(偏差应力)及对应的极限应变,见表 4.10。其中极限应力的部分作为绘制莫尔应力圆并获得抗剪强度参数的依据。从表 4.10 可以看出,在进行不固结、不排水三轴试验时,防渗浆材试块的极限应变值为 0.5% ~1.5% ,此时可以认为试块已经被受压破坏,当试块达到极限应变时其对应的应力值为其极限应力。

如图 4.12 所示,在不同的围压状态下:随着水泥掺量的增加,防渗浆材试块的极限应力值先增大后减小,当水泥掺量为 200 g/L 时,防渗浆材试块的极限应力值达到最大值;随着膨润土掺量的增加,浆材试块的极限应力呈现先增大后减小的趋势。

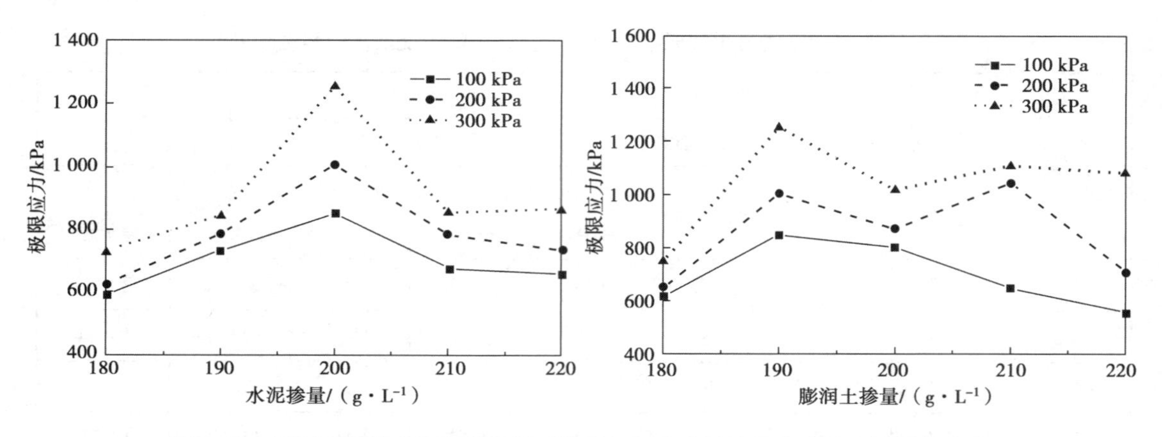

图 4.12　不同围压状态下硬化浆材试块的极限应力随水泥和膨润土掺量的变化

4）防渗浆材的硬化及破坏机理分析

在防渗浆材的主要成分中，水泥和膨润土是决定材料强度的关键，因为材料的强度主要来自水泥和膨润土的硬化，所制备的 PBFC 防渗浆材是一种自硬性胶凝材料。研究表明，当水泥与加水的膨润土混合后，水泥首先会发生水化反应，水泥中的硅酸三钙（C_3S）、硅酸二钙（C_2S）、铝酸三钙（C_3A）及铁铝酸四钙（C_4AF）会与水发生一系列复杂的化学反应，形成水化硅酸钙胶体（CSHgel）、水化铝酸钙胶体（CAHgel）和氢氧化钙（CH）等产物。产物中的氢氧化钙向溶液中释放 Ca^{2+} 和 OH^-。其中，游离的 Ca^{2+} 会与钠基膨润土中的 Na^+ 发生置换，形成钙基膨润土，钙基膨润土在分散性和膨胀系数上均弱于钠基膨润土。这一系列的化学变化是导致材料发生絮凝的原因。

与此同时，水泥水化反应释放出的 OH^- 使泥浆的 pH 值升高，使得膨润土内部的二氧化硅（SiO_2）和三氧化二铝（Al_2O_3）成分向外溶解。这些 SiO_2 和 Al_2O_3 会与水泥水化产生的 CH 继续反应，从而在膨润土表面再次凝聚形成 CSH 和 CAH 胶体，加强了各微粒之间的黏结性，这一反应又被称为火山灰反应。

随着水泥和膨润土用量的增加，水泥的水化反应及与膨润土凝聚反应使得试块内部的黏结作用增强，从而使得试块的抗剪强度增强。但随着水泥掺量的进一步增加，在水化反应过程中产生的大量 Ca^{2+} 会导致膨润土向钙基膨润土转化，致使膨润土的分散性和膨胀性变差，导致材料内部的黏结作用降低，试块的抗剪强度降低。当膨润土掺量较少时，随着膨润土掺量的增加，水泥水化产物 CH 与膨润土发生火山灰反应生成 CSH 和 CAH 胶体，使得防渗浆材的抗剪强度有一定提高，而膨润土掺量进一步增加，大量的 Ca^{2+} 与钠基膨润土中 Na^+ 发生离子置换作用，使得钙基膨润土在防渗浆材的占比提高，从而导致防渗浆材的抗剪强度降低。

随着碳酸钠和 PVA 掺量的增加，防渗浆材试块的抗剪强度离散性增大，没有呈现规律性的变化，由于碳酸钠和 PVA 会发生交联反应，进行三轴抗压试验受外部条件影响较多，尚不能准确确定出碳酸钠和 PVA 对防渗浆材抗剪强度的影响规律。

4.6　研究结论

本章从 PBFC 防渗浆材各组分对浆材的抗压强度和抗剪强度的影响着手,分析不同龄期的浆材的抗压强度和不同围压及配比的浆材的三轴抗剪强度,得出如下结论:

①水泥水化作用使泥浆固结体的强度随着养护龄期的增加而增加。防渗泥浆固结体的强度主要与水泥掺量有关,浆材固结体的强度随着水泥掺量的增加而提高。在一定范围内,膨润土的用量可以增加凝固体的整体强度得到改善,但过量的膨润土会包裹住水泥石骨架,在这种情况下,膨润土掺量的增加会降低固结体的强度。碳酸钠和聚乙烯醇掺量增到 3.0 g/L时使得膨润土向钠基膨润土转型,膨润土吸水膨胀后晶层结构空间增大,使膨润土对水泥-粉煤灰骨架结构的加固作用减弱,防渗浆材强度随之减小。

②防渗浆材试块的剪切破坏形式主要有 3 种:典型剪切破坏、楔形剪切破坏和劈裂剪切破坏。这 3 种破坏形式主要是在加载围压状态下加载轴向荷载使得材料内部产生张拉应力,当张拉应力达到材料内部的极限抗拉应力时,有张裂缝产生,试块沿张裂缝方向而产生破坏。

③防渗浆材的极限应变在 0.5% ~1.5% ,且随着水泥和膨润土用量的增加,水泥的水化反应及与膨润土凝聚反应使得试块内部的黏结作用增强,从而使得试块的抗剪强度增强。但随着水泥和膨润土掺量的进一步增加,试块的抗剪强度随之降低。

参考文献

[1] 李修磊,李金凤. 考虑渗滤液作用的填埋场边坡组合破坏稳定分析[J]. 防灾减灾工程学报,2019,39(1):1-9.

[2] 张俊,王冰莹,曹建新. 改性凹凸棒土处理垃圾渗滤液中氨氮的实验研究[J]. 硅酸盐通报,2012,31(4):861-864,875.

[3] 辛欣. 防渗墙深度优化及其防渗效果研究[J]. 水电能源科学,2017,35(12):131-134,147.

[4] 盛炎民,代国忠,李书进. 基于常规三轴试验 PBFC 防渗浆材破坏形态机理分析[J]. 硅酸盐通报,2020,39(1):132-136.

[5] 王营彩,代国忠,史贵才. 垃圾填埋场防渗墙应力变形数值分析[J]. 长江科学院院报,2015(8):89-93.

[6] CARRETO J M R, CALDEIRA L M S, NEVES E M D. Hydromechanical characterization of cement-bentonite slurries in the context of cutoff wall applications[J]. Journal of Materials in Civil Engineering, 2016, 28(2): 522-539.

[7] FOO K Y,LEE L K,HAMEED B H. Batch adsorption of semi-aerobic landfill leachate by granular activated carbon prepared by microwave heating[J]. Chemical Engineering Journal,2013,222(4):259-264.

[8] 靖向党,于波,谢俊革,等. 城市垃圾填埋场防渗浆材的实验研究[J]. 环境工程,2009,27(1):70-73.

[9] 陈永贵,邹银生,张可能. 城市垃圾卫生填埋场垂直防渗技术[J]. 中国给水排水,2007,23(6):95-98.

[10] 张文杰,陈云敏,詹良通. 垃圾填埋场渗滤液穿过垂直防渗帷幕的渗漏分析[J]. 环境科学学报,2008,28(5):925-929.

[11] CHEN Y G,ZHANG K N, ZOU Y S,et al. Removal of Pb^{2+} and Cd^{2+} by adsorption on clay-solidi-fied grouting curtain for waste landfills[J]. Journal of Central South University of Technology, 2006, 13(2): 166-170.

[12] ANIL M, OHTSUBO M, LI L, et al. Prediction of compressibility and hydraulic conductivity of soil-bentonite mixture[J]. International Journal of Geotechnical Engineering, 2010, 4(3): 417-424.

[13] 王营彩. 垃圾填埋场防渗浆材性能及墙体变形分析[D]. 南京:河海大学, 2015.

[14] 盛炎民. 垃圾填埋场 PBFC 防渗浆材制备及性能研究[D]. 常州:常州大学, 2019.

[15] DAI G Z, SHENG Y M, PAN Y T,et al. Application of a bentonite slurry modified by polyvinyl alcohol in the cut-off of a landfill[J]. Advances in Civil Engineering. 2020(2): 1-9.

第5章　防渗浆材的抗渗性能与吸附阻滞性能研究

5.1　研究目的

垃圾填埋场所用材料的抗渗性能是防渗材料选用的关键指标，在垃圾填埋场防渗系统中，防渗材料一方面是阻滞填埋场中渗滤液向外迁移，对周围的土壤、水体造成严重的二次污染，另一方面也是防止填埋场周围的水进入填埋场内部，导致填埋场中渗滤液量的增多，从而导致作用在防渗墙上的应力增强，使得防渗墙的力学和抗渗性能被破坏。

为此，通过模拟渗透试验完成PBFC等防渗浆材的抗渗性能与吸附阻滞性能研究。利用自制的气压式渗滤仪采集渗滤液经浆材结石体滤出后的样本；使用原子荧光光度计、火焰原子吸收分光光度计、高效液相色谱仪等仪器测试渗滤液滤出后的样本成分。利用SEM图，进行防渗浆材吸附机理的微观分析。

5.2　PBFC防渗浆材的抗渗性能

1）试验方案

采取正交试验及单因素变量的试验方案，对PBFC防渗浆材的抗渗性能及其影响因素进行准确分析。所确定的PBFC防渗浆材的正交试验因素与水平、试验数据分别见表5.1、表5.2。

表5.1　PBFC防渗浆材的抗渗试验因素与水平

水平	因素/$(g \cdot L^{-1})$		
	水泥	膨润土	PVA
K1	180	180	1
K2	200	190	2
K3	220	200	3

表 5.2　PBFC 防渗浆材的抗渗试验正交试验表

编号	各因素掺量/($g \cdot L^{-1}$)		
	水泥	膨润土	PVA
1	180	180	2
2	200	180	1
3	220	180	3
4	180	190	1
5	200	190	3
6	220	190	2
7	180	200	3
8	200	200	2
9	220	200	1

在以上正交试验配比中，碳酸钠掺量为 2 g/L、粉煤灰掺量为 180 g/L、水掺量为 800 g/L。正交试验采用变水头渗透试验法测防渗浆材固结体养护 7 d 和 28 d 渗透系数。

由于碳酸钠与聚乙烯醇在溶液状态下会发生交联反应，过量的碳酸钠会使聚乙烯醇溶液凝胶化，产生白色絮状物，改变聚乙烯醇对膨润土的改性作用，实验得出碳酸钠和聚乙烯醇以 1∶1 比例添加为最佳。在正交试验的基础上，以 190 g/L 膨润土、180 g/L 粉煤灰、200 g/L 水泥、2 g/L 碳酸钠、2 g/L 聚乙烯醇、800 g/L 水为基准配比配制防渗浆材，分别改变水泥、膨润土及 PVA（碳酸钠）掺量，采用全自动三轴渗透系统测试不同配比防渗浆材的不同龄期抗压强度及 28 d 抗剪强度，试验配比见表 5.3。

表 5.3　PBFC 防渗浆材的单因素试验配比

编号	水泥/($g \cdot L^{-1}$)	编号	膨润土/($g \cdot L^{-1}$)	编号	PVA、碳酸钠/($g \cdot L^{-1}$)
A1	180	B1	180	C1	1.0
A2	190	B2	190	C2	1.5
A3	200	B3	200	C3	2.0
A4	210	B4	210	C4	2.5
A5	220	B5	220	C5	3.0

2）正交试验结果分析

按照试验方案，对正交试验表中的不同配比防渗浆材固结体的 7 d 和 28 d 渗透系数进行测试，试验结果见表 5.4。采用方差分析法，其分析结果见表 5.5。

表5.4　防渗浆材渗透正交实验结果

编号	7 d/(10^{-6}cm·s^{-1})	28 d/(10^{-8}cm·s^{-1})	编号	7 d/(10^{-6}cm·s^{-1})	28 d/(10^{-8}cm·s^{-1})
1	8.1	2.1	6	4.4	3.9
2	4.7	1.3	7	4.5	0.8
3	2.7	1.8	8	5.6	3.5
4	5.1	1.6	9	0.6	1.0
5	14	3.1			

表5.5　28 d渗透系数方差分析

变异来源	离差平方和	自由度	均方	*F*值
水泥	9.56	2	5.3	14.26
膨润土	25.46	2	3.4	163.2
PVA	15.50	2	5.5	24.65
误差	8.26	2		

$F_{0.10(2,2)}=9.0$,$F_{0.05(2,2)}=19.0$,$F_{0.01(2,2)}=99.0$。分析表5.5,从F的检验结果表明,水泥和PVA浆材渗透系数的影响不显著,而膨润土对渗透系数的影响是显著的。膨润土是影响渗透系数的主要因素,而水泥和PVA是影响渗透系数的次要因素。

采用极差分析法对浆材渗透系数实验结果进行分析,其分析结果分别见表5.6、表5.7。

表5.6　防渗浆材养护7 d后渗透系数结果分析

因素		水泥	膨润土	碳酸钠	PVA
渗透系数/(10^{-5}cm·s^{-1})	K1	2.0	1.6	1.4	1.0
	K2	2.0	2.4	1.3	1.8
	K3	0.8	1.1	2.3	2.1
	极差值	1.2	1.3	1.0	1.1

表5.7　防渗浆材养护28 d后渗透系数测试结果分析

因素		水泥	膨润土	碳酸钠	PVA
渗透系数/(10^{-8}cm·s^{-1})	K1	10.0	5.2	13.2	3.9
	K2	8.0	8.6	6.9	9.5
	K3	7.0	12.5	6.2	12.9
	极差值	3.0	7.3	7.0	9.0

分析表5.6和表5.7中的数据可知,防渗浆材的渗透系数随水泥掺量的增加而呈现出减小的趋势;随聚乙烯醇掺量的增加而呈现增大趋势。当防渗浆材试样养护时间为7 d时,防渗浆材固结体渗透系数随碳酸钠掺量的增加呈现增大的趋势,各因素对渗透系数影响的主次顺序为:膨润土 > 水泥掺量 > PVA > 碳酸钠;当防渗浆材试样养护时间为28 d时,防渗浆材固结体渗透系数随碳酸钠掺量的增加呈现减小的趋势,各因素对渗透系数影响的主次顺序为:PVA > 膨润土 > 碳酸钠 > 水泥。

3)不同配比的防渗浆材渗透性能试验影响分析

(1)水泥和膨润土对防渗浆材渗透性能的影响

按照实验方案,对不同水泥掺量的PBFC防渗浆材及其不同龄期试块进行渗透系数测试,试验结果见表5.8和表5.9。

表5.8　不同水泥掺量的防渗浆材配比的渗透系数测试结果

编号	渗透系数		
	7 d/(10^{-6}cm·s^{-1})	14 d/(10^{-7}cm·s^{-1})	28 d/(10^{-8}cm·s^{-1})
A1	2.5	4.5	1.1
A2	4.4	5.1	1.8
A3	7.2	5.5	2.3
A4	8.4	6.7	2.9
A5	11.0	8.2	6.8

表5.9　不同膨润土掺量的防渗浆材配比的渗透系数测试结果

编号	渗透系数		
	7 d/(10^{-6}cm·s^{-1})	14 d/(10^{-7}cm·s^{-1})	28 d/(10^{-8}cm·s^{-1})
B1	6.6	2.6	1.8
B2	7.2	5.5	2.3
B3	9.0	6.2	2.4
B4	9.2	7.0	3.5
B5	9.4	9.1	5.1

以表5.8、表5.9的实验数据为基础,分别绘制出水泥掺量-渗透系数曲线关系,如图5.1所示;膨润土掺量-渗透系数曲线关系,如图5.2所示。分析可知,随着水泥和膨润土含量的增加,浆材渗透系数呈下降趋势。由徐超等人研究可知,材料的渗透性与临界孔径、临界孔径与材料中的孔连通度和渗透路径的曲折性有关,这是渗透性的本质。在防渗浆材养护过程中,水泥会产生水化并生成凝胶材料,凝胶材料在膨润土颗粒间起胶结和填充作用,水泥掺量越大,生成的凝胶材料就越多,填充作用越显著,防渗浆材的临界孔径越小,渗透系数随

之减小。随着膨润土掺量的增加，由于膨润土的膨胀性，使得防渗浆体固结体中的大孔隙减小，微孔隙增多，防渗浆临界孔径进一步减小，连通的孔隙数量也会减小，防渗浆材的渗透系数随之降低。

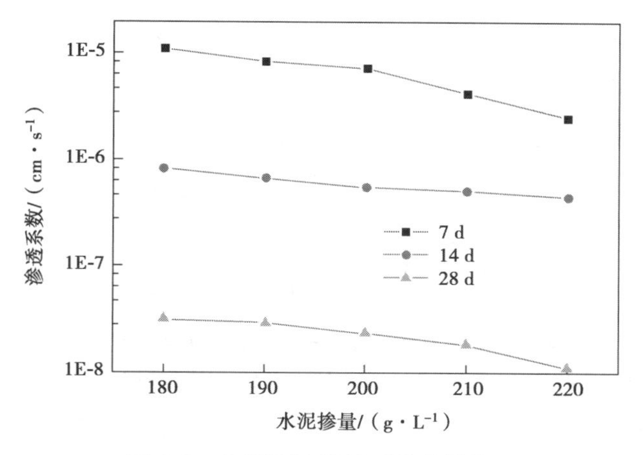

图 5.1　水泥掺量-渗透系数曲线关系

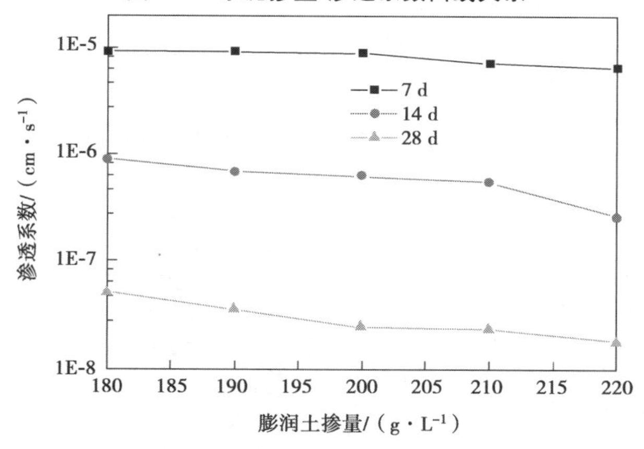

图 5.2　膨润土掺量-渗透系数曲线关系

（2）碳酸钠和 PVA 对防渗浆材渗透性能的影响

按照实验方案，对不同碳酸钠和 PVA 掺量的 PBFC 防渗浆材及不同养护龄期试样测试渗透系数，试验结果见表 5.10 和图 5.3 所示。

表 5.10　不同碳酸钠和 PVA 掺量的防渗浆材渗透系数测试结果

编号	渗透系数		
	7 d/(10^{-6}cm・s^{-1})	14 d/(10^{-7}cm・s^{-1})	28 d/(10^{-8}cm・s^{-1})
C1	2.8	2.3	1.2
C2	7.0	3.7	1.90
C3	7.2	5.5	2.3
C4	10.0	7.9	2.6
C5	13.0	8.5	3.1

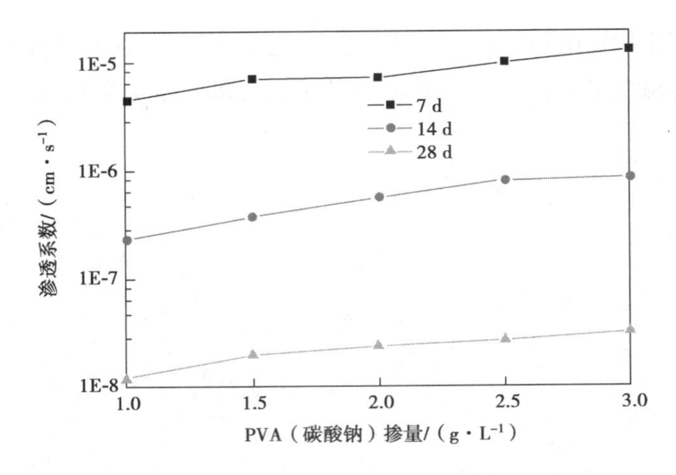

图 5.3　PVA(碳酸钠)掺量-渗透系数曲线关系

由图 5.3 可知,防渗浆材固结体的渗透系数随 PVA 和碳酸钠醇掺量的增加而增大。为深入研究 PVA 和碳酸钠对防渗浆材渗透性的影响,取 C1,C2 和 C3 三组样品养护 28 d 试件进行烘干、破碎、取样,进行扫描电镜测试,获得三组试样的 SEM 图(放大 500 倍),如图 5.4 至图 5.6 所示。从图 5.4 可以看出,C1 试样内部晶体颗粒紧密,结构致密性较好,大孔隙较少,浆材内部的临界孔径较小,浆材抗渗性较好,而随着碳酸钠和聚乙烯醇比例的增加,从图 5.5 和图 5.6 可以看出,C2,C3 试样内部晶体颗粒较为分散,结构致密性较差,内部大孔隙数量增多,临界孔径增大,浆材的抗渗性较差。

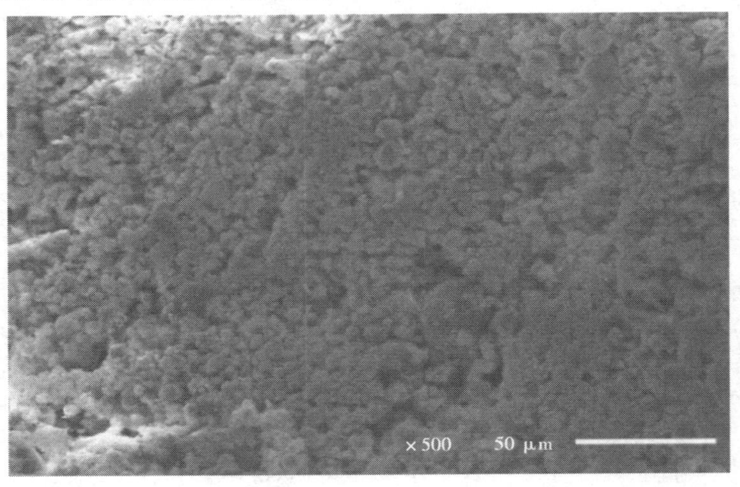

图 5.4　C1 试样 28 d 的 SEM 图

在碳酸钠和聚乙烯醇比例较小时,盐浓度较低,膨润土吸水膨胀后使浆材内部结构致密,浆材的渗透性较小;在碳酸钠和聚乙烯醇掺量增大时,膨润土的吸水膨胀性增强,晶层结构空间增大,浆材结构内部小孔径数量会较多,防渗浆材内部连通路径数量大大增加,使得防渗浆材的临界孔径增大,导致防渗浆材渗透系数增大。

图 5.5　C2 试样 28 d 的 SEM 图

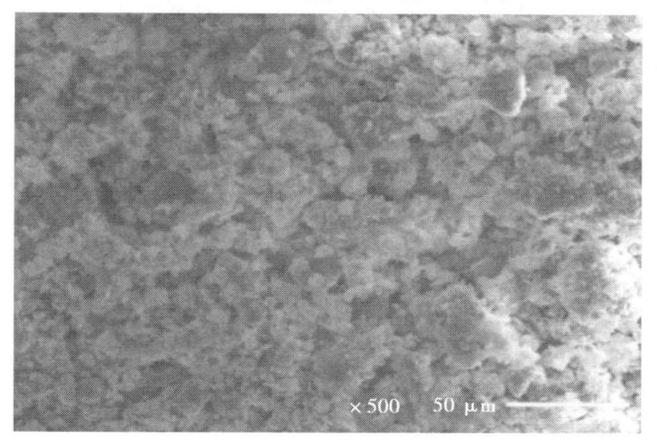

图 5.6　C3 试样 28 d 的 SEM 图

4) 养护时间对防渗浆材渗透性的影响

为研究养护时间对防渗浆材渗透系数的影响,选取 A 组配比进行不同养护时间的渗透系数测试。不同养护时间条件下防渗浆材固结体渗透系数的变化趋势,如图 5.7 所示;不同养护时间的防渗浆材的 SEM 图(A1 试样),如图 5.8 所示。

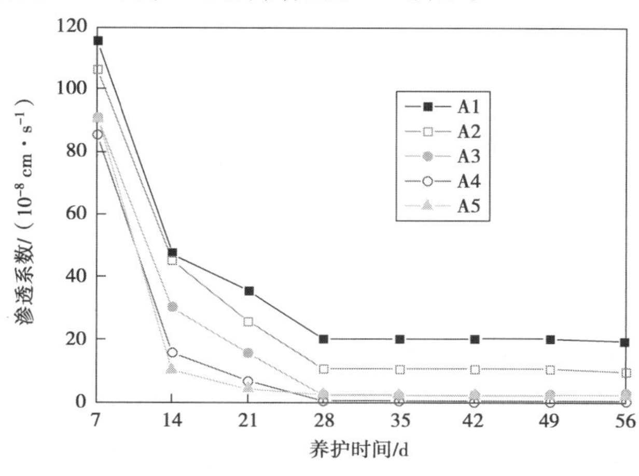

图 5.7　养护时间-渗透系数曲线关系

(a)养护7 d

(b)养护14 d

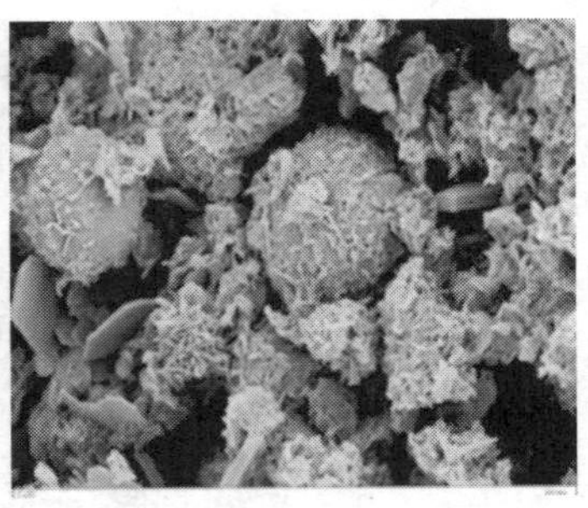

(c)养护28 d

图5.8　不同养护时间的防渗浆材的SEM图(A1试样)

分析得知,随着养护时间的增长,防渗浆材固结体的渗透系数减小。随着时间增长,浆材中水泥水化和粉煤灰的火山灰反应逐步进行。火山灰反应的产物主要是水合硅酸钙(CSH)和水和铝酸钙(CASH),它们沉积在聚集的黏土颗粒上,从而减少了孔隙尺寸,降低了防渗浆材的临界孔径。此外,膨润土吸水膨胀后可以填充浆料内部的孔隙,进一步降低渗透系数。防渗浆材固结体在养护28 d后的渗透系数基本达到了稳定值。

5.3　防渗浆材对渗滤液吸附阻滞性能的研究

1)研究意义

垂直防渗墙技术主要用于卫生填埋场渗滤液水平运移扩散,是目前最为有效的限制渗滤液运移的方法,一般要求防渗墙墙体材料的渗透系数不大于1.0×10^{-7} cm/s。

为研制出对垃圾场渗滤液具有较高吸附阻滞性能好的防渗浆材,国内外学者开展了很多研究工作,通常以水泥和膨润土作为防渗墙体的主要材料来制备防渗浆材在垃圾填埋场中,如何解决渗滤液的渗漏问题是填埋场的关键。一方面,要尽可能采用抗渗性能好的材料,这使得渗滤液向外渗漏的风险大大降低;另一方面,所采用的防渗材料应尽可能地吸附渗滤液中的污染成分,这样,即使填埋场发生渗滤液渗漏问题也能将污染降到最低,使得渗滤液对周围的二次污染危害降到最小,从而起到环境保护的作用。由于垃圾填埋场渗滤液的成分复杂多变,理想的防渗材料不仅要具有低渗透性,还应具备能有效吸附渗滤液中有害成分的作用。

2)BFCF浆材的吸附阻滞性能研究

对优选出的BFCF浆材试样进行阻滞性能试验,利用自制的渗透仪对垃圾填埋场渗滤液、酞酸酯溶液和重金属离子溶液进行浆材结石体渗滤实验,该仪器采用测管水头压力(1.0~1.5 m水柱高度)给渗滤液进行加压,使渗滤液从密闭的浆材结石体中(试块)缓慢渗出通过对渗滤前后的滤液进行分析,求得浆材结石体对污染物的阻滞能力。垃圾填埋场渗滤液、酞酸酯溶液和重金属离子溶液的来源与成分指标见表5.11,污染物阻滞性能的浆材配方与测试条件见表 5.12。采用酞酸酯对有机污染物阻滞性能进行研究的原因在于目前各种塑料袋等塑料制品中均加有相当量的酞酸酯增塑剂。采用天然滤液与人工配制滤液相结合的方式,保证了试验对某些有害污染物阻滞性能测试的准确性。

表 5.11　渗滤液污染物的成分与指标

污染物名称	成分与指标/($mg \cdot L^{-1}$)					来源
垃圾场渗滤液	NH_4-N	TP	SS	COD_{Cr}	BOD_5	常州夹山填埋场
	2007.9	17.946	2 170	23 333.3	8 700	
酞酸酯溶液	邻苯二甲酸二甲酯		邻苯二甲酸二辛酯			人工自制
	6.50		6.50			
重金属离子溶液	Hg		Pb			
	2		30			

表 5.12　测试污染物的阻滞性能的浆材配方与测试条件

试样编号	防渗浆材的组成							养护时间/d	渗滤时间/h	污水渗滤液试验条件				污水名称
	水泥/g	膨润土/g	粉煤灰/g	纤维/g	减水剂/g	纯碱/g	水/mL			渗透压/kPa	围压/kPa	平均渗透系数/($10^{-7}cm \cdot s^{-1}$)	试样高度/cm	
1	210	220	180	0.8	5	12	780	28	48	100	160	0.83	3	垃圾场渗滤液
2	210	220	180	0.8	5	12	780	28	60	100	160	0.23	3	酞酸酯溶液
3	210	220	180	0.8	5	12	780	28	39	100	160	0.97	3	重金属离子溶液

(1)浆材结石体对垃圾渗滤液的阻滞能力

通过对经浆材结石体渗滤过的渗滤液分析测定结果,得到不同浆材试样对垃圾填埋场渗滤液中常见成分阻滞率,见表 5.13。实验观察到深褐色的垃圾渗滤液滤过浆材结石体后呈现淡黄色或白色。浆材结石体对垃圾渗滤液中主要污染物均有较强阻滞作用,阻滞率大部分在 90% 以上,COD_{Cr}与 BOD_5 的阻滞率在 85.2% 以上。

表 5.13　浆材结石体对垃圾填埋场渗滤液中污染物阻滞性能测试结果

样品编号	分析结果				
	NH_4-N	TP	SS	COD_{Cr}	BOD_5
垃圾渗滤液/($mg \cdot L^{-1}$)	2 007.9	17.946	2 170	23 333.3	8 700

续表

样品编号	分析结果				
	NH_4-N	TP	SS	COD_{Cr}	BOD_5
渗滤后的滤液/($mg \cdot L^{-1}$)	3.31	0.712	144	3 125.0	1 290
阻滞率/%	99.84	96.03	93.36	86.6	85.2

表 5.14　达到污水综合排放一级标准所需的防渗墙厚度

渗滤液成分	NH_4-N	SS	COD_{Cr}	BOD_5
污水综合排放一级标准/($mg \cdot L^{-1}$)	15	70	100	30
阻滞率随试样高度增加比率 k/%	3.75	0.56	1.30	1.14
达到一级排放标准所需阻滞率/%	99.25	96.77	99.57	99.66
达到一级排放标准所需防渗墙厚度/cm	7.29	9.91	8.02	8.84

在垃圾渗滤液的渗滤过程中,发现随着渗滤的进行,单位时间滤出的水量逐步减少,即浆材结石体的渗透系数逐步减小,这是由于渗滤液中所含的一些固体颗粒或悬浮物在结石体中滞留封堵渗流通道所致,即渗滤沉积作用,这一点非常有利于提高垃圾卫生填埋场防渗墙的防渗漏效果。表 5.14 列出了达到污水综合排放一级标准所需防渗墙厚度。

(2)浆材结石体对酞酸酯的阻滞能力

通过对渗滤过浆材结石体的酞酸酯溶液分析测定结果,得到浆材试样对酞酸酯溶液中各成分的阻滞率,见表 5.15。可见各类浆材结石体对酞酸酯溶液中各成分均有很好的阻滞作用,阻滞率均在 99.95% 以上,达到了污水综合排放一级标准,见表 5.16。

表 5.15　浆材结石体对酞酸酯溶液中各成分阻滞性能测试结果

样品编号	分析结果	
	邻苯二甲酸二甲酯	邻苯二甲酸二辛酯
酞酸酯 标准溶液/($mg \cdot L^{-1}$)	6.50	6.50
渗滤后的滤液/($mg \cdot L^{-1}$)	1.24×10^{-3}	1.82×10^{-3}
阻滞率/%	99.98	99.97

表 5.16　《污水综合排放标准》(GB 8978—1996)

项目	一级	二级	三级
邻苯二甲酸二丁酯/($mg \cdot L^{-1}$)	0.2	0.4	2.0
邻苯二甲酸二辛酯/($mg \cdot L^{-1}$)	0.3	0.6	2.0

(3)浆材结石体对重金属离子的阻滞能力

对浆材结石体渗滤过的重金属离子溶液进行分析测定,得到不同浆材试样对重金属离子溶液中各成分的阻滞率,见表 5.17。各类浆材结石体均对重金属离子溶液中各成分都有很好的阻滞作用,阻滞率均在 99.46% 以上,达到了《污水综合排放标准》(GB 8978—1996)。

表 5.17　浆材结石体对重金属离子溶液中各成分阻滞性能测试结果

样品编号	分析测试结果	
	Hg	Pb
重金属离子标准溶液/($mg \cdot L^{-1}$)	2	30
渗滤后的滤液/($mg \cdot L^{-1}$)	5.6×10^{-4}	1.76×10^{-3}
阻滞率/%	99.94	99.46
污水综合排放标准(最高浓度)/($mg \cdot L^{-1}$)	0.05	1.0

3) PBFC 防渗浆材的吸附阻滞性能研究

(1)试验方案

在前述实验对不同配比的 PBFC 防渗浆材可灌性、力学性能、渗透性能研究的基础上,在表 5.3 中的 A3 试样配比的基础上,改变聚乙烯醇(PVA)的掺量进行吸附试验研究,试验配比见表 5.18。进行吸附试验的渗滤液的成分及含量见表 5.19。

表 5.18　吸附试验配比方案

编号	水泥/($g \cdot L^{-1}$)	膨润土/($g \cdot L^{-1}$)	粉煤灰/($g \cdot L^{-1}$)	PVA/($g \cdot L^{-1}$)	碳酸钠/($g \cdot L^{-1}$)	水/($g \cdot L^{-1}$)
A_{30}	200	190	180	0	2	800
A_{31}	200	190	180	0.5	2	800
A_{32}	200	190	180	1.0	2	800
A_{33}	200	190	180	1.5	2	800
A_{34}	200	190	180	2.0	2	800

表 5.19　渗滤液的组分及含量

组分	含量/($mg \cdot L^{-1}$)	组分	含量/($mg \cdot L^{-1}$)
NH_4-N	1 333	COD_{cr}	13 333
TP	12	BOD_5	6 000
TN	67	总 Hg	1.3
SO_4^{2-}	467	总 Pb	20
SS	1 333		

(2)试验结果及分析

采用全自动渗透三轴系统对表5.18中配比的防渗浆材进行28 d渗透系数测试,试验结果如图5.9所示。分析得知,随着PVA的加入,渗透系数显著降低,并且随着PVA用量的增加而趋于稳定。PVA掺量从0.5 g/L增至1.0 g/L,防渗浆材的渗透系数减少了78%,而PVA掺量从1.0 g/L增至1.5 g/L,防渗浆材的渗透系数只减少了63%。之后随着PVA掺量进一步增加,防渗浆材的渗透系数反而增大。这是由于PVA能促进水泥的水化过程,从而产生大量的醇羟基与水泥水化产物相互作用,最终改变水化产物的形成和形态,水化产物的填充效果会使得防渗浆材固结体更加致密,渗透系数也随之降低。

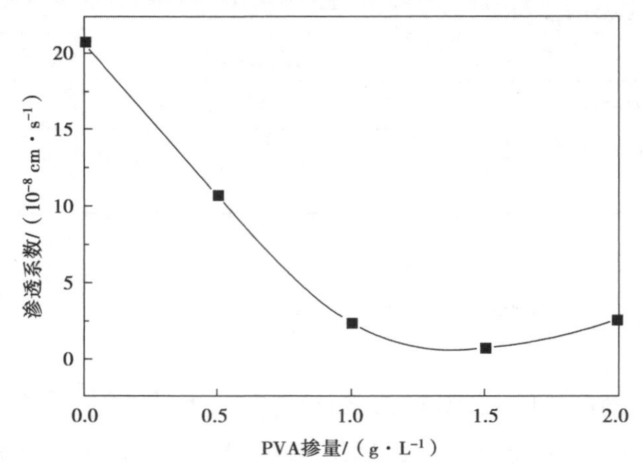

图5.9 PVA掺量-渗透系数的曲线关系

对A_{32}和A_{33}试样配比的吸附阻滞试验结果见表5.20。渗滤液经过渗滤仪渗滤之后,再次进行成分检测,其中TP、SS、BOD_5、总Pb、总Hg浓度等均达到《城市生活垃圾填埋场污染控制标准》的直接排放控制要求。随着PVA掺量的增加,防渗浆材对污染物中成分的吸附效果加强,NH_4-N和COD_{cr}的吸附率分别达到98.15%和99.3%。对金属离子、SS和COD_{cr}的吸附效果显著,吸附率大于99%。可以看出,PVA的掺入对防渗浆材的吸附性能增强是有效的。

表5.20 A_{32}和A_{33}配比吸附试验结果

组分	初始含量/(mg·L^{-1})	排放标准/(mg·L^{-1})	A_{32}/(mg·L^{-1})	A_{33}/(mg·L^{-1})
NH_4-N	1 333	25	24.72	23.82
TP	12	3	1.978	1.779
SO_4^{2-}	467	无要求	86.45	80.3
SS	1 333	30	0.055	0.037
COD_{cr}	13 333	100	90.5	89.3
BOD_5	6 000	30	20.3	18.7
总Hg	1.3	0.001	0	0
总Pb	20	0.1	0	0.02

从图 5.10 至图 5.12 可以看出，随着 PVA 的掺入，经过吸附试验后收集的渗滤液污染物中 NH_4-N，COD_{cr}，BOD_5 等成分的浓度显著降低，且 PVA 掺量为 1.5 g/L 时，这些成分的浓度

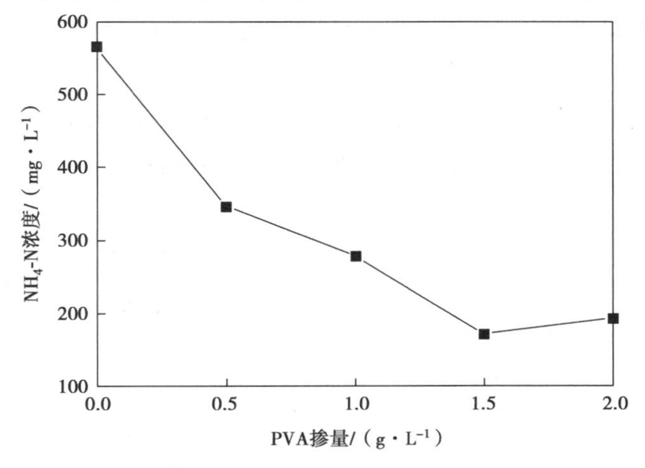

图 5.10　PVA 掺量-NH_4-N 浓度曲线关系

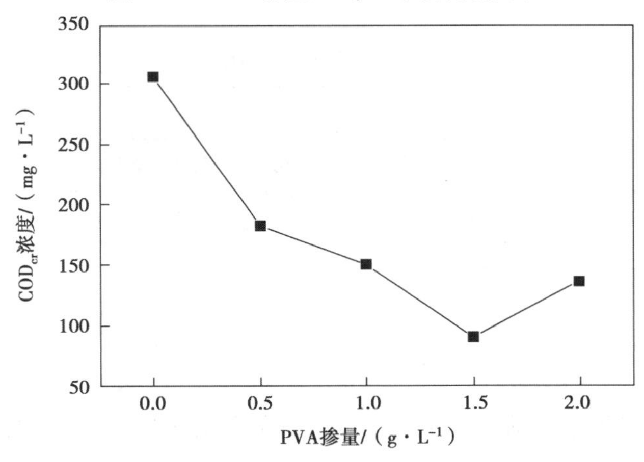

图 5.11　PVA 掺量-COD_{cr} 浓度曲线关系

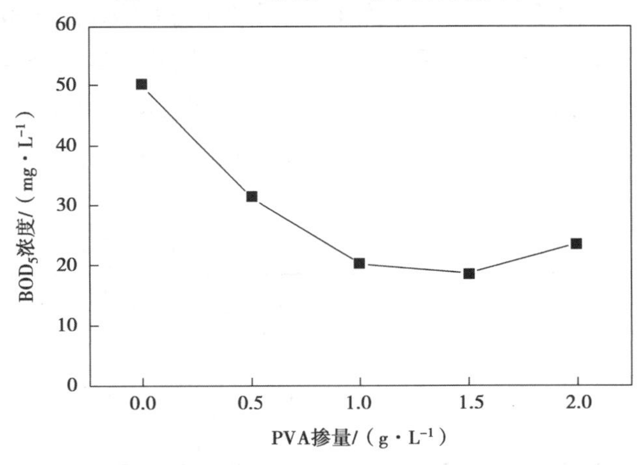

图 5.12　PVA 掺量-BOD_5 浓度曲线关系

值降到最低，这与 PVA 对防渗浆材渗透系数的影响是一致的，说明防渗浆材的吸附性能与渗透系数有关联，可以用函数式 $\gamma = f(k)$ 来描述吸附性能和渗透系数之间的关系，式中，γ 表示防渗浆材的吸附性能，k 表示防渗浆材的渗透系数，函数 f 与环境、防渗浆材组分等因素有关。

选择表 5.3 中的 B4 组配方，针对试验污染物，分别对取自某生活垃圾填埋场的渗滤液、人工所配置的酞酸酯溶液及重金属离子溶液进行吸附阻滞试验。其成分组成及含量见表 5.21、表 5.22。

表 5.21　某生活垃圾渗滤液的成分与指标

成分与指标/($mg \cdot L^{-1}$)		COD_{cr}	NH_4-N	pH
含量	1	4 340	1 280	8.0
	2	4 630	1 220	7.9
	3	4 320	1 140	8.2

表 5.22　人工配制渗滤液的成分与指标

污染物名称	成分与指标/($mg \cdot L^{-1}$)		来　源
酞酸酯溶液	邻苯二甲酸二甲酯	邻苯二甲酸二辛酯	人工配制
	6.50	6.50	
重金属离子溶液	Hg	Pb	人工配制
	2	30	

实验结果分析：对于某生活垃圾填埋场渗滤液的阻滞试验，垃圾渗滤液通过浆材结石体后渗出，渗出的渗滤液呈现淡黄色或白色，溶液透明，并且无原垃圾场渗滤液所具有的刺鼻性气味，且经过对渗出的渗滤液中 COD_{cr}、NH_4-N、铅和汞等部分成分检测，其含量均可满足指标要求。可知，经过固结体试块的吸附阻滞作用，渗滤液的污染成分被有效地阻滞。对于人工配制渗滤液的阻滞试验，通过阻滞试验后的酞酸酯溶液指标测定结果，计算得到浆材试样对酞酸酯溶液中各成分的阻滞率，见表 5.23，其与普通钠基膨润土-水泥浆材效果的对比如图 5.13 所示。

表 5.23　人工配制酞酸酯溶液吸附阻滞试验结果

渗滤液成分	原渗滤液 /($mg \cdot L^{-1}$)	滤出后渗滤液 /($mg \cdot L^{-1}$)	吸附阻滞率 /%	单位长度阻滞率 /%
邻苯二甲酸二甲酯	6.50	5.99×10^{-3}	99.91	37.00
邻苯二甲酸二辛酯	6.50	未检出	—	—

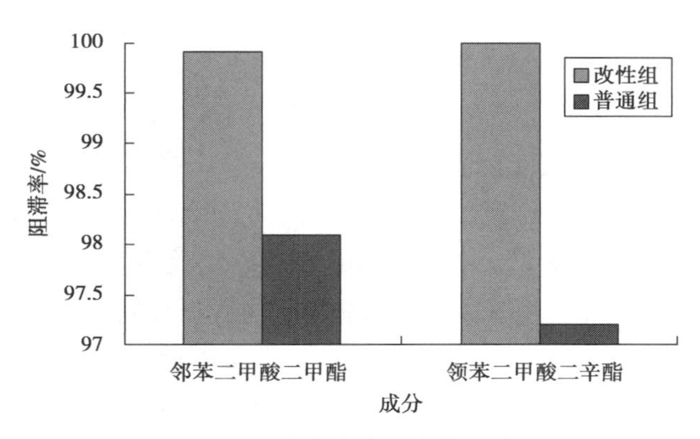

图 5.13　酞酸酯溶液阻滞效果对比图

由对比可知,经聚乙烯醇改性的 PBFC 浆材固结体对酞酸酯溶液中各成分的吸附阻滞性能均比较高,且远远高于未经改性的 BFC 膨润土浆材固结体,特别是对于邻苯二甲酸二辛酯这一成分,低于仪器的检测极限;经计算所得的阻滞率均在 99.9% 以上,单位长度阻滞率达到 37%,满足污水排放的指标要求。同理,根据经过阻滞试验后的重金属离子溶液指标分析测定结果,计算得到浆材试样对重金属离子溶液中各成分的阻滞率,见表 5.24,其与普通钠基膨润土-水泥浆材效果的对比如图 5.14 所示。

表 5.24　人工配制重金属溶液吸附阻滞试验结果

渗滤液成分	原渗滤液 /($mg \cdot L^{-1}$)	滤出后渗滤液 /($mg \cdot L^{-1}$)	吸附阻滞率 /%	单位长度阻滞率 /%
Hg	2	9.34×10^{-5}	99.995	37.04
Pb	30	4.99×10^{-3}	99.98	37.03

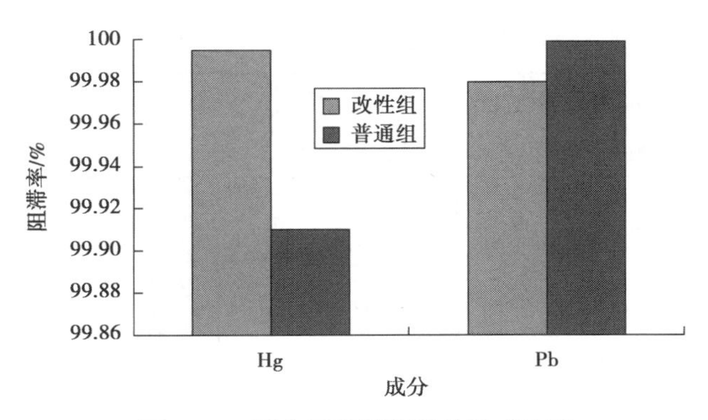

图 5.14　重金属离子阻滞效果对比图

由试验结果可知,PBFC 防渗浆材固结体对汞(Hg)的吸附阻滞性能较高,大于普通膨润土所组成的浆材固结体,但对于铅(Pb)的吸附阻滞性略小于普通的浆材固结体;整体来说,改性后的浆材固结体对重金属溶液中的各成分的吸附阻滞率均达到 99.98% 及其以上,单位长度阻滞率均在 37% 以上,完全满足重金属离子的排放指标要求。因此,经 PBFC 防渗浆材固结体过滤后的渗滤液,无论是有机污染物还是重金属成分都达到了排放要求,甚至达到了国家污水排放标准的一级要求。

4) NBFC 防渗浆材的吸附阻滞性能研究

(1)试验方案

参照前述实验方法,采用人工配置的渗滤液对 NBFC 浆材的吸附阻滞性能进行测试。为获取强度适宜、渗透系数较小且施工性能良好的浆材进行吸附阻滞试验,决定采用如下组分基础配比:水泥 210 g/L、膨润 220 g/L、碳酸钠 2.0 g/L、羧甲基纤维素钠 1.5 g/L、粉煤灰 160 g/L、聚羧酸减水剂 3 g/L。将基础配比的防渗浆材固结体对渗滤液进行吸附阻滞试验,结果与《污水综合排放标准》(GB 8978—1996)中各类污染物的排放标准进行比较评价。浆材基础配比的浆材固结体对渗滤液的吸附阻滞试验情况见表 5.25。

表 5.25　浆材基础配比对渗滤液的吸附阻滞试验情况

污染物	吸附阻滞前浓度/($mg \cdot L^{-1}$)	吸附阻滞后浓度/($mg \cdot L^{-1}$)	排放标准/($mg \cdot L^{-1}$)	吸附阻滞率/%
总 Pb	25.02	3.25×10^{-2}	1.0	99.87
总 Cr	5.83	5.83×10^{-4}	1.5	99.99
总 Hg	2.68	1.87×10^{-4}	0.05	99.93
氨氮离子	703.73	1.12	15	99.84
邻苯二甲酸二丁酯	8.67	0.163	0.2	98.12

(2)试验结果及分析

取一组未加入羧甲基纤维素钠(Na-CMC)改性的膨润土浆材使用同种渗滤液进行吸附阻滞试验,除膨润土材料外其余组分与基础配比保持一致,试验结果见表 5.26。

表 5.26　普通膨润土浆材对渗滤液的吸附结果

污染物	吸附阻滞前浓度/($mg \cdot L^{-1}$)	吸附阻滞后浓度/($mg \cdot L^{-1}$)	排放标准/($mg \cdot L^{-1}$)	吸附阻滞率/%
总 Pb	25.02	8.25×10^{-2}	1.0	99.67
总 Cr	5.83	1.16×10^{-2}	1.5	99.80
总 Hg	2.68	4.02×10^{-3}	0.05	99.85
氨氮离子	703.73	2.96	15	99.58
邻苯二甲酸二丁酯	8.67	0.208	0.2	97.60

根据表 5.25 和表 5.26 中的数据绘制改性膨润土浆材与普通膨润土浆材对渗滤液中污染物吸附阻滞效果的对比图,如图 5.15 所示。由分析可知,膨润土经羧甲基纤维素钠改性后,对各类污染物的吸附效果均得到了一定的提升。改性膨润土浆材对重金属离子及氨氮离子的吸附效果均达到了 99.80% 以上,吸附效果良好。普通膨润土浆材对重金属离子及氨氮离子也具有一定的吸附作用,能够达到排放标准,但对于有机污染物邻苯二甲酸二丁酯吸

附效果较差,不能满足排放要求,经羧甲基纤维素钠改性后,对邻苯二甲酸二丁酯吸附效果得到了显著提高,可达到规定的排放要求。

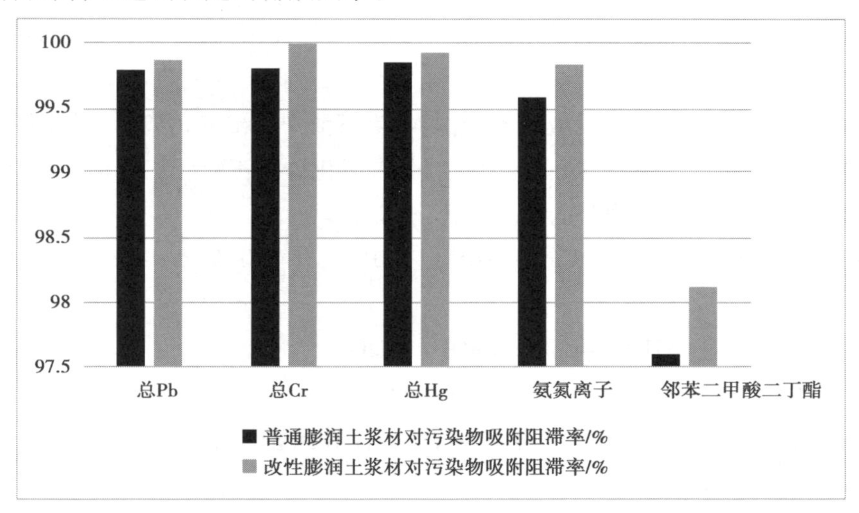

图 5.15　试样对渗滤液中污染物的吸附阻滞效果

5.4　吸附阻滞作用机理的分析

1)浆材结石体的化学反应及固结过程

垃圾场防渗浆材结石体是水泥灰土体系通过水化、凝聚、结晶等一系列复杂的物理化学反应形成的。反应过程大致如下:

①水泥水化生成一系列水化产物,如水化硅酸钙、水化铝酸钙、钙矾石等,其中水泥中硅酸三钙和硅酸二钙水化反应如下:

$$2(3CaO \cdot SiO_2) + 6H_2O \longrightarrow 3CaO \cdot 2SiO_2 \cdot 3H_2O + 3Ca(OH)_2$$

$$2(2CaO \cdot SiO_2) + 4H_2O \longrightarrow 3CaO \cdot 2SiO_2 \cdot 3H_2O + Ca(OH)_2$$

水泥的水化产物有的自身继续硬化形成结石体骨骼,有的与周围的黏土颗粒或粉煤灰颗粒发生反应。

②水泥水化产生的大量钙离子引起分散的黏土颗粒聚结和硬凝反应,具体如下:

A.离子交换与聚结作用:水泥水化生成的氢氧化钙中的钙离子 Ca^{2+} 与黏土颗粒吸附的 Na^+ 或 K^+ 离子进行阳离子交换,使土粒的扩散层变薄,相互吸附聚结形成较大的颗粒,即

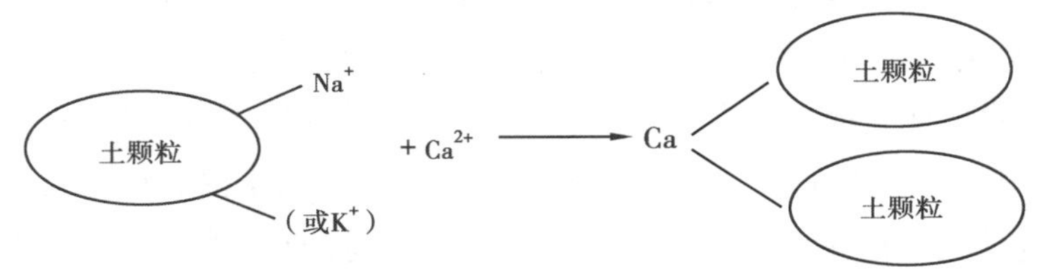

在此过程中，由于水泥水化生成的凝胶粒子的比表面比水泥颗粒的比表面大近千倍，因而具有很大的表面能，有强烈的吸附活性，能使较大的土颗粒进一步连接起来，形成水泥土的蜂窝状结构，并封闭了各土团之间的空隙。从宏观上看，提高了整体强度，降低了渗透系数。

B. 硬凝反应：随着水泥水化反应的不断深入，当溶液中析出的钙离子数量超过上述离子交换的需要量后，在碱性环境中，膨润土中的部分二氧化硅和三氧化二铝能与钙离子进行化学反应，逐渐生成不溶于水的稳定的结晶化合物，即

a. 铝酸钙水化物的 CAH 系：$4CaO \cdot Al_2O_3 \cdot 13H_2O$，$3CaO \cdot Al_2O_3 \cdot 6H_2O$，$CaO \cdot Al_2O_3 \cdot 10H_2O$ 等。

b. 硅酸钙水化物的 CSH 系：$4CaO \cdot 5SiO_2 \cdot 5H_2O$。

c. 钙长石水化物：$2CaO \cdot Al_2O_3 \cdot SiO_2 \cdot 6H_2O$。

这些结晶化合物在水和空气中逐渐硬化，形成比较致密的结构，水分不易侵入，表现出足够的水稳定性。

根据资料介绍，以掺入比为 15% 的水泥土为试验对象，用 SEM 进行不同时间的观察。7 天时，土颗粒间充满了水泥凝胶体，并有少量水泥水化物结晶的萌芽；1 个月后，水泥中产生大量纤维状结晶，并不断延伸充填到土颗粒的空隙中，形成蜂窝状结构；5 个月时，纤维状结晶辐射向外延伸，产生分叉，并相互连接形成空间蜂窝状结构，此时已不能分辨出水泥与土颗粒的形状。

③水泥水化析出的氢氧化钙吸附到粉煤灰颗粒的表面，与其中的活性成分产生火山灰反应，生成以水化硅酸钙和水化铝酸钙为主的水化物，即

$$xCa(OH)_2 + SiO_2 + (n-1)H_2O = xCaO \cdot SiO_2 \cdot nH_2O$$

$$xCa(OH)_2 + Al_2O_3 + (n-1)H_2O = xCaO \cdot Al_2O_3 \cdot nH_2O$$

可见，一方面，粉煤灰中一部分具有活性的成分与水泥水化析出的氢氧化钙发生作用，粉煤灰火山反应生成的次生微晶填满粉煤灰与水泥间水化膜层的同时，将水泥浆全骨架的孔隙填充，使浆体密实度提高；另一方面，部分惰性的颗粒则充填于水泥与土作用形成的蜂窝状结构中，将原有的大孔隙分割为细小的不连通的小孔隙，使水泥-膨润土-粉煤灰结石体更加致密，渗透系数降低。

2）吸附阻滞机理的初步分析

首先，膨润土本身具有水化膨胀性、分散性以及离子交换能力等特性，具有良好的物理化学性能、与水结合的能力以及吸附性，且膨润土水化后，体积可膨胀至原来的 10 ~ 30 倍，形成稳定的凝胶体，可以使组成的固结体渗透系数能达到 10^{-9} cm/s 以下。

其次，水泥水化产生的大量钙离子引起分散的黏土离子交换、颗粒聚结和硬凝反应，因而主要是由各种水化或其他反应来达到阻水效果，其反应过程如图 5.16 所示。

最后，浆材固结体主要通过两种形式来达到对污染物的阻滞，其一为结构吸附滞留作用，其二为渗透过程中的沉积作用。固结体可以通过自身的吸附特性将重金属离子、有机污

染物等进行有效的阻隔滞留；同时，经过聚乙烯醇的改性，膨润土结构和性质发生了很大的变化，增大了膨润土孔隙率及其颗粒的比表面积，提高颗粒表面黏聚力，从而获得巨大的层间域空间和特殊的吸附性能，使吸附性能大大增加。此外，聚乙烯醇可以促进水泥水化反应的进行，使浆材固结体更加密实；适当配比的固结体结构孔隙较少、较小，通常情况下也是不连贯的，当渗滤液渗入孔隙时不能及时通过，从而造成大量的微固体颗粒、悬浮物或胶体滞留其中，形成密实度更大的结构体。由此得出，PBFC 防渗浆材结石体对垃圾填埋场渗滤液中污染物的阻滞能力强的原因是其低渗透系数的渗滤沉积作用和膨润土与粉煤灰对污染物的吸附滞留作用的有效发挥。

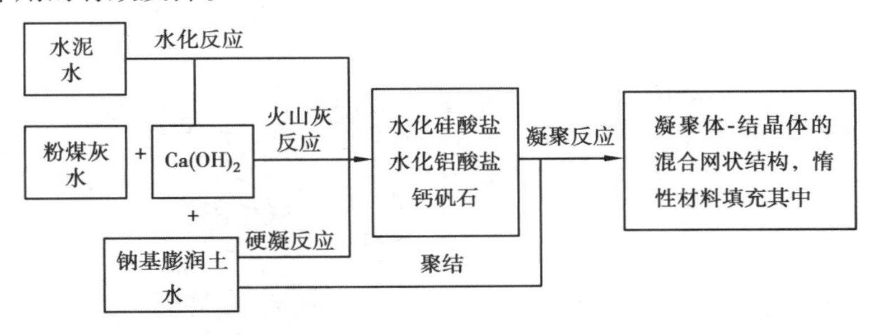

图 5.16　水泥-膨润土-粉煤灰浆液凝硬过程示意图

渗滤沉积作用：由于防渗墙中浆材结石体的渗透系数低，结石体内部的孔隙很小且连通性较差，当垃圾场渗滤液通过浆材结石体时，一方面渗滤液中的悬浮物、固相颗粒和较大尺寸的分子、离子及胶团等被滞留沉积在结石体的微小孔隙中，随着渗透的持续进行被滞留沉积的固相颗粒越来越多，必将使孔隙发生堵塞，致使孔隙变得越来越小，渗透系数随之降低，阻滞了污染物的径流扩散，起到很好的过滤作用，使渗出的液量不断减少，最终，使得带出的污染物更少。

吸附滞留作用：垃圾渗滤液中的 Cr^{6+}，Cd^{2+}，Pb^{2+}，Ni^{2+}，Zn^{2+}，Fe^{2+}，Cu^{2+} 等重金属离子和苯酚、硝基苯、苯胺、COD_{cr}、BOD_5、三氮等有机污染物随液流渗入防渗墙浆材结石体时，与浆材结石体中的膨润土和粉煤灰产生了物理和化学吸附作用，从而阻止了污染物的进一步运移与扩散，使隔离墙对垃圾渗滤液的吸附滞留作用得以有效发挥。在蒙脱石、伊利石和高岭石 3 种黏土矿物中，蒙脱石吸附重金属离子的等温吸附曲线的拐点出现得最迟，表明蒙脱石的稳定吸附能力最高。所以当渗滤液渗过结石体时，其中一些重金属离子和有机污染物被吸附滞留在浆材结石体中，阻止其径流扩散和化学扩散的发生，起净化作用。

此外，对于有聚丙烯纤维加入的防渗浆材，聚丙烯纤维有助于提高浆材结石体的抗渗防水能力。均匀分布在浆材中的纤维降低了浆体表面的析水与离析能力，从而使浆体中直径约 100 nm 孔隙的含量大大降低，极大地提高了浆体的抗渗防水能力。据资料介绍向浆液中掺入 0.1% 的纤维，其浆材的抗渗能力可提高 100% 以上。

优选出的防渗浆材结石体对垃圾场渗滤液中的 COD_{Cr}，BOD_5，NH_4-N，TP，SS 阻滞率在 80% ~90% 以上，对邻苯二甲酸二甲酯、邻苯二甲酸二乙酯、邻苯二甲酸二丁酯、邻苯二甲酸二辛酯的阻滞率在 99.95% 以上，对 Hg，As，Pb，Cd 的阻滞率在 99.65% 以上。这正是由于防渗浆材结石体对垃圾填埋场渗滤液中污染物的阻滞能力强的结果，即得益于浆材低渗透系数的渗滤沉积作用和膨润土与粉煤灰对污染物的吸附滞留作用的有效发挥。

3）PBFC 防渗浆材吸附机理的微观分析

为深入研究 PBFC 防渗浆材对渗滤液的吸附阻滞机理，需对不同配比的防渗浆材进行微观试验，研究其反应机理。

对于未掺入 PVA 的防渗浆材养护 28 d 的 SEM，如图 5.17 所示，掺入 PVA 的 PBFC 防渗浆材（其他组分配比相同）养护 28 d 的 SEM，如图 5.18 所示；未掺入 PVA 防渗浆材进行吸附阻滞试验后的 SEM，如图 5.19 所示，掺入 PVA 的防渗浆材进行吸附阻滞试验后的 SEM 如图 5.20 所示。

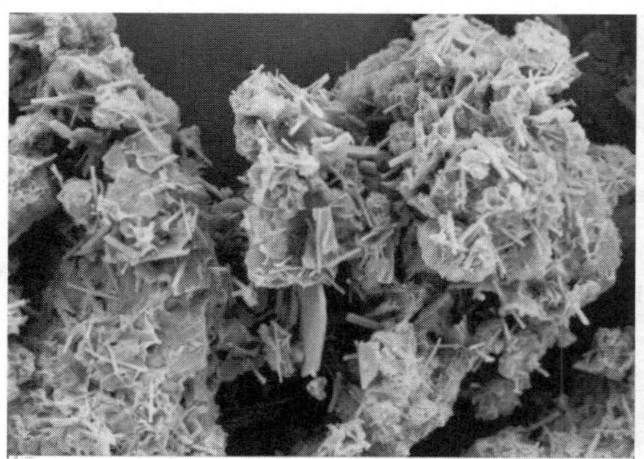
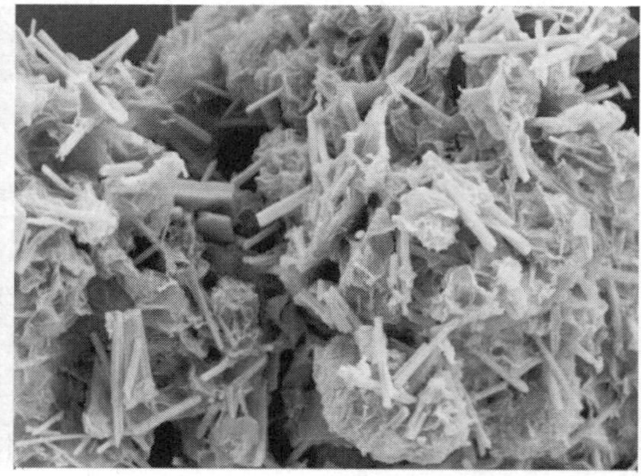

图 5.17　未掺入 PVA 的防渗浆材养护 28 d 的 SEM 图

图 5.18　掺入 PVA 的 PBFC 防渗浆材养护 28 d 的 SEM 图

从图 5.17 和图 5.18 可知，未掺入 PVA 的防渗浆材 SEM 图中有较多针状晶体也就是钙矾石（AFt）存在，而在掺入 PVA 的防渗浆材 SEM 图中并没有发现 AFt 的存在。一般在充分水化的水泥石中，C-S-H 凝胶约占 70%，$Ca(OH)_2$ 约占 20%，AFt 和 AFm（单硫型水化硫铝酸钙）约占 7%。观察图 5.17，在防渗浆材的微观结构中 AFt 的比例明显远大于 7%，说明未掺入 PVA 的防渗浆材中水泥的水化反应并不完全，而在图 5.18 中，C-S-H 凝胶的比例较多，而 AFt 的比例相对较少，比较两种防渗浆材的 SEM 图可知，PVA 的掺入能有效使得水泥的水化反应完全。

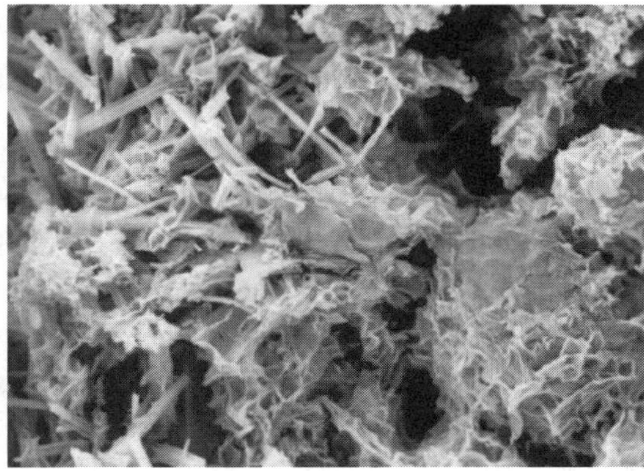

图 5.19　未掺 PVA 防渗浆材吸附试验后 SEM 图

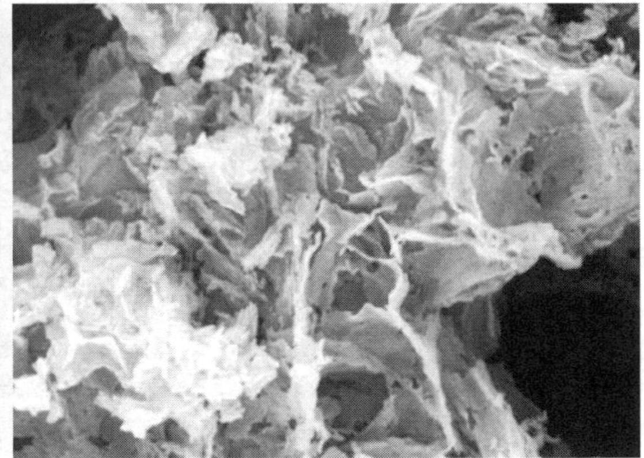

图 5.20　掺入 PVA 的 PBFC 防渗浆材吸附试验后 SEM 图

从图 5.19 和图 5.20 可知，对渗滤液中有害成分起到吸附阻滞作用的主要是膨润土和水泥水化形成的胶凝材料，而 AFt 在防渗浆材中吸附阻滞作用发挥得更强。从图 5.19 可以看出，在经过吸附阻滞试验后，未掺入 PVA 的防渗浆材中 AFt 晶体仍然存在，不能有效发挥好浆材的吸附阻滞作用，且 AFt 晶体存在的比例较高。从图 5.20 可以看出，在经过吸附试验后，掺入 PVA 的防渗浆材内部颗粒表面吸附了大量的渗滤液有害成分。因此，掺入了 PVA 后的防渗浆材内部比表面积增大，对渗滤液中污染成分的吸附阻滞能力更强。

PBFC 防渗浆材对 NH_4-N 的吸附阻滞作用主要表现形式：首先，PVA 中有醇羟基基团存在，会与渗滤液中的 NH_4-N 成分形成氢键，在氢键的作用下，防渗浆材的吸附效果更好；其次，膨润土经改性后由钙基膨润土向钠基膨润土转化，钠基膨润土的离子交换性和膨胀性更好，对 NH_4-N 的吸附作用更强；最后，吸附阻滞试验阶段早期的含氧硝化作用。在这些作用的共同作用下，掺入 PVA 后的防渗浆材对 NH_4-N 的吸附性能显著提高。

PBFC 防渗浆材对 COD_{cr}，BOD_5 的吸附能力增强的主要原因在于：PVA 作为有机高分子材料本身对有机物具有很强的吸附性能;PVA 中羟基通过离子交换作用进入膨润土空间,取代蒙脱石层间可交换阳离子,将膨润土内层与层之间空间撑大,从而使得膨润土的比表面积增大,提高其吸附性能;PVA 的掺入使得水泥水化更加充分,水化产物中 C-S-H 胶凝成分增加,而 AFt 成分减少,从而使得防渗浆材的吸附性能增强。

此外,PBFC 防渗浆材在进行吸附阻滞试验时,通过吸附在膨润土表面的 PVA 分子空间的卷扫作用使得重金属离子由渗滤液向膨润土表面移动,进而通过黏土颗粒的静电引力被吸附到改性膨润土表面,改性膨润土颗粒表面吸附的阳离子再与重金属离子进行离子交换,从而使得 PBFC 防渗浆材对重金属离子的吸附阻滞性能得以增强。

4) NBFC 防渗浆材吸附机理的微观分析

对 NBFC 防渗浆材固结体试样进行烘干、破碎、取样,通过 SEM 电镜扫描试验观察浆材固结体凝结后的内部结构,NBFC 浆材固结体试样吸附试验前的 SEM,如图 5.21 所示;NBFC 防渗浆材固结体吸附试验后的 SEM,如图 5.22 所示。

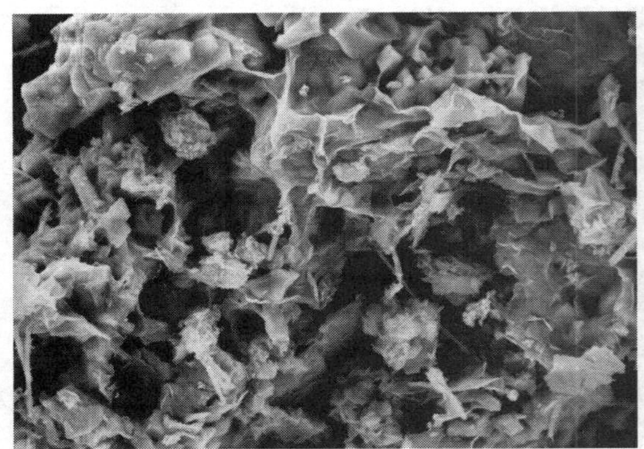
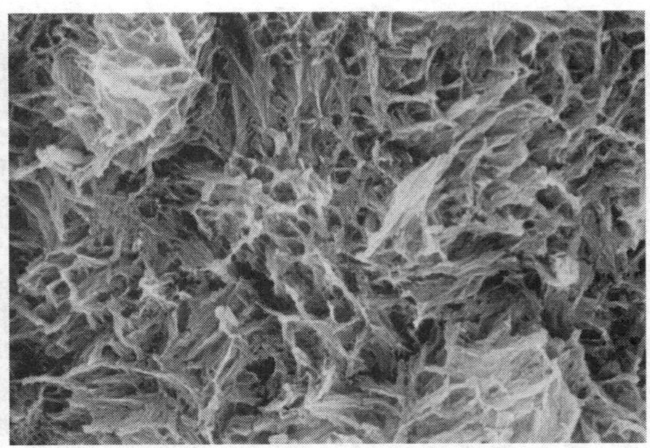

图 5.21　NBFC 浆材固结体试样吸附试验前的 SEM 图

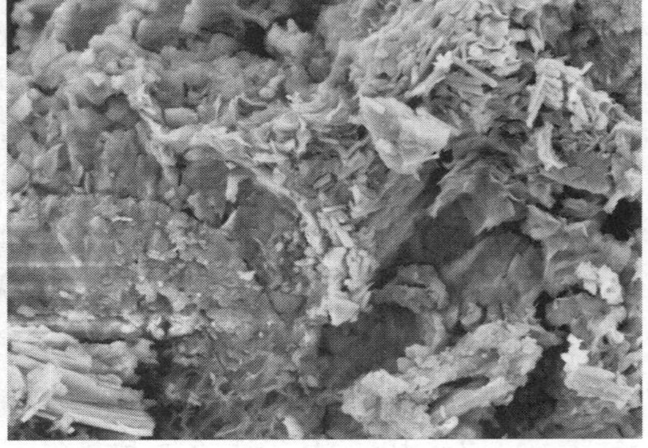

图 5.22　NBFC 防渗浆材固结体吸附试验后的 SEM 图

从以上 SEM 图分析可以看出,经羧甲基纤维素钠改性的 NBFC 浆材固结体层间域空间巨大,具有较强的吸附能力,在经垃圾渗滤液吸附试验后并未发生收缩、絮凝等破坏现象,其性能保持完好。NBFC 浆材固结体凝结的过程,主要是水泥在活性物介质-膨润土的围绕下进行的，水泥通过水化反应，生成不溶于水的水化硅酸钙凝胶体，逐渐构成强度很高的空间网状结构，形成的钙矾石则会填充空间网络结构，使结构密实牢固。并且膨润土本身也是一种多孔网状黏土，其主要矿物成分为蒙脱石，结构为 $Na_{0.7}(Al_{3.3}Mg_{0.7})Si_8O_2(OH)_4 \cdot nH_2O$。膨润土表面积较大，具有良好的吸附性、体积膨胀性、分散性及离子交换能力。膨润土在水化后体积可膨胀到原来的 10～30 倍，形成稳定的凝胶体，对水泥材料内部大量的气孔进行填充，从而大幅度地降低浆材固结体的渗透系数。

可以认为防渗浆材固结体通过两种方式对渗滤液进行吸附阻滞。一是，浆材固结体可通过其内部膨润土的结构优势和吸附特性对污染物进行吸附；二是，由于膨润土具有较小的渗透系数，渗滤液通过浆材固结体需要较长的时间，因此渗滤液中的污染物中渗透过浆材固结体时，会在浆材固结体中缓慢沉积，从而达到阻滞的效果。

NBFC 防渗浆材在凝结后表面会形成一层透明、致密的薄膜，可以有效降低浆材固结体的渗透系数，其表面特征如图 5.23 所示。垃圾填埋场内环境复杂，污染物种类繁多，防渗墙内壁极易受到纯有机液体、油类和高浓度渗滤液的侵蚀，发生收缩和絮凝等现象，破坏防渗墙的部分功能，而经改性形成的致密薄膜可以包裹住防渗墙内壁，起到一定的阻隔效果，缓解渗滤液对防渗墙的侵蚀作用，延长了垃圾填埋场的使用寿命。

图 5.23　NBFC 防渗浆材固结体的表面特征

膨润土钠化是通过提膨润土中 Na^+ 的浓度来实现的，原理是 Na^+ 与蒙脱石结构中的硅铝结合强度高，可与其他较大的离子进行置换。经钠化处理后原本的钙基膨润土转变为钠基膨润土，大大提高了膨胀系数和吸水量，使膨润土对水泥骨架的填充更为密实，临界孔径减小，渗透系数随之减小，对渗滤液中污染物的沉积作用更为明显。经钠化后膨润土的交换性阳离子含量可从原来的 600 mL/kg 提升至 750～1 000 mL/kg，增强了对渗滤液中重金属离子的交换能力。浆材配比中的 Na_2CO_3，可作为碱激发剂。在碱激发剂的作用下，形成高聚合度的类沸石凝胶，相比于普通水泥的水化形成的硅酸钙凝胶（主要成分为二聚体和少量低聚体），具有更加优异的抗收缩性和密封性，可增强防渗浆材固结体对渗滤液中污染物的沉积作用。

羧甲基纤维钠中羟基通过离子交换作用进入膨润土空间，取代部分蒙脱石晶层间可交换的离子,使膨润土具有更大的比表面积,增强其对污染物的吸附能力。渗滤液中的重金属离子会与羧甲基纤维素钠产生化学弱离子反应,形成羧甲基纤维素钠与重金属离子结合的产物,产生沉淀,从而实现对渗滤液中重金属离子的吸附作用。羧甲基纤维素钠中的羟基还会与 NH_4-N 形成氢键,对 NH_4-N 进行吸附。随着垃圾填埋场运营时间的增长,渗滤液逐渐趋于强碱性,羧甲基纤维素钠会与强碱性的渗滤液发生置换反应,减轻渗滤液对浆材固结体内部的侵蚀作用,保证对渗滤液污染物沉积作用的可持续性。

5.5 防渗浆材的抗侵蚀性能实验研究

1)研究目的

垂直防渗墙由于长期处于各种地下水质及垃圾渗滤液的侵蚀作用下,墙体本身如果材料不合适会与污染物中成分发生反应,从而防渗墙体耐久性直接影响墙体抗渗性能的发挥,为了确定浆材固结体的耐久性,应对具有代表性的浆材固结体做耐久性实验。

由于垃圾填埋场防渗墙长期处于成分复杂、性质难以确定的垃圾渗滤液的作用下,因而仅从渗透系数、吸附阻滞性能来评价浆材结石体的抗渗性能是不够的。为满足垃圾场防渗墙的使用年限要求,浆材固结体对垃圾渗滤液的抗侵蚀性能也是一个不可忽视的重要指标,需要通过渗滤液浸泡试验来进一步评价防渗浆材固结体能否满足要求。

2)PBFC 防渗浆材结石体的耐久性实验

(1)实验方法

PBFC 防渗浆材耐久性实验试块,采用正交实验表 2.14 中的第五组配方(水泥 20%、膨润土 22%、粉煤灰 18%、聚乙烯醇 0.2%、无水碳酸钠 0.8%、聚羧酸高效减水剂 0.03%,其余为水),采用在标准养护条件下龄期为 28 d 的试块分别放入某垃圾填埋场的垃圾渗滤液、人工配制的酞酸酯溶液、重金属离子溶液、自来水等 4 种溶液中进行长期侵蚀实验。其具体方法为:将养护龄期为 28 d 的试块吸干表面水分,称过质量后放入装有相应的溶液烧杯中,并定期取出试块测定试块质量,以其质量改变量来研究其抗侵蚀性能。

(2)实验结果

防渗浆材固结体在不同溶液浸泡过程中的表观性质的变化如图 5.24 所示。可以观察到在经不同溶液长期浸泡过程中(均大于 180 d),试块整体没有出现破坏、孔洞及散体等被侵蚀的现象,试块表面仍呈现较密实状态,仅是在垃圾渗滤液浸泡过程中试块颜色稍有变化,且对浸泡后的部分试块进行无侧限抗压强度试验,证实经浸泡后试块强度未发生明显变化。

PBFC 浆材固结体试块在 56 d 浸泡过程中的质量变化情况见表 5.27。试块质量改变量(相对于初始质量)随时间的变化如图 5.25 所示。由曲线整体走势可知,除去初期的质量变化情况，试块在垃圾渗滤液作用下，曲线斜率最大，说明在成分比较复杂、性质难以确定的垃圾渗滤液作用下，试块相对质量改变量最大，垃圾渗滤液对浆材固结体试块侵蚀性最大；而在重金属离子溶液和酞酸酯溶液作用下，曲线斜率基本为零，说明试块对其具有极强的抗侵蚀性。

(a) 试块初始状态

(b) 试块浸泡过程中

(c) 试块浸泡56 d后状态

图 5.24　被浸泡试块的外观变化

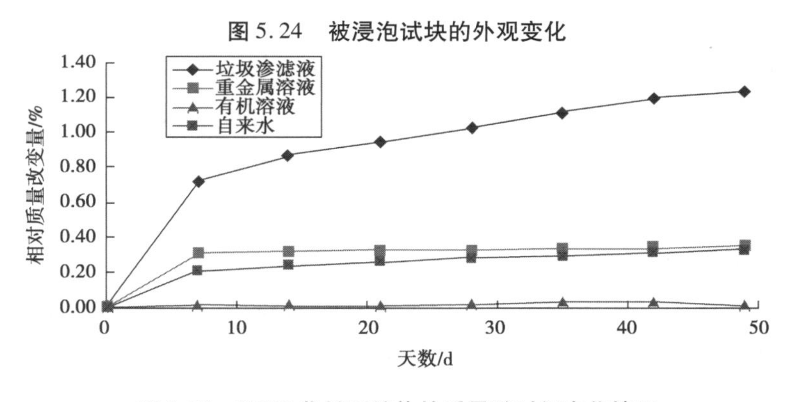

图 5.25　PBFC 浆材固结体的质量随时间变化情况

表 5.27　PBFC 浆材固结体抗侵蚀结果

时间/d	侵蚀溶液							
	垃圾场渗滤液		重金属溶液		有机溶液		自来水	
	质量/g	质量改变量/%	质量/g	质量改变量/%	质量/g	质量改变量/%	质量/g	质量改变量/%
0	132.50	0	145.30	0	139.80	0	144.60	0
7	133.45	0.72	145.75	0.31	139.82	0.01	144.90	0.21

续表

时间/d	侵蚀溶液							
	垃圾场渗滤液		重金属溶液		有机溶液		自来水	
	质量/g	质量改变量/%	质量/g	质量改变量/%	质量/g	质量改变量/%	质量/g	质量改变量/%
14	133.65	0.87	145.76	0.32	139.81	0.01	144.94	0.24
21	133.75	0.94	145.77	0.32	139.81	0.01	144.97	0.26
28	133.87	1.03	145.77	0.32	139.82	0.01	145.01	0.28
35	133.97	1.11	145.78	0.33	139.84	0.03	145.02	0.29
42	134.08	1.19	145.79	0.34	139.84	0.03	145.05	0.31
49	134.13	1.23	145.80	0.34	139.81	0.01	145.08	0.33

在垃圾渗滤液浸泡下的试块质量改变量最大，重金属溶液次之，其次为自来水与人工配制有机溶液（酞酸酯溶液）；在经过聚乙烯醇改性后的 PBFC 防渗浆材试块对于有机物具有较强的抗侵蚀能力；与此同时，针对酞酸酯溶液而言，试块质量基本未发生变化，说明处于酞酸酯溶液中的试块吸水作用较弱或再次发生水化反应。最后，针对重金属溶液及酞酸酯溶液，试块除初期的吸水而造成试块质量增加，后期试块质量基本不变，说明 PBFC 防渗浆材针对重金属及有机污染均有非常优越的抗侵蚀及耐久性；试块无论是在垃圾填埋场渗滤液、Hg 和 Pb 等形成的重金属溶液还是有机溶液，改性防渗浆材固结体对其都有较强的抗侵蚀能力，其质量改变量均不超过 1%，并且浸泡后的各试块都未出现被侵蚀现象及特征。

实验证明，PBFC 防渗浆材固结体在垃圾渗滤液、酞酸酯溶液以及重金属溶液的侵蚀作用下具有很好的稳定性、耐腐蚀性能，完全可以达到防渗墙耐久性指标要求。

（3）抗侵蚀机理分析

对于垃圾填埋场渗滤液，相比其他组分而言，防渗浆材试块除初期质量增长较大外，后期试块质量仍在增加，说明试块在处于垃圾渗滤液侵蚀下发生某种反应，使试块空间结构发生变化。首先，垃圾渗滤液成分复杂，渗滤液中污染成分导致改性防渗浆材试块的空间结构破坏，造成较大的孔洞。其次，渗滤液呈弱碱性，同时试块自身也处于弱碱环境，这些因素环境为重金属离子提供了$(OH)^-$离子，从而生成沉淀，填充于试块空隙之间或附着在固结体表面。最后，渗滤液中存在各种酸根［如 SO_4^{2-}，$(OH)^-$］离子，可与有机化膨润土-水泥防渗浆材固结体产生反应，使得水泥与膨润土之间结合性变差，固结体内部发生膨胀现象，导致其内部孔隙增大，从而使得大量的沉淀、颗粒物以及水溶液填充在孔隙间导致其质量有所增加。

对处于 Hg 和 Pb 形成的重金属溶液浸泡下的浆材固结体，浆材试块质量除初期的吸水原因造成的质量增加外，后期试块质量基本未发生变化，说明试块结构特性稳定，对重金属溶液具有良好的抗侵蚀性能。而未经过有机化改性的防渗浆材固结体试块，在重金属溶液的作用下，试块质量总体呈增大趋势，这主要是重金属离子对未经有机化改性的浆材试块的空间结构造成的破坏而形成孔隙结构，从而使得沉淀离子以及微颗粒充填其中造成试块质量增加。

对于酞酸酯溶液而言，试块在浸泡过程中质量改变量最小，几乎未发生变化。由于浆材中的膨润土是经聚乙烯醇有机化改性而得的，而酞酸酯溶液中的邻苯二甲酸二甲酯、邻苯二甲酸二辛酯等成分性质与其可以共存，不会影响其空间结构。与此同时，固结体试块特殊配置，使得处于有机环境下的试块水化反应速度减缓，因而在有机溶液侵蚀下的浆材试块质量改变量不大。

对处于自来水侵蚀环境下的试块，防渗浆材固结体在水中浸泡后质量有所增加，这是因为养护后的固结体与水接触后，固结体重新吸收水分，含水率增加，同时也存在微弱水化现象，使得试块质量有所增加且质量变化量大于在有机溶液侵蚀下的情况。

3）其他防渗浆材的耐久性实验

为了确定BFC，BFCF，NBFC等浆材结石体的耐久性，根据垃圾填埋场运行中防渗墙的工作环境，采用pH值为4的酸性液体和地下水（井水）对该类浆材结石体进行长时间的浸泡实验，如图5.26所示。浸泡实验证明BFC，BFCF，NBFC浆材结石体对酸性液体和地下水的侵蚀具有很好的稳定性和耐久性。经渗滤试验过后的浆材结石体表面覆满絮凝状有害物质，如图5.27所示。

图5.26　地下水浸泡240 d的试样

图5.27　渗滤试验过后的试样

5.6　研究结论

①水泥会产生水化并生成凝胶材料，凝胶材料在膨润土颗粒间起胶结和填充作用，水泥掺量越大，生成的凝胶材料越多，填充作用越显著，防渗浆材的临界孔径越小，渗透系数随之减小。随着膨润土掺量的增加，由于膨润土的膨胀性，使得防渗浆体固结体中的大孔隙减

小,微孔隙增多,防渗浆临界孔径进一步减小,防渗浆材的渗透系数随之降低。

②对于 PBFC 防渗浆材,在碳酸钠和聚乙烯醇掺量增大时,膨润土的吸水膨胀性增强,晶层结构空间增大,浆材结构内部小孔径数量较多,防渗浆材内部连通路径数量大大增加,使得防渗浆材的临界孔径增大,导致防渗浆材渗透系数增大。此外,膨润土吸水膨胀后可以填充浆料内部的孔隙,进一步降低渗透系数。

③PBFC 防渗浆材对重金属溶液以及酞酸酯溶液中各成分的吸附阻滞性能均较高,特别对其中的邻苯二甲酸二辛酯、吸附阻滞性更强。随着 PVA 的加入,浆材的渗透系数显著降低,并且随着 PVA 用量的增加而趋于稳定。PVA 掺量为 1.5 g/L 时,防渗浆材的渗透系数最小。这是由于 PVA 能促进水泥的水化过程,从而产生大量的醇羟基与水泥的水化产物相互作用,最终改变水化产物的形成和形态,水化产物的填充效果会使得防渗浆材固结体更加致密,渗透系数也随之降低,最低可达 0.7×10^{-8} cm/s。

④PBFC 和 NBFC 防渗浆材吸附阻滞作用非常强,经该类浆材渗滤后,其垃圾场渗滤液中有害成分的浓度达到了《城市生活垃圾填埋场污染控制标准》的要求,无须经过进一步加工处理。随着 PVA(或 Na-CMC)的掺入,经过吸附试验后收集的渗滤液污染物中 NH_4-N,COD_{cr},BOD_5 等成分的浓度显著降低。

⑤因防渗浆材中有 PVA 羟基基团(或 Na-CMC 羟基基团)的存在,会与渗滤液中的 NH_4-N 成分形成氢键,从而增强防渗浆材对 NH_4-N 的吸附作用。而 PVA(或 Na-CMC)中羟基通过离子交换作用进入膨润土空间,取代蒙脱石层间可交换阳离子,将膨润土内层与层之间空间撑大,从而使得膨润土的比表面积增大,提高其对 COD_{cr}和 BOD_5 的吸附性能。在膨润土离子交换作用和 PVA(或 Na-CMC)分子空间分子卷扫作用的共同作用下,防渗浆材对重金属离子的吸附能力也得到增强。PBFC 和 NBFC 防渗浆材对铅、汞等重金属离子的吸附阻滞率接近 100%。

⑥通过 PBFC 防渗浆材固结体的浸泡实验研究可知,在垃圾渗滤液浸泡下的试块质量改变量最大,重金属溶液次之,其次为自来水与人工配制酞酸酯溶液;在重金属离子溶液和酞酸酯溶液作用下,曲线斜率基本为零。PBFC 防渗浆材试块针对重金属及有机污染物均有非常优越的抗侵蚀及耐久性;试块无论是在垃圾填埋场渗滤液、Hg 和 Pb 等形成的重金属溶液还是酞酸酯溶液的侵蚀作用,其质量改变量均不超过 1%。浸泡实验证明 BFC,BFCF,PBFC,NBFC 等防渗浆材结石体对酸性液体和地下水的侵蚀具有很好的稳定性、耐久性及耐腐蚀性能,完全可以达到防渗墙耐久性指标要求。

参考文献

[1] 张延玲,丁选明,刘汉龙,等. 重庆某废铅冶炼厂重金属污染土壤微观结构特性研究[J]. 防灾减灾工程学报,2018,38(5):809-814.

[2] KARAOGLU S, OZHAN H O, GULER E. Hydraulic performance of anionic polymer-treated bentonite-granular soil mixtures[J]. Applied Clay Science, 2018, 157: 139-147.

[3] MALUSIS M A, NORRIS A, Di EMIDIO G, et al. Modified bentonites for soil-bentonite cutoff wall applications with hard mix water[J]. Applied Clay Science, 2018, 158: 226-235.

[4] GARVIN S L, HAYLES C S. The chemical compatibility of cement-bentonite cut-off wall material[J]. Construction and Building Materials, 1999, 13(6): 329-341.

[5] SMITH L A, BARBOUR S L, HENDRY M J, et al. A multiscale approach to determine hydraulic conductivity in thick claystone aquitards using field, laboratory, and numerical modeling methods[J]. Water Resources Research, 2016, 52(7): 5265-5284.

[6] 刘学贵,王跃冲,邵红,等.改性膨润土作为垃圾渗透液防渗层的实验研究[J].环境工程学报,2013,7(11): 4513-4518.

[7] 刘志刚,张彩文,杨克锐.聚乙烯醇对土聚水泥强度的影响及机理[J].河北理工学院学报,2006,28(4): 93-96.

[8] 中华人民共和国环境保护部.生活垃圾填埋场污染控制标准: GB 16889—2008[S].北京:中国环境科学出版社,2008.

[9] DAI G Z, ZHU J, SHI G C. Analysis on the basic properties of PBFC anti seepage slurry in landfill[J]. Applied Ecology and Environmental Research, 2018, 16(6): 7657-7667.

[10] HUANG X, XIAO K, SHEN Y X. Recent advances in membrane bioreactor technology for wastewater treatment in China[J]. Frontiers of Environmental Science & Engineering in China, 2010, 4(3): 245-271.

[11] 董兴玲,董书宁,王宝,等.土工合成黏土衬垫对煤矸石渗滤液中 Zn^{2+} 和 Mn^{2+} 的吸附特性[J].煤炭科学技术,2017(12): 7-12.

[12] 吕斌,杨开,周培疆,等.晚期垃圾渗滤液实现短程硝化影响因素分析[J].哈尔滨工业大学学报,2006,38(6): 931-933, 989.

[13] HASSAN M, XIE B. Use of aged refuse-based bioreactor/biofilter for landfill leachate treatment[J]. Applied Microbiology and Biotechnology, 2014, 98(15): 6543-6553.

[14] 周冰.改性水泥-膨润土垂直阻截墙防渗性能和抗侵蚀能力的研究[D].长春:吉林大学:2013.

[15] 刘数华,方坤河.粉煤灰对水工混凝土抗裂性能的影响[J].水力发电学报, 2005,24(2):73-76.

[16] 俞铁明. 改性膨润土在废水污染物处理和回收利用中的应用研究[D]. 杭州:浙江大学,2014.

[17] DAI G Z, SHENG Y M, LI S J, et al. Experimental study on mechanical properties of anti-seepage slurry in landfill[J]. Modern Physics Letters B,2018,32(34-36):1-7.

[18] DAI G Z,SHENG Y M,PAN Y T,et al. Application of a bentonite slurry modified by polyvinyl alcohol in the cut-off of a landfill[J]. Advances in Civil Engineering,2020(2):1-9.

第 6 章　防渗浆材与原状土拌合实验研究

6.1　研究目的

将所研制的防渗浆材与垃圾填埋场周边原状土进行拌合，在满足垃圾填埋场防渗要求的前提下，充分利用周边天然的条件，降低工程造价，并为防渗墙工程施工提供可借鉴的经验，对于采用高压喷射注浆法和深层搅拌法施工防渗墙，通过拌合土实验，可以确定浆材的适用性和最佳注浆比例。

6.2　土样采取及试样制备

将经羧甲基纤维素钠改性的膨润土防渗浆材与垃圾填埋场周边原状土进行拌合，在满足垃圾填埋场防渗要求的前提下，充分利用周边天然的条件，降低工程造价，并为将来拌合土工程的施工提供可借鉴的经验。

1) 土样采取

在常州某垃圾场采取的粉质黏土，其原状土的物理性质见表 6.1。

表 6.1　粉质黏土原状土的物理性质

重度 γ /(kN · m^{-1})	黏聚力 c /kPa	内摩擦角 φ /(°)	工程性质
19.1	33.8	17.2	灰黄色，可塑，粉质含量较高，无摇振反应，干强度中等，韧性中等，为中等压缩性土

采用土壤烘干机和土壤筛对原状土进行处理，处理要求如下：

①将土样破碎后装入不锈钢盘中，放入土壤烘干箱，将烘箱温度设置为 105 ℃进行烘干

处理。不同块状粉质黏土含水率相差较大，为了方便粉质黏土在试验中掺量的计算，减少误差，需将其破碎、烘干水分。

②每间隔一段时间测量一次土样的质量，直到土样的质量不再变化将其取出，将土样中较为明显的杂物去除。

③采用土壤筛对土样的粒径进行筛分，此步骤为去除掉土样中黏聚成团的黏土和部分砾石杂质。如果将未处理的粉质黏土直接加入浆材中进行搅拌，在实验室条件下难以搅拌，浆材组分无法均匀分布，浆材固结体中会形成较大颗粒的粉质黏土块状物，对浆材固结体的无侧限抗压强度和渗透系数均会造成较大的影响。选择 10，5，2，1，0.5 mm 孔径的筛盘进行筛分，将烘干后的土样倒入其中 10 mm 的筛盘中，盖上后进行震摇，此过程一般为 10～15 min。

④摇震结束后，将 0.5 mm 筛盘中的粉质黏土土样取出，此时的土样中杂质含量较少，土样颗粒松散，无黏聚成团的现象，从而呈现出灰黄色。

2）试样制备

在前述 NBFC 防渗浆材的实验基础上采用的浆材基础配比为：水泥 210 g/L，膨润 220 g/L，碳酸钠 2.0 g/L，羧甲基纤维素钠 1.5 g/L，粉煤灰 160 g/L，聚羧酸减水剂 3 g/L。首先，对膨润土进行钠化处理和改性，并静止 8 h 以上。待改性完成后，将水泥与处理好的粉质黏土混合加入，并用电动搅拌机进行搅拌，使粉质黏土与浆材中各组分分布均匀。

将充分搅拌的拌合土浆材分别倒入模具中，形成拌合土浆材无侧限抗压强度试样和渗透性能试样，如图 6.1、图 6.2 所示。采用电子万能压力机和变水头渗透仪对浆材试样进行性能测试。

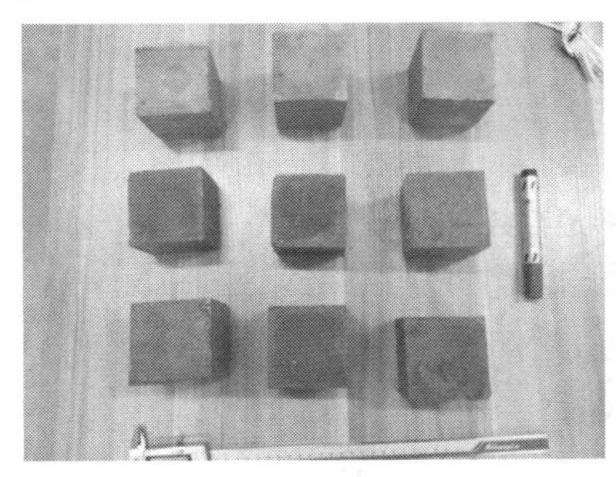

图 6.1　测试拌合土浆材无侧限抗压强度试验的试样

图 6.2　测试拌合土浆材渗透试验的试样

6.3　试验方案及数据分析

在 NBFC 防渗浆材的基础配比上，再加入粉质黏土土样，通过改变粉质黏土的掺量分析其对拌合土浆材渗透性能的影响。将每升防渗浆材中的粉质黏土的掺量从 50 g 增至

250 g,实验结果见表 6.2。

表 6.2　不同掺量粉质黏土对试样渗透系数的影响

编号	粉质黏土掺量/(g·L^{-1})	渗透系数/(cm·s^{-1})	
		14 d	28 d
A1	50	5.10E-6	1.70E-8
A2	100	1.30E-5	4.90E-8
A3	150	2.20E-5	7.40E-8
A4	200	2.90E-5	1.20E-8
A5	250	3.70E-5	1.90E-7

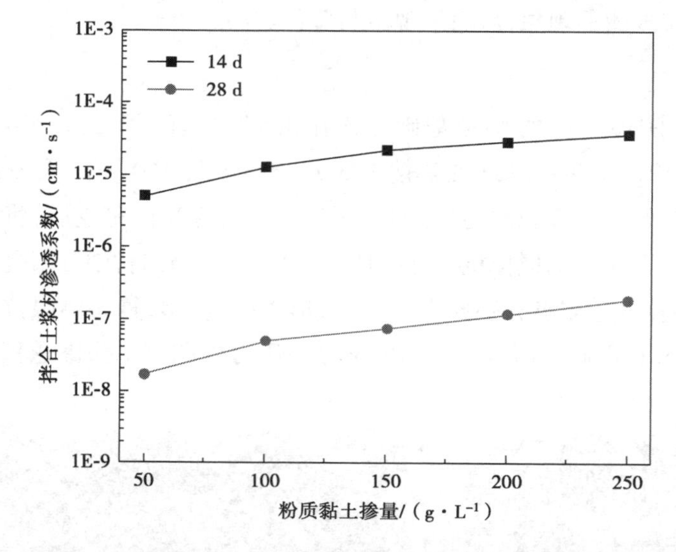

图 6.3　不同掺量粉质黏土对浆材固结体渗透系数的影响曲线

根据表 6.2 绘制的拌合土浆材渗透系数随粉质黏土掺量的变化曲线,如图 6.3 所示。由图 6.3 分析可知,拌合土浆材的渗透系数随着粉质黏土掺量的增加而逐渐增大。粉质黏土的掺量从 50 g/L 增至 250 g/L,拌合土浆材 14 d 的渗透系数增至 3.19×10^{-5}cm/s,拌合土浆材 28 d 的渗透系数由 0.8×10^{-8}cm/s 增至 0.9×10^{-7}cm/s。粉质黏土属于黏土,黏性土黏粒含量较多,含较多亲水性的黏土矿物,如蒙脱石、伊利石、高岭石等。虽然粉质黏土含有蒙脱石,在吸水后会发生体积膨胀,具有透水性弱的特点,但相比于经羧甲基纤维素钠改性的膨润土,粉质黏土中蒙脱石含量较少,且膨胀系数较小,因此粉质黏土的渗透系数较大。随着粉质黏土掺量的增加,使得渗透系数较小的膨润土占比逐渐减小,表现为浆材固结体整体的渗透系数增大。

粉质黏土的掺入对浆材的无侧限抗压强度也有一定的影响。黄天勇等在水泥浆材中掺入黏土,探究黏土掺量对浆材抗压强度的影响,指出当黏土的掺量小于 4% 时,对浆材的抗压强度几乎无影响;当浆材的掺量大于 4% 时,浆材的抗压强度随着黏土掺量的增加呈现明显的降低趋势。为了探究粉质黏土对 NBFC 防渗浆材的无侧限抗压强度影响,在防渗浆材的基础配比上,再加入粉质黏土,控制每升防渗浆材中额外的粉质黏土的掺量从 50 g 增至 250 g。试验结果见表 6.3。

表 6.3　不同掺量粉质黏土对试样无侧限抗压强度的影响

编号	粉质黏土掺量 /(g·L^{-1})	无侧向抗压强度/MPa	
		14 d	28 d
A1	50	0.406	0.617
A2	100	0.382	0.565
A3	150	0.379	0.526
A4	200	0.354	0.443
A5	250	0.339	0.378

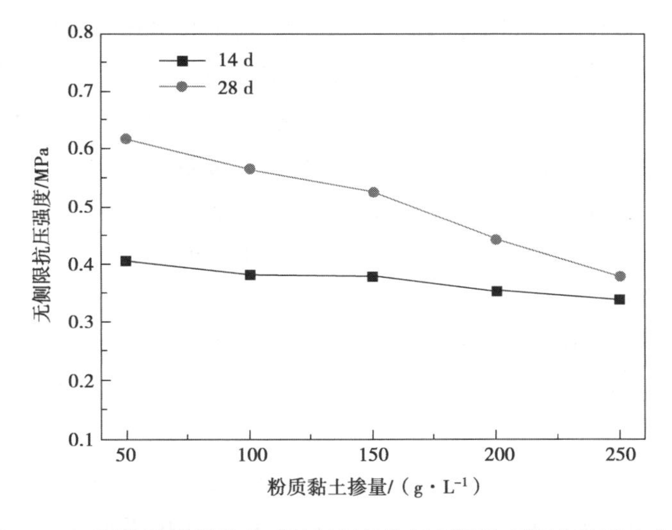

图 6.4　不同掺量粉质黏土对浆材固结体无侧限抗压强度的影响曲线

根据表 6.3 绘制的拌合土浆材无侧限抗压强度随粉质黏土掺量的变化曲线,如图 6.4 所示。由图 6.4 可知,拌合土浆材的无侧限抗压强度随着粉质黏土掺量的增加而逐渐降低。粉质黏土的掺量从 50 g/L 增至 250 g/L,拌合土浆材的 14 d 无侧限抗压强度从 0.446 MPa 降低到 0.339 MPa,降低了 0.107 MPa,曲线呈现逐渐缓和的趋势。在 14 d 时,浆材内部结构发育不完全,整体结构的无侧限抗压强度较低,并且此时拌合土浆材内部含水量较高,粉质黏土中具有较多的黏粒和较大的黏聚力,在无侧限抗压强度试验时可以起到一定的作用,因此,在 14 d 时随着粉质黏土掺量的增加,拌合土浆材的无侧限抗压强度变化较小。在 28 d 时,粉质黏土的掺量从 50 g/L 增至 250 g/L 拌合土浆材的无侧限抗压强度降低了 0.239 MPa,曲线呈现快速下降的趋势。当浆材养护到 28 d 时,拌合土浆材内部的自由水逐渐消失,粉质黏土的黏聚力也随着减小,并且此时大量的粉质黏土会对水泥形成的空间网状结构造成过度填充，影响水泥骨架的形成，表现为 28 d 时拌合土浆材的无侧限抗压强度随粉质黏土掺量的增加而大量降低。

6.4 拌合土浆材的三轴剪切试验

垃圾填埋场垂直防渗墙设置通常依据山谷地势设置，尽管不需要承担太大的竖向荷载，但在场内堆填垃圾和重力的作用下，受一定的剪切应力的影响，墙体会发生水平位移。在防渗浆材中添加粉质黏土对浆材固结体的抗剪强度具有一定的影响，因此，为了使拌合土浆材满足垃圾填埋场的使用要求，确保不发生失稳的事故，需要对拌合土浆材固结体的抗剪强度进行进一步试验。

1）试验步骤及试样制备

采用三轴应力应变仪对浆材的抗剪强度进行测试，试验步骤如下：

①经破碎、烘干、筛分的粉质黏土与水泥、粉煤灰等加入改性完成的膨润土烧杯中，经电动搅拌机充分搅拌，待浆材组分分布均匀，浆液中无气泡后，将浆材倒入 61.8 mm × 120 mm 的已经在内壁均匀涂抹凡士林的模具中，此时浆材应尽量多浇筑，以应对浆材凝结后的收缩现象。待浇筑完成后用抹刀对模具中的浆液进行捣动，此步骤一方面可以将浆液中剩余的气泡引出；另一方面可以检测浆液中是否发生粉质黏土黏聚成块的现象，避免对拌合土浆材的三轴试验造成影响。

②待浆材固结体有一定强度后进行拆模，并置于水中养护待用。

③养护 28 d 后使用抹刀对浆材固结体的上下截面进行修整，使其可以更好地贴合三轴应力应变仪的装样室。

④采用不排水不固结试验（UU 试验）对浆材固结体的抗剪强度进行试验。设置仪器以按剪切速率模式采集试验数据，剪切速率为 1 mm/min，采用单级加载的方式，最大剪切量为 6 mm。在浆材固结体满足试验结束条件后，系统将自动停止试验。

⑤试验结束后，需关闭仪器排水阀，卸载围压，放出压力缸内的水，取出试样并对仪器进行清理。

2）试验方案及数据分析

试验的防渗浆材采用基础配比为水泥 210 g/L、膨润 220 g/L、碳酸钠 2.0 g/L、羧甲基纤维素钠 1.5 g/L、粉煤灰 160 g/L、聚羧酸减水剂 3 g/L，通过往浆材中加入粉质黏土，观察其对拌合土浆材固结体抗剪强度的影响。控制每升防渗浆材中额外的粉质黏土的掺量从 0 g 增至 150 g。根据拌合土浆材的实际用途及所处环境，决定采用不排水不固结试验（UU 试验），实验方案见表 6.4。得出的各组试样三轴剪切试验的应力-应变曲线如图 6.5 所示。

表6.4　拌合土浆材三轴试验方案

编号	粉质黏土掺量 /($g \cdot L^{-1}$)	膨润土掺量 /($g \cdot L^{-1}$)	水泥掺量 /($g \cdot L^{-1}$)
A0	0	0.406	0.617
A1	50	0.382	0.565
A2	100	0.379	0.526
A3	150	0.354	0.443

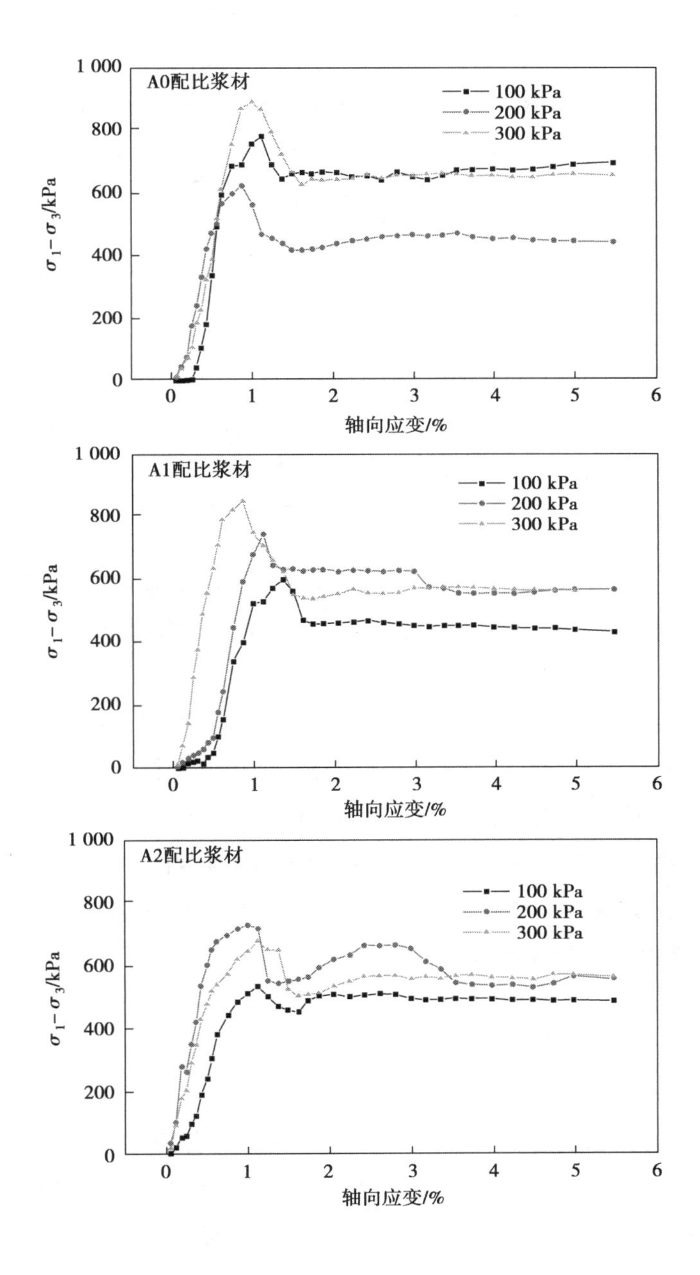

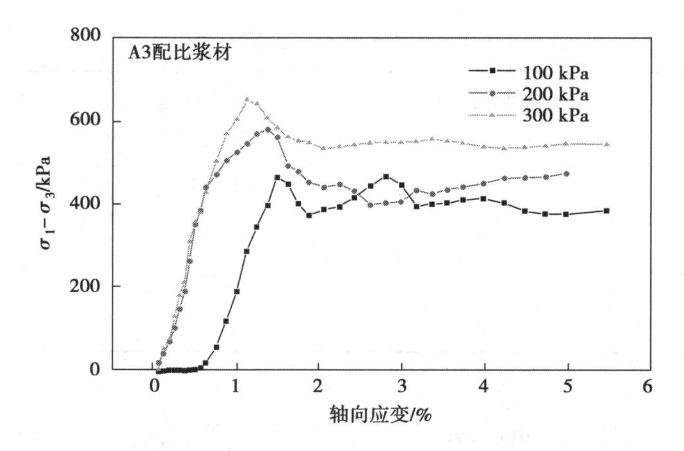

图 6.5 不同围压条件下拌合土浆材应力-应变关系的影响曲线

表 6.5 拌合土浆材在不同围压下的极限应力及对应的极限应变

编号	试验围压					
	100 kPa		200 kPa		300 kPa	
	ε_{peak}/%	$\sigma_1-\sigma_3$/kPa	ε_{peak}/%	$\sigma_1-\sigma_3$/kPa	ε_{peak}/%	$\sigma_1-\sigma_3$/kPa
A0	1.12	780	0.87	623	1.00	890
A1	1.37	594	1.12	704	0.87	849
A2	1.12	535	1.00	729	1.12	677
A3	1.49	465	1.37	578	1.12	648

各组拌合土浆材在 UU 三轴试验中的极限应力及对应极限应变值见表 6.5。由图 6.5 和表 6.5 可知,随着粉质黏土掺量的增加,拌合土浆材在不同围压下的极限应力呈现出逐渐减小的趋势。

粉质黏土的主要成分为蒙脱石、伊利石和高岭石。拌合土浆材固结体形成强度主要是水泥发生一系列的水化反应,生成水化硅酸钙胶体、水化铝酸钙胶体和氢氧化钙,在这一过程中会释放一部分的 Ca^{2+}。随着粉质黏土的加入使得浆材中的 Ca^{2+} 浓度进一步增加,而膨润土钠化是通过提高膨润土中 Na^{+} 的浓度来实现的,随着浆材中 Ca^{2+} 浓度的显著增加,部分钠基膨润土中的 Na^{+} 重新被 Ca^{2+} 替换,还原成钙基膨润土,此时的膨润土分散性和膨胀性大幅度减小,表现为浆材的抗剪性能减小。

粉质黏土成分与膨润土类似,黏性土黏粒含量较多,具有一定的膨润土替代效果。基础配比浆材中的膨润土掺量已处于较为合适的范围,对水泥形成的空间网状结构形成有效的填充,使空间骨架密实牢固。随着粉质黏土的加入,提高了塑性混凝土中黏土材料的占比,水泥骨架结构黏结力降低,造成抗剪强度降低,这与膨润土掺量过多时对水泥骨架的过度填充原理类似。粉质黏土中的黏粒可以提高拌合土浆材的抗剪强度,但是相比于对水泥骨架黏结力的影响作用显得较为不明显,因此,随着粉质黏土掺量的增加,浆材的抗剪强度呈现减小趋势。拌合土浆材试样在UU三轴试验时发生的剪切破坏形态如图6.6所示。

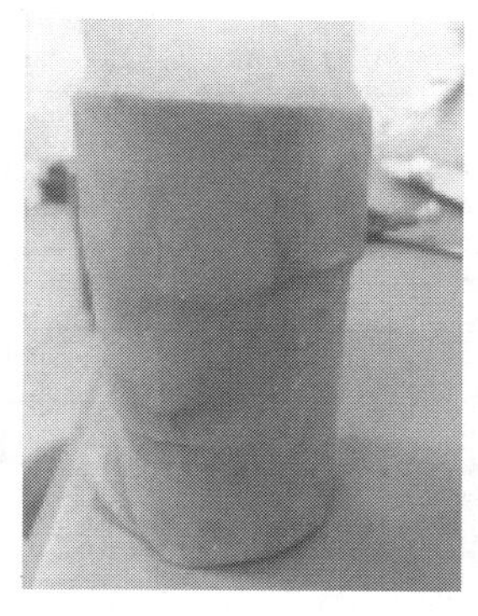
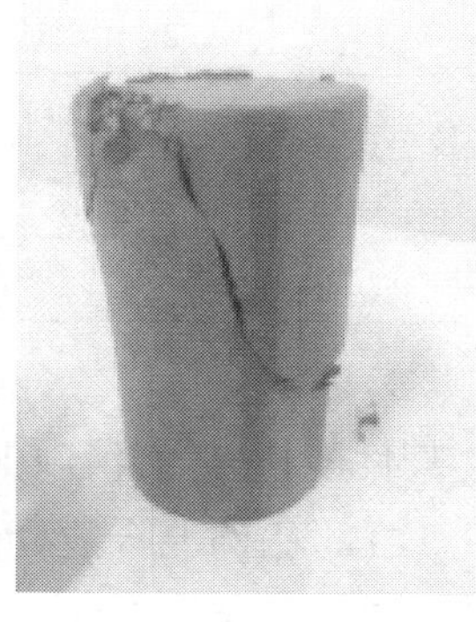

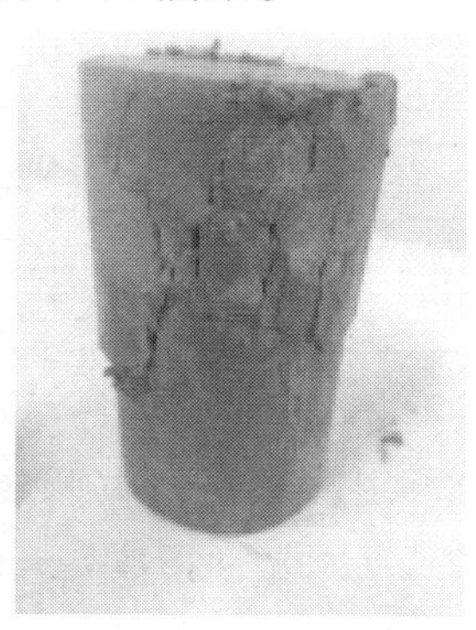

图6.6　拌合土浆材试样剪切破坏形态

分析图6.6可知，试块发生的破坏形式为典型剪切破坏和劈裂剪切破坏。该剪切破坏的特征是从试块的一端45°～60°倾角出现的一条裂缝，倾斜贯穿整个试块主体，将试块分割成两个部分；劈裂剪切破坏则是自试块的顶部位置先出现一些向下的竖直裂缝，随着作用力的增大，裂缝向下延伸，一般到试块的1/3位置处会产生斜向裂缝，最终使试块发生劈裂剪切破坏。

试块在发生典型剪切破坏和劈裂剪切破坏时都会产生自试块顶部向下延伸的张拉裂缝。随着三轴试验的进行，仪器施加的拉应力开始超过试块抗拉的极限值，试块中的张拉裂缝不断增多且逐渐延伸，试块发生剪切破坏。

6.5　BFC防渗浆材的拌合土实验

用实验优选出的N形、S形和Z形3种垃圾填埋场BFC防渗浆材与第四纪黏土进行拌合实验。其中N形是指黏土加量较大的黏土基浆材，S形是指水泥加量较大的水泥基浆材，Z形是指水泥、黏土和粉煤灰加量等值的中性浆材。N形、S形和Z形3种浆材的基础配方见表6.6。

表6.6　N形、S形和Z形3种浆材的配方

浆材类型	膨润土/g	水泥/g	粉煤灰/g	纯碱/g	NUF-5 /g	水/mL
N	120	80	110	8.5	1.5	373
S	95	160	110	6.5	1.2	356
Z	110	110	110	7.5	1.5	367

表6.7　浆土固结体渗透系数测定结果

试样编号	14 d 渗透系数/(10^{-7}cm·s^{-1})	28 d 渗透系数/(10^{-7}cm·s^{-1})
N-F	0.21	0.124
S-F	0.24	0.113
Z-F	0.23	0.125

拌合土取某垃圾场的粉质黏土,该土质的物理性能指标为:液限 $W_L=36.2\%$,塑限$W_P=21.2\%$,塑性指数 $I_P=15$。黏土与浆材按体积比 1∶1的比例混合搅拌,测定搅拌混合后养护一定时间的固结体渗透系数,具体测定结果见表6.7。由表6.7实验结果可知,对于实验优选出的N形、S形和Z形3种垃圾填埋场BFC防渗浆材,不但可以直接采用该类浆材浇注垃圾填埋场防渗墙,而且可以采用与地层土拌合的工艺方法形成垃圾填埋场防渗墙,如采用高压喷射注浆法、深层搅拌法施工防渗墙来满足防渗要求。

6.6　研究结论

①对于垃圾填埋场与NBFC防渗浆材,在浆材中掺入粉质黏土后,由无侧限抗压试验和渗透试验分析可知,拌合土浆材的无侧限抗压强度随粉质黏土掺量的增加而降低,渗透系数则略有增大。将粉质黏土的掺量从50 g/L增至250 g/L,拌合土浆材28 d无侧限抗压强度降低了0.239 MPa,降低后抗压强度仍大于0.4 MPa,拌合土浆材28 d的渗透系数由0.8×10^{-8}cm/s增至0.9×10^{-7}cm/s。说明NBFC防渗浆材掺入适量的粉质黏土后,其抗压强度和渗透系数的变化都在垃圾场防渗墙的允许范围内。将BFC防渗浆材与第四纪黏土进行拌合实验,浆土固结体28 d渗透系数仍然小于10^{-7}cm/s。

②通过拌合土浆材试块的三轴剪切试验,试块发生的破坏形式为典型剪切破坏和劈裂剪切破坏。试块在发生典型剪切破坏和劈裂剪切破坏都会产生自试块顶部向下延伸的张拉裂缝。随着三轴试验的进行,仪器施加的拉应力开始超过试块抗拉的极限值,试块中的张拉裂缝不断增多且逐渐延伸,试块发生剪切破坏。

③对于垃圾填埋场防渗浆材,采用与地层土拌合的工艺方法形成垃圾填埋场防渗墙,如采用高压喷射注浆法、深层搅拌法施工防渗墙来满足防渗要求。

参考文献

[1] 谢洪海,王玉清.羧甲基纤维素复合硅酸钙骨水泥的理化性能和体外生物活性研究[J].中国陶瓷工业,2019,26(6):5-9.

[2] OSINUBI K J, AMADI A A. Hydraulic Performance of Compacted Lateritic Soil-Bentonite Mixtures Permeated with Municipal Solid Waste Landfill Leachate[J]. Transportation Research Board 88th Annual Meeting,

2009,620(9):18-22.

[3] 中华人民共和国住房和城乡建设部. 生活垃圾卫生填埋封场处理技术规范:GB 51220—2017[S]. 北京：中国计划出版社，2017.

[4] 中华人民共和国住房和城乡建设部. 生活垃圾卫生填埋处理技术规范:GB 50869—2013[S]. 北京：中国建筑工业出版社，2014.

[5] 中华人民共和国住房和城乡建设部. 生活垃圾卫生填埋场岩土工程技术规范:CJJ 176—2012[S]. 北京：中国建筑工业出版社，2012.

[6] ROYAL A C D, MAKHOVER Y, MOSHIRIAN S, et al. Investigation of Cement-Bentonite Slurry Samples Containing PFA in the UCS and Triaxial Apparatus[J]. Geotechnical & Geological Engineering, 2013, 31(2):767-781.

[7] HERRICK C G, PARK B Y, HOLCOMB D J. Extent of the Disturbed Rock Zone Around a WIPP Disposal Room[J]. Endoscopy, 2009, 32(10):S61.

[8] 刘学贵,刘长风,邵红. 改性膨润土作为垃圾填埋场防渗材料的研究[J]. 新型建筑材料,2010,37(10):56-58.

[9] 史兵方，左卫元，仝海娟，等. 改性膨润土对水体中多环芳烃的吸附[J]. 环境工程学报，2015，9(4):1680-1686.

[10] 陈永贵，叶为民，张可能. 填埋场粘土类防渗系统研究进展[J]. 工程地质学报，2008，16(6):780-787.

[11] 靖向党，于波，谢俊革，等. 城市垃圾填埋场防渗浆材的实验研究[J]. 环境工程,2009,27(1):70-73.

[12] DAI G Z, ZHU J, SHI G C. Analysis of the Properties and Anti-Seepage Mechanism of PBFC Slurry in Landfill[J]. Structural Durability & Health Monitoring, 2017,11(2):169-190.

[13] 章泽南,代国忠,史贵才,等. 垃圾填埋场改性膨润土浆材力学性能研究[J]. 硅酸盐通报,2020,39(1):137-143.

[14] 王营彩，代国忠，蒋晓曙，等. 改性膨润土防渗浆材的性能研究[J]. 水电能源科学，2015，33(6):123-125.

[15] DAI G, ZHU J, SHI G C. Analysis on The Basic Properties of Pbfc Anti seepage Slurry in Landfill[J]. Applied Ecology & Environmental Research, 2018, 16(6):7657-7667.

[16] 王旻烜，张佳，何皓，等. 城市生活垃圾处理方法概述[J]. 环境与发展，2020，32(2): 51-52.

第 7 章　防渗墙体应力与变形的数值分析

7.1　研究目的

针对目前垃圾填埋场垂直防渗墙受力变形及位移的问题，主要通过建立墙体的室内实体模型，对防渗墙非线性应力变形进行数值分析。

以工程现场地质条件为基础，在室内环境建立等比例微缩模型，并在其中埋设应力、应变传感器来收集应力、应变及位移信息，要求模型建立要尽量符合工程实际情况。

通过使用有限元分析软件建立三维有限元模型，确定模型边界条件，并对模型进行网格化划分，设定模型接触参数等变量。分析有限元分析结果并对比实体模型数据，建立起符合度较高的墙体应力-应变关系数学模型，估算出墙体水平位移、最大主应力和最小主应力的变化规律，从而为垃圾填埋场防渗工程设计和施工提供参考。

7.2　防渗墙模型的设计与制作

1）模型的设计

（1）模型槽箱体

为模拟垃圾填埋场防渗墙的受力情况，实验采用钢板围成的矩形模型槽，其净空间尺寸长 360 cm、宽 320 cm、高 200 cm。模型箱体及模具板均采用 3 mm 厚加肋钢板，模型箱底忽略地基性质的影响，采用 1 cm 厚钢板模拟刚性地基。在模型箱内浇筑矩形防渗墙，墙宽 25 cm、高 200 cm，防渗墙周边填筑土体厚度为 150 cm，如图 7.1 所示。

（2）防渗墙材料及性能指标

实验采用聚乙烯醇改性膨润土的 PBFC 防渗浆材，该防渗浆材的具体配方（按每配制 1 m^3 浆材为例）为膨润土 220 kg、水泥 200 kg、粉煤灰 180 kg、聚乙烯醇 2 kg、聚羧酸减水剂 0.3 kg、碳酸钠 8 kg，其余为水。

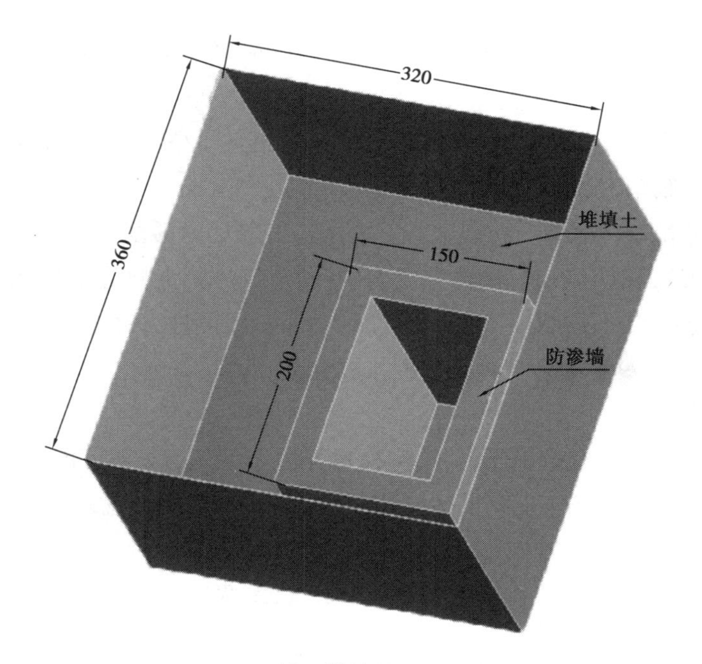

图 7.1　模型槽箱体三维示意图

实验测试拟配制浆材 7 d 龄期的平均渗透系数为 6.5×10^{-8} cm/s,28 d 龄期的平均渗透系数为 0.53×10^{-8} cm/s。《生活垃圾卫生填埋处理技术规范》(GB 50869—2013)要求防渗墙渗透系数不大于 1×10^{-7} cm/s,本模型所采用的 PBFC 防渗浆材符合规范要求。经电子万能实验压缩机测试结果,浆材固结体 28 d 龄期无侧限抗压强度为 0.95 ~ 1.3 MPa,平均值为 1.16 MPa。

表 7.1　防渗浆材的吸附阻滞试验结果

污染物名称	渗滤液成分	原渗滤液 /(mg·L^{-1})	渗出后渗滤液 /(mg·L^{-1})	吸附阻滞率 /%	单位阻滞率 /(%·mm^{-1})
垃圾场渗滤液	NH_4-N	2 000	3.31	99.83	3.33
	TP	20	0.345	98.28	3.28
	SS	2 000	4.21	99.79	3.33
	COD_{cr}	20 000	2 852	85.74	2.86
	BOD_5	9 000	1 560	99.83	3.33
酞酸酯溶液	邻苯二甲酸二甲酯	6.5	0.124	99.98	3.33
	邻苯二甲酸二辛酯	6.5	0.182	99.97	3.33
重金属离子溶液	Hg	2	1.75×10^{-3}	99.91	3.33
	Pb	30	0.3×10^{-3}	99.99	3.33

采用流动度仪测试,该 PBFC 防渗浆材平均流动度为 175 mm,可泵期为 55 min。按照注浆作业施工标准及工程经验,浆材的流动度需达到 140 mm,可泵期为 40 ~ 60 min。为此,所

配制的浆材满足施工标准及工程经验，完全满足深层搅拌注浆防渗墙浆材可灌性施工作业要求。

分别采用取自常州某垃圾填埋场的渗滤液、人工配制的酞酸酯溶液及重金属离子溶液进行防渗浆材的吸附阻滞试验，试验结果见表7.1。

根据吸附阻滞试验数据，将垃圾场渗滤液、人工配制的酞酸酯溶液及重金属离子溶液的渗滤后浓度对比可知，拟用PBFC防渗浆材对磷、铵态氮等无机物阻滞率超过98%，对COD_{cr}和BOD_5阻滞率超过85%，对Hg，Pb等重金属离子的阻滞率在99%以上，满足《污水综合排放标准》(GB 8978—1996)中各类污染物的排放标准。

(3)填土材料

为使模型防渗墙形成有效土压力，模型槽选择砂土填筑，砂土容重$\gamma=15.62\ kN/m^3$，由筛析法测得砂土中各粒组干土质量所占该土总质量的质量分数，见表7.2，对应的粒径级配曲线如图7.2所示。

表7.2　砂土筛分试验结果

粒径/mm	含量/g	各粒组所占比例	小于该粒径所占比例累计
5.000	198.0	0.000	1.000
2.000	37.7	0.036	0.964
1.000	27.9	0.078	0.886
0.500	198.0	0.427	0.459
0.250	172.0	0.316	0.143
0.075	50.2	0.120	0.023
<0.075	11.7	0.023	0.000

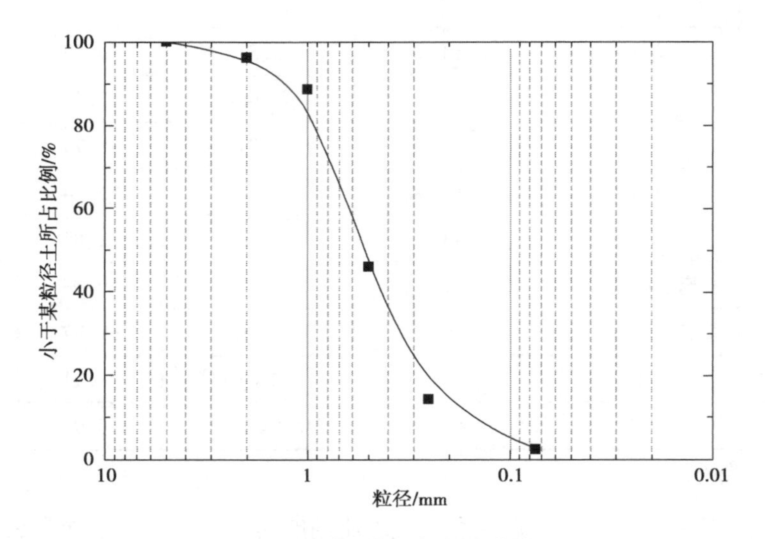

图7.2　砂土的颗粒级配曲线

(4)测试元件

用TSR型振弦式土压力盒测试防渗墙所受的土压力,如图7.3所示;用DBS型振弦式混凝土应变计测量防渗墙内部应变,如图7.4所示;用GXR型振弦式钢筋计测量防渗墙所受应力,如图7.5所示;用CX-3C型基坑测斜仪测量墙体水平位移,如图7.6所示。

图7.3　TSR型振弦式土压力盒

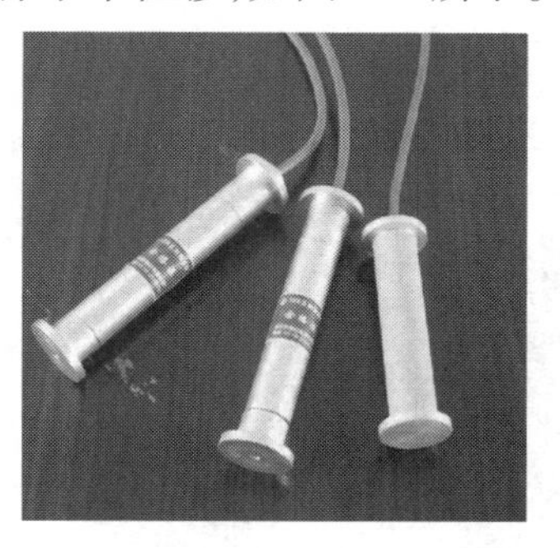

图7.4　DBS型振弦式混凝土应变计

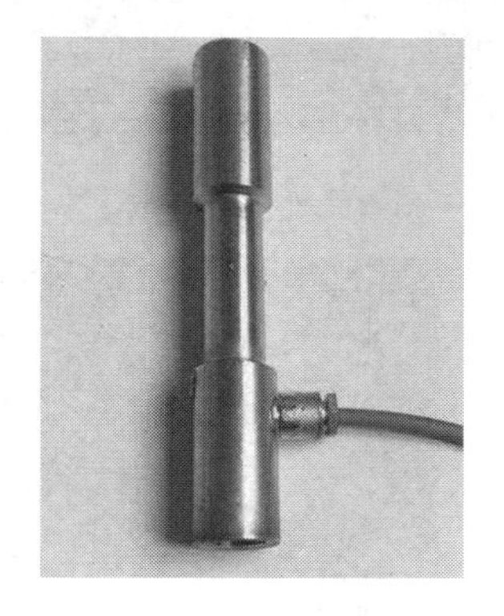

图7.5　GXR型振弦式钢筋计

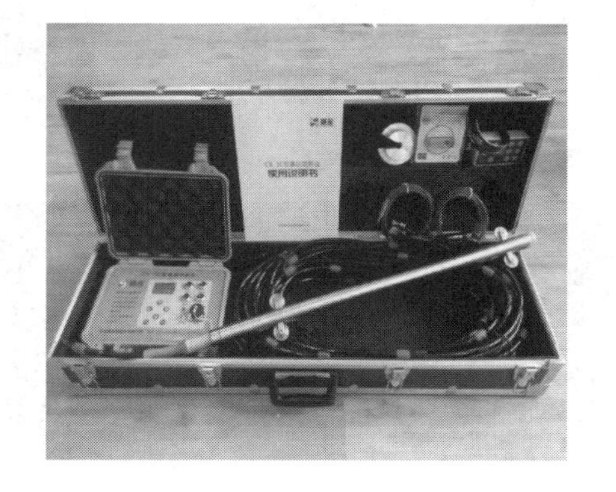

图7.6　CX-3C型基坑测斜仪

2)模型的制作

(1)箱体制作

在加工厂将模型的外侧钢板及底板分块制作好,然后进行统一组装,组装过程如图7.7、图7.8所示。

图7.7　模型板组装

图7.8　模型外侧板组装

在模型板组装的同时,将测试元件同步安装至模板内,GXR型振弦式钢筋计通过钢筋上下焊接,错位由下至上安装,每面墙安装有 4 个钢筋测力计,保证每隔 40 cm 左右安装一个钢筋测力计。DBS 型振弦式混凝土应变计放置于钢筋测力计两根 $\phi12$ 钢筋之间的 $\phi8$ 钢筋上,采用绑扎的方式固定在钢筋上,绑扎时保证测力计的水平放置。侧斜管共放置 6 根,较长面墙在中点及 1/4 点各安放一根,较短面墙在中心点安放一根。测量元件安装过程如图 7.9 所示,安装完成后如图 7.10 所示。对振弦式测量仪器的数据采集是通过 JXX-1 型接线箱和振弦式读数仪完成的,如图 7.11、图 7.12 所示。

图 7.9　测量元件安装

图 7.10　测量元件安装完成

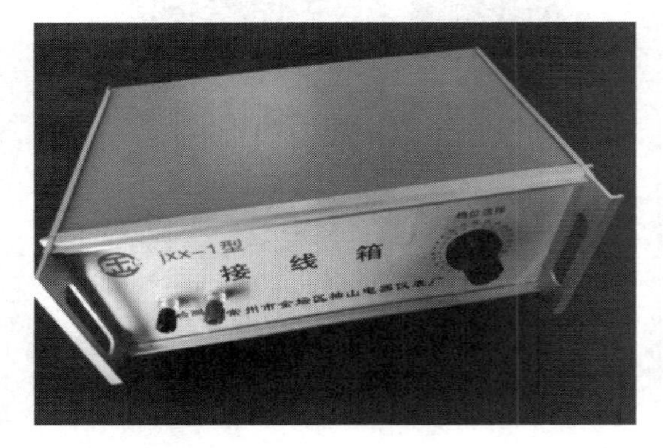

图 7.11　JXX-1 型接线箱

图 7.12　振弦式读数仪

(2)防渗墙浇筑

按照前述浆材配方进行防渗墙浆材的配制,通过定制的搅拌机进行浆材的配制搅拌,浆材配制过程及搅拌完成如图 7.13 所示。采用分层浇筑的方式,每次浇筑墙体高度为 15 ~ 20 cm,总浇筑次数在 12 次左右。每层浇筑完成后对表面进行打毛,然后进行下一层的浇筑,最终完成全部浆材的浇筑,再对防渗墙进行定期洒水养护,在已浇筑完成的防渗墙表面包括塑料薄膜,以防止防渗墙墙体脱水开裂。防渗墙浇筑过程及浇筑完成养护如图 7.14、图 7.15 所示。为使模型防渗墙具有足够的强度,在防渗墙浇筑完成后对防渗墙进行 30 d 的养护,养护期间定期对防渗墙进行洒水。

图 7.13　浆材的配制搅拌过程

图 7.14　防渗墙的浇筑过程

图 7.15　防渗墙墙面的养护

(3)土体堆填

在防渗墙养护完成后,开始进行土体的堆填。试验所采用的土为细砂土,其目的是在土体堆填完成后对防渗墙形成足够的压力,从而便于后期数据的采集。土体堆填过程如图 7.16 所示。土体堆填结束后,模型最终完成情况如图 7.17 所示。

图 7.16　砂土堆填过程

图 7.17　模型完成图

7.3 非线性模型分析与建立

1) ANSYS 软件及其分析过程

(1) ANSYS 软件简介

ANSYS 软件是由美国开发的通用型有限元分析软件，其开发范围包括流体、结构、电磁场等，可以和多种 CAD 连接，实现资源共享，如 Pro/Engineer, NASTRAN, Alogor, I-DEAS, AutoCAD 等，是现代产品设计中的高级 CAE 工具之一。ANSYS 技术的种类有很多，其中包括有限元法（Finite Element Method, FEM）、边界元法（Boundary Element Method, BEM）、有限差分法（Finite Difference Element Method, FDM）等。ANSYS 分析也有一定的局限性，许多方面（如渗流、水腐蚀等）无法建模，有待解决。对坝体的渗流方面其稳定性的影响比较小，基本可以忽略。因此，进行垃圾填埋场防渗墙应力变形分析时，忽略了渗流影响。

(2) ANSYS 有限元法的分析过程

有限元法是将结构整体进行离散分析，形成有限个相连的单元，通过建立单元中以结点位移为基本未知数的函数，进而进行组合构造出整体结构函数进行求解。其具体分析过程如下所述：

①结构离散化。即将所分析问题的结构划分为有限个单元体，并在其指定位置设置节点，使相邻单元的有关参数具有一定的连续性，形成有限元网格。划分单元的大小和数量应根据计算精度和计算机容量等因素确定。

②选择位移差值函数。为了能用节点位移表示单元体位移、应变和应力，选择适当的位移函数是有限元分析中的关键。位移矩阵为：

$$\{f\} = [N]\{\delta\}^e \tag{7.1}$$

式中 $\{f\}$——单元任意一点的位移；

$\{\delta\}$——单元节点位移；

$[N]$——行函数。

③分析单元的力学特性。先用几何方程推导出用节点位移表示的单元应变：

$$\{\varepsilon\} = [B]\{\delta\}^e \tag{7.2}$$

式中 $\{\varepsilon\}$——单元应变；

$[B]$——单元应变矩阵。

单元应力通过根据本构方程推出的节点位移可表示为：

$$\{\sigma\} = [D][B]\{\delta\}^e \tag{7.3}$$

式中 $[D]$——与单元材料相关的弹性矩阵。

最后由变分原理可得单元上节点力与节点位移间的关系式（即平衡方程）：

$$\{F\}^e = [k]^e\{\delta\}^e \tag{7.4}$$

式中　$[k]^e$——单元的刚度矩阵：

$$\{k\}^e = \iiint [B]^T [D][B] \mathrm{d}x\mathrm{d}y\mathrm{d}z \tag{7.5}$$

④集合所有单元的平衡方程，建立整体结构的平衡方程。即将各个单元的刚度矩阵合成整体刚度矩阵，然后将各个单元的等效节点力列出矩阵，集合成总的荷载列阵。

⑤由平衡方程求解未知点位移和计算单元应力。

2）材料的本构模型

在岩土工程有限元分析中，主要是材料的应力-应变-强度-时间关系，为准确描述岩土材料的力学特性，国内外学者进行了大量的实验和理论研究，使有限元理论不断发展，许多材料的本构模型被提出并被验证，根据不同的本构模型对材料力学特性的概括，本构模型主要分为四类：线弹性本构模型、弹性非线性本构模型、弹塑性本构模型和其他力学本构模型。

（1）线弹性本构模型

在材料的本构关系中最基本、最简单的即为线弹性本构模型，这种模型是在一定的假定条件下组成的，材料的应力应变为线性关系，无论加荷还是卸荷均沿同一直线变化，并且完全卸载后无残余变形，弹性模量为常量，应力与应变有确定的唯一关系，即符合广义胡克定律，其刚度矩阵为：

$$\begin{Bmatrix} \varepsilon_1 \\ \varepsilon_2 \\ \varepsilon_3 \end{Bmatrix} = \frac{1}{E} \begin{bmatrix} 1 & -\nu & -\nu \\ -\nu & 1 & -\nu \\ -\nu & -\nu & 1 \end{bmatrix} \begin{Bmatrix} \sigma_1 \\ \sigma_2 \\ \sigma_3 \end{Bmatrix} \tag{7.6}$$

$$\begin{Bmatrix} \gamma_1 \\ \gamma_2 \\ \gamma_3 \end{Bmatrix} = \frac{1}{G} \begin{Bmatrix} \tau_1 \\ \tau_2 \\ \tau_3 \end{Bmatrix} \tag{7.7}$$

胡克定律中包含了3个弹性常数，分别是弹性模量E、横向变形系数（即泊松比ν）和剪切模量G，且由于$G = \dfrac{E}{2(1+\nu)}$，因此独立的弹性常数只有两个，一般以E和ν表示。

（2）弹性非线性本构模型

弹性非线性本构模型，即应力与应变为非线性的关系，该本构模型应用于混凝土材料的主要有两种，即Ottosen和Darwin-Pecnold。对于不同类型的土的弹性非线性模型最常用的为邓肯（Duncan）和张（Chang），依据三轴仪应力应变实验结果提出的双曲线模型。Duncan-Chang模型的基本参数为切线杨氏模量E和切线泊松比ν，计算式为：

$$E = \left[1 - R_f \frac{(1-\sin\varphi)(\sigma_1 - \sigma_3)}{2C\cos\varphi + 2\sigma_3 \sin\varphi}\right]^2 K P_a \left(\frac{\sigma_3}{P_a}\right)^n \tag{7.8}$$

$$\nu = \frac{G - F\lg\left(\dfrac{\sigma_3}{P_a}\right)}{(1-A)^2} \tag{7.9}$$

其中，
$$A=\frac{D(\sigma_1-\sigma_3)}{KP_a\left(\frac{\sigma_3}{P_a}\right)^n\left[1-\frac{R_f(1-\sin\varphi)(\sigma_1-\sigma_3)}{2C\cos\varphi+2\sigma_3\sin\varphi}\right]} \tag{7.10}$$

式中 K,n——试验常数；

P_a——大气压；

c——水泥土体的黏聚力；

φ——水泥土体的内摩擦角；

$\sigma_1-\sigma_3$——主应力差；

$R_f=\frac{(\sigma_1-\sigma_3)_f}{(\sigma_1-\sigma_3)_u}$——破坏比。

Duncan-Chang 模型用于土体有限元分析时，能够反映土体变形的主要规律，但土体总变形中的塑性变形部分被当作了弹性变形处理；在有限元增量的计算中，Duncan-Chang 模型反映了变形随应力路径变化的影响，但固结压力变化的区别没有体现，加荷和卸荷时泊松比 υ 的变化也没有体现。

（3）弹塑性本构模型

弹塑性本构模型反映材料的塑性变形。该模型可分为弹性阶段，此处为线性关系；屈服阶段，分为上屈服极限和下屈服极限；塑形流动阶段，流动阶段可长可短和材料有关。在弹塑性理论用于土体应力应变分析时，针对土体变形特点主要有两种塑性理论解释，分别是塑性形变理论和塑性增量理论，土的本构模型主要是建立在塑性增量理论基础上的。

在土的弹塑性模型形成的基础上，用于土体分析的弹塑性模型被分为两类：一类弹塑性模型的屈服函数、加工硬化定律等直接根据实验资料来确定，这类弹塑性模型的代表是 Drucker-Prager（D. P）模型。Drucker-Prager 模型屈服特性满足下列关系式：

$$\sigma_e=3\beta\sigma_m+\left[\frac{1}{2}\{s\}^T[M]\{s\}\right]^{\frac{1}{2}} \tag{7.11}$$

式中 σ_e——经过修正的等效应力；

σ_m——静水压力；

β——材料常数。

Drucker-Prager 模型的应力应变对应关系为：

$$\left\{\frac{\partial f}{\partial\sigma}\right\}=\begin{Bmatrix}\frac{\partial f}{\partial\sigma_x}\\ \frac{\partial f}{\partial\sigma_y}\\ \frac{\partial f}{\partial\sigma_z}\\ \frac{\partial f}{\partial\tau_{yz}}\\ \frac{\partial f}{\partial\tau_{zx}}\\ \frac{\partial f}{\partial\tau_{xy}}\end{Bmatrix}=\alpha\begin{Bmatrix}-1\\-1\\-1\\0\\0\\0\end{Bmatrix}+\frac{1}{2\sqrt{J_2}}\begin{Bmatrix}\sigma_x-\sigma_m\\ \sigma_y-\sigma_m\\ \sigma_z-\sigma_m\\ 2\tau_{yz}\\ 2\tau_{zx}\\ 2\tau_{xy}\end{Bmatrix} \tag{7.12}$$

式中　$\sigma_x,\sigma_y,\sigma_z,\tau_{yz},\tau_{zx},\tau_{xy}$——6个应力分量；

$\sigma_m=\frac{1}{3}(\sigma_x+\sigma_y+\sigma_z)$——一点的平均应力；

$\alpha=\frac{2\sin\varphi}{\sqrt{3}(3-\sin\varphi)}$，$\varphi$为材料的内摩擦角；

J_2——应力偏张量的第二不变量。

Drucker-Prager模型共有K,G,α,k共4个材料参数。K,G为弹性常数，可由E,ν换算出来。弹性参数α,k由Mohr-Coulomb准则的材料参数φ和c换算出来。

Drucker-Prager模型的最大优点是在考虑静水压力p对屈服和强度的影响时采用了简单方法，且在进行计算时模型参数较少，计算过程较为简单。但Drucker-Prager模型在计算时没有考虑材料在三轴方向强度不同状态下引起的材料屈服与破坏的影响。

在使用Drucker-Prager相关流动准则时，其弹塑性模量$[D]_{ep}$为：

$$[D]_{ep}=[D]-\frac{[D]\left\{\frac{\partial Q}{\partial\sigma}\right\}\left\{\frac{\partial f}{\partial\sigma}\right\}^{T}[D]}{\left\{\frac{\partial f}{\partial\sigma}\right\}^{T}[D]\left\{\frac{\partial Q}{\partial\sigma}\right\}}\tag{7.13}$$

Drucker-Prager屈服面在主应力空间内为一圆锥形空间曲面，在π平面上为圆形，如图7.18所示。

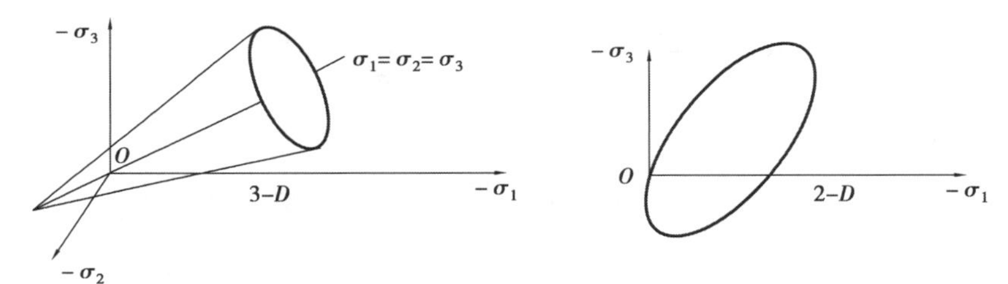

图7.18　Drucker-Prager屈服面

可将Drucker-Prager材料的屈服准则写成以下修正形式：

$$F=3\beta\sigma_m+\left[\frac{1}{2}\{s\}^{T}[M]\{s\}\right]^{\frac{1}{2}}-\sigma_y\tag{7.14}$$

材料参数β和σ_y被定义为：

$$\beta=\frac{2\sin\varphi}{\sqrt{3}(3-\sin\varphi)}\qquad\sigma_y=\frac{6(c)\cos\varphi}{\sqrt{3}(3-\sin\varphi)}\tag{7.15}$$

式中　φ——内摩擦角；

c——黏滞力。

其中，当$\varphi=0$时，Drucker-Prager屈服准则将演变为VonMise屈服准则；当$\varphi>0$时，在主应力空间上，Drucker-Prager屈服准则内切于Mohr-Coulomb准则屈服面的一个圆锥形空间曲面。同时，Drucker-Prager屈服准则避免了Mohr-Coulomb准则屈服面在角棱处引起的奇异点。

在采用DP塑性模型时需要输入3个参数量：黏滞力（剪切屈服应力）c、内摩擦角φ和剪涨角φ_f（该参数用于控制材料体积膨胀的程度）。如果$\varphi_f=0$，则不发生体积膨胀；如果

$\varphi_f = \varphi$,则发生严重体积膨胀;如果 $\varphi_f < \varphi$,则发生较小体积膨胀。

另一类弹塑性模型是以能量公式为基础,推导其屈服函数,并选取合适的硬化规律,从而建立材料的应力-应变关系。这种模型一般也被称为临界状态本构模型;在 20 世纪 50 年代初,Drucker 等认为土体存在一个由体积变化控制的帽子屈服面;Roscoe 等基于临界状态的概念建立了模型框架,并认为存在一个状态边界面;Calladine 则提出了塑性硬化理论,使土体的压缩和剪切特性在模型中统一起来。

剑桥模型是当前应用最广的弹塑性模型之一,Roscoe 等以及 Schofield 等提出了最初的剑桥模型,后来 Roscoe 等提出了剑桥修正模型,20 世纪 70 年代初,这些模型开始应用于数值分析中。剑桥模型适合于垃圾场防渗墙的应力-应变数值分析计算,但受到传统塑性理论的限制,且没有充分考虑剪切变形。修正的剑桥模型的状态边界面方程为:

$$\frac{p'}{p'_o} = \left[\frac{M^2}{M^2 + \left(\frac{q'}{p'}\right)^2}\right]^{\left(1-\frac{M}{\lambda}\right)} \tag{7.16}$$

令 $\eta = q'/p'$,则修正后的剑桥模型其应力应变关系为:

$$\begin{aligned} \mathrm{d}\varepsilon_\nu^p &= \frac{\lambda - \kappa}{1 + \mathrm{e}}\left(\frac{2\eta \mathrm{d}\eta}{M^2 + \eta^2} + \frac{\mathrm{d}p'}{p'}\right) \\ \mathrm{d}\varepsilon_\tau^p &= \frac{\lambda - \kappa}{1 + \mathrm{e}}\left(\frac{2\eta}{M^2 - \eta^2}\right)\left(\frac{2\eta \mathrm{d}\eta}{M^2 + \eta^2} + \frac{\mathrm{d}p'}{p'}\right) \\ \delta\varepsilon_\nu &= \frac{1}{1 + \mathrm{e}}\left[(\lambda - \kappa)\frac{2\eta \mathrm{d}\eta}{M^2 + \eta^2} + \lambda\frac{\mathrm{d}p'}{p'}\right] \end{aligned} \tag{7.17}$$

以矩阵形式表示则为:

$$\begin{Bmatrix} \mathrm{d}\varepsilon_\nu \\ \mathrm{d}\varepsilon_\tau \end{Bmatrix} = \frac{2\eta(\lambda - \kappa)}{(1 + \mathrm{e})(M^4 - \eta^4)}\begin{bmatrix} \frac{\lambda}{2\eta}\frac{M^4 - \eta^4}{\lambda - \kappa} & \lambda(M^2 - \eta^2) \\ M^2 + \eta^2 & 2\eta \end{bmatrix}\begin{Bmatrix} \frac{\mathrm{d}p'}{p'} \\ \mathrm{d}\eta \end{Bmatrix} \tag{7.18}$$

其屈服面方程为:

$$\frac{1}{\beta^2}\left(\frac{p}{a} - 1\right)^2 + \left(\frac{t}{ma}\right)^2 - 1 = 0 \tag{7.19}$$

式中 μ——泊松比;

e——初始孔隙比;

λ——各向等压曲线斜率;

κ——回弹曲线斜率;

M——临界状态曲线斜率;

β——屈服面帽子曲度常量;

m,a——材料常数。

(4)其他力学本构模型

其他力学本构模型主要是由断裂力学、损伤力学等发展演变而来的。其中损伤模型主要包括单侧损伤、标量损伤、弹塑性损伤、各向异性损伤、断裂损伤及细观损伤模型等。基于断裂力学建立起来的模型主要有微裂纹面、多向定向裂纹及单向定向裂纹模型等。

对于大多数工程材料而言，在应力水平较低时，通常指小于比例极限，此时的应力-应变为呈线性关系。当大于这一值后，应力-应变呈非线性，然而这并不意味着是非弹性的。所谓的塑性是材料存在不能恢复的应变，当应力水平大于屈服强度时，继续加载的变形即为塑性变形部分。通常情况下，比例极限的值与屈服极限的值基本相近，因而在用 ANSYS 程序进行塑性分析时，认为这两个值为同一点，如图 7.19 所示。

针对材料非线性问题的基本解法问题，通常采用线性解法的极限近似法，即通过一定的方法采用线性解答来逼近非线性的结果。常用的方法包括增量法、增量迭代法和迭代法。对于 ANSYS 非线性有限元的计算结果而言，需要注意的是，不能使用叠加原理，所计算得到的结果与荷载施加的路径相关，荷载施加的顺序不同会造成结构的响应也不同，结构的变形结果与受荷情况不是线性的。

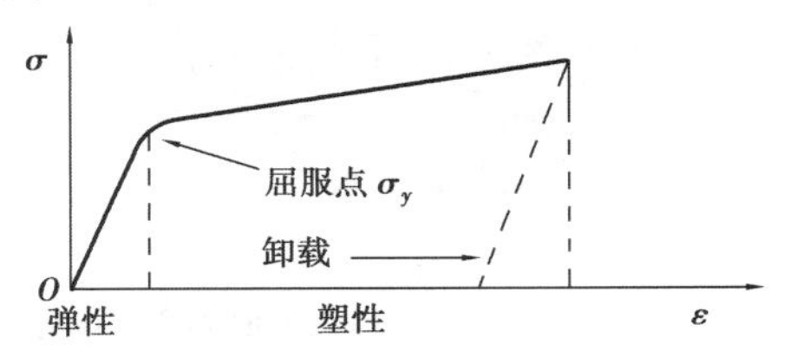

图 7.19　弹塑性应力-应变关系曲线

7.4　模型防渗墙体应力与变形的数值计算

1）计算参数及网格划分

采用 ANSYS WORKBENCH 进行有限元分析。根据室内试验数据、模型内砂土及防渗墙的相关参数，见表 7.3。

表 7.3　模型填筑土体及防渗墙力学参数

材料名	弹性模量 E/MPa	泊松比 ν	饱和重度 γ/(kN · m^{-3})	黏聚力 c/kPa	内摩擦角 φ/(°)
砂土	3	0.26	19.0	2	7
防渗墙	200	0.25	20	800	26

考虑模型填土为砂土，且防渗墙的无侧限抗压强度远大于其抗拉强度，因此，选用 Drucker-Prager 模型对防渗墙进行有限元数值分析。

以实体模型的尺寸为基准，不考虑土体填筑过程中引起的土体应力和性状的改变，假定防渗墙与土体的变形相协调，即交界面无滑移，为考虑墙-土接触面单元特性，交界面设置接触面为摩擦接触，摩擦系数设为 0.5。该模型三维有限元网格划分精细模型如图 7.20 所示，单元以 8 节点 6 面体等参单元为主。底部为固定约束，四周为垂直于边界的水平约束。

2）计算结果

（1）水平位移分析

该模型防渗墙总变形云图如图 7.21 所示，6 个测斜管对应位置处的位移计算结果如图 7.22 所示。

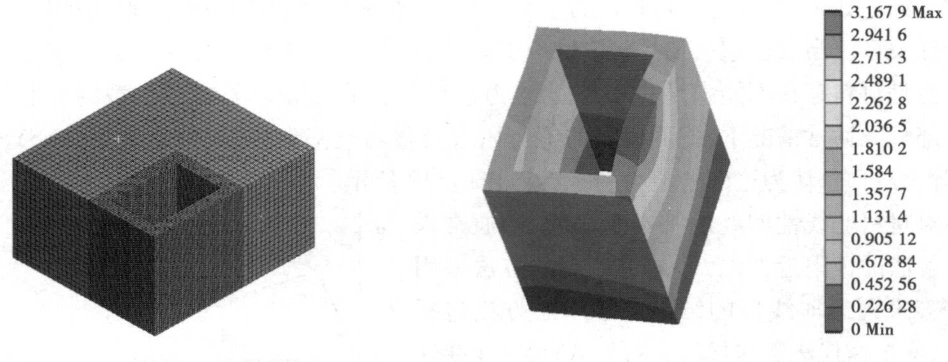

图 7.20　三维有限元计算分析的模型网格

图 7.21　防渗墙总变形云图

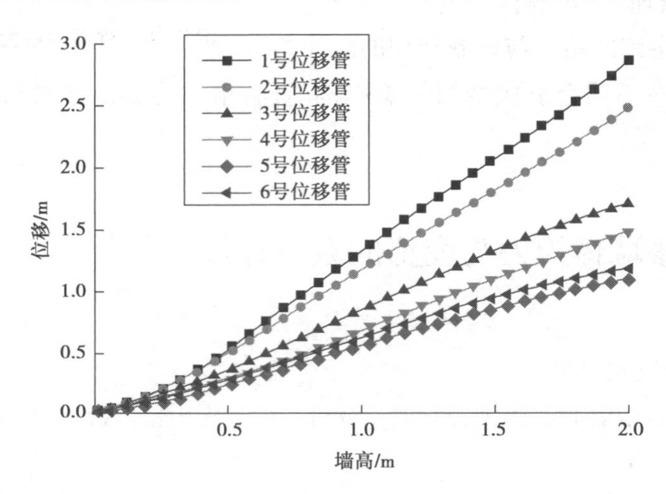

图 7.22　不同位移管处墙体水平位移

由此看出，防渗墙在底部固定的情况下，随着高度增加水平位移在不断增大，其最大水平位移为 2.85 mm。位移增加比例与墙高呈线性比例，这是因为防渗墙上部使用砂土堆填从而使土压力分布较为均匀。3 号管靠近墙体交界处，由于两面防渗墙的共同作用，导致 3 号管最大位移小于 2 号管。墙体水平位移分布从下至上逐渐集中，最大位移偏向防渗墙交点处。取 1 号管的水平位移与实测值做对比，水平位移变化如图 7.23 所示。

由图 7.23 可知，计算值与实测值有相近的变化趋势，产生偏差的主要原因是数值模拟计算过程中未考虑土体本身的沉降固结对墙体产生的负摩擦力，这种负摩擦力与土压力相互作用，减小了实体模型在水平方向上的位移。墙体极限应变约为 0.4%，远低于聚乙烯醇改性膨润土浆材的极限应变（约为 5%）。

（2）应力分析

对防渗墙体应力分析以南侧墙体为例，其墙体所受应力分布云图如图 7.24 所示，将南侧墙体 GXR 型振弦式钢筋计简化为 1 号测斜管位置应力，对比云图于实测值，其变化趋势如图 7.25 所示。

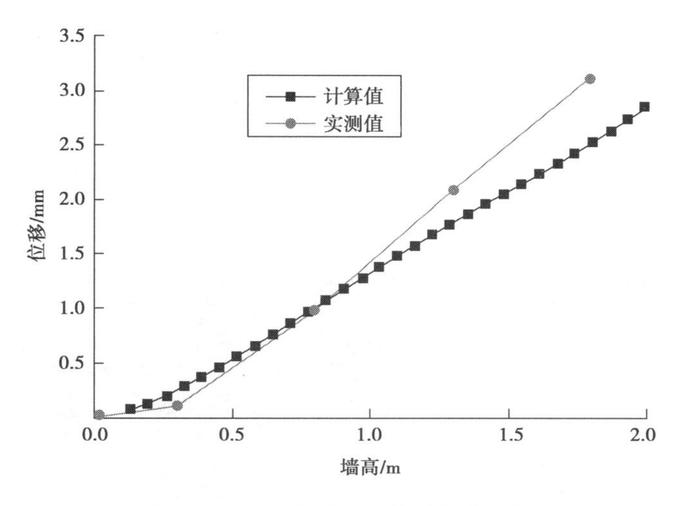

图 7.23　1 号管的水平位移与实测值

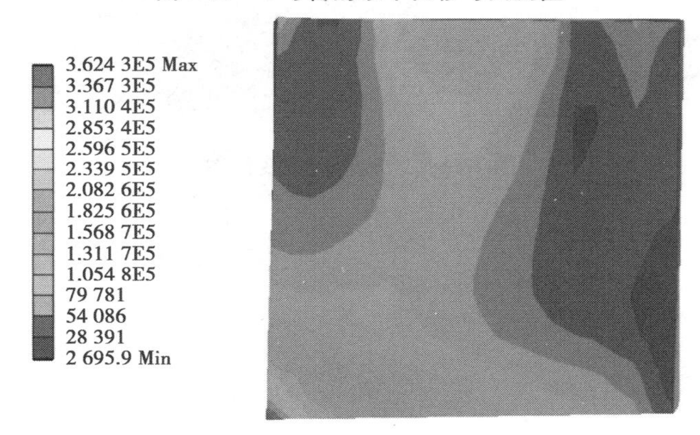

图 7.24　南侧墙体所受应力分布云图

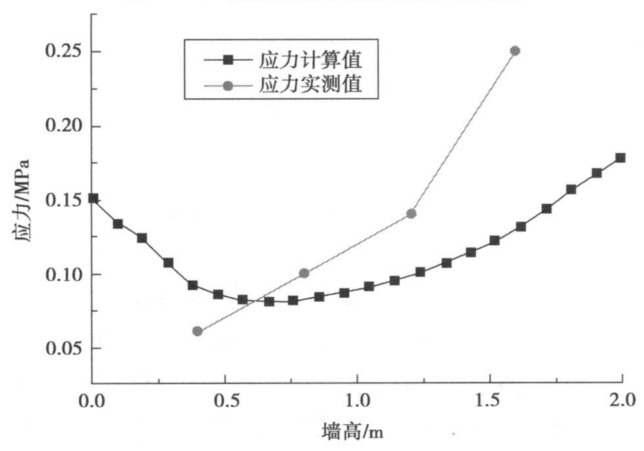

图 7.25　1 号测斜管位置应力变化趋势

从图 7.25 可知,防渗墙所受应力最小值为 0.08 MPa,最大值为 0.17 MPa。在墙高 0 ~ 0.75 m 处应力呈下降趋势,在墙高 0.75 ~2 m 处应力呈上升趋势,防渗墙总体应力实测值与计算值趋势吻合。改性膨润土防渗墙的弹性模量较小,与周围土体的弹性模量较为接近,因此,能够很好地与周围土体变形相协调,从而减少墙体在使用过程中出现开裂的可能。

(3)应变分析

对防渗墙体应变分析以南侧墙体为例,其墙体所受应力分布云图如图 7.26 所示,将南侧墙体 DBS 型振弦式混凝土应变计简化为 1 号测斜管位置应变,对比云图和实测值,其变化趋势如图 7.27 所示。

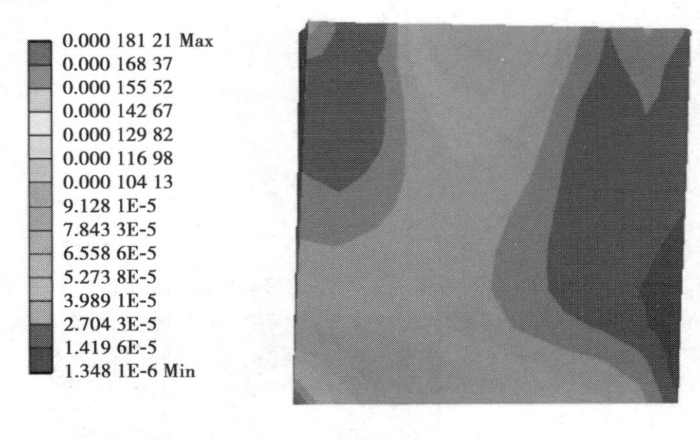

图 7.26　南侧墙体应变云图

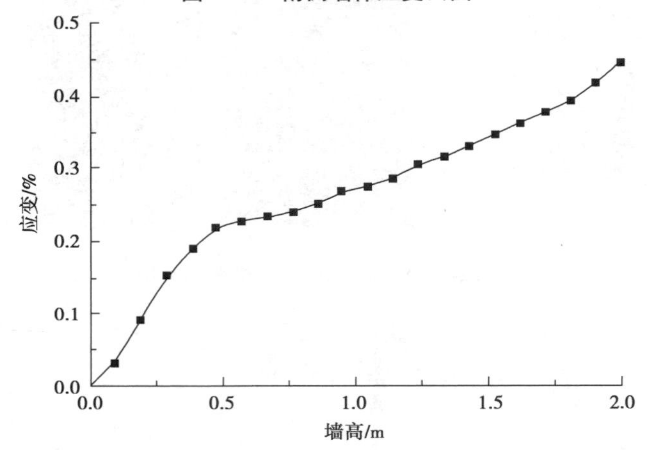

图 7.27　1 号测斜管位置应力变化趋势

由于防渗墙应变小于 DBS 型振弦式混凝土应变计的测量精度,因此防渗墙应变无法用计算值与实测值对比分析。从计算值变化趋势可以看出,墙体应变在墙高 0.6 m 处出现极值,最小值为 0.2%;在防渗墙顶出现最大值,其值为 0.44%,相对防渗墙厚度而言,应变极小,远小于 PBFC 浆材试块的极限应变值 5%。由应变分析可以看出,PBFC 浆材制作的防渗墙在受到土压力时产生的应变极小,即墙体裂缝发展极小。这种特性可使得防渗墙在实际应用中有效防止垃圾渗滤液透过墙体的裂缝污染周边环境。

3)水位变化对比分析

在模型防渗墙内加水,以模拟垃圾填埋场有垃圾填埋时的使用情况。分别在防渗墙区域内添加水至高度为 1 m 和 2 m,分析墙体的水平位移。

(1)水位高度为 1 m

在防渗墙内加水至高度为 1 m 时,防渗墙总变形情况如图 7.28 所示,不同测斜管位置处水平位移如图 7.29 所示。在防渗墙内加水至 1 m 高度时,防渗墙水平位移总体趋势仍呈线性变化,最大水平位移为 2.85 mm。由对比可知,在防渗墙内部加入水至高度 1 m 后,墙体水平位移随墙高的增加而增加的趋势变缓。取 1 号测斜管位置的未加水水平位移计算值、1 m 水位时水平位移计算值、1 m 水位时水平位移实测值进行对比,具体情况如图 7.30 所示。

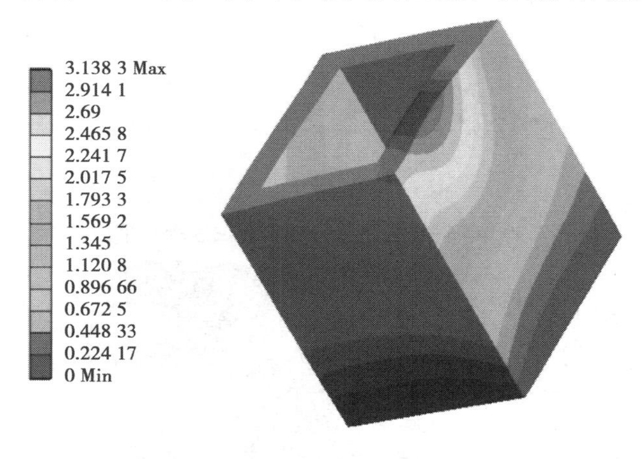

图 7.28　水位 1 m 时防渗墙总变形

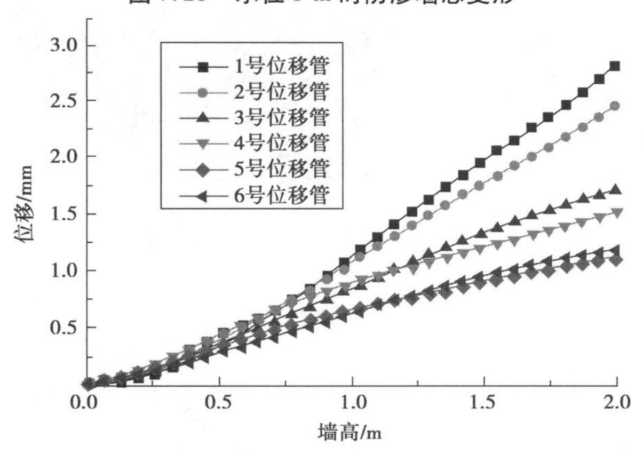

图 7.29　1 m 水位时不同测斜管位置的水平位移

在防渗墙内加水至 1 m 高度后,在高度 1 m 以下防渗墙水平计算值小于未加水时的计算值,但减小幅度不明显。这是因为防渗墙内部预留空间较小,所加水量不大,且水的比重远小于防渗墙外侧所堆填砂土的比重。在墙高 1 ~ 2 m 处水平位移随墙高增加而增大的增速变大,最终加水后最大水平位移与未加水时相近。

(2)水位高度 2 m

在防渗墙内加水至高度为 2 m 时,防渗墙总变形情况如图 7.31 所示,不同测斜管位置处水平位移如图 7.32 所示。

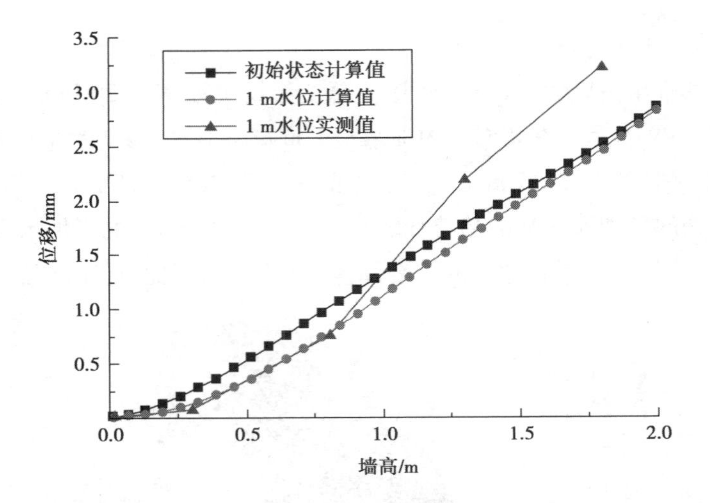

图 7.30　不同情况下 1 号测斜管位置的水平位移

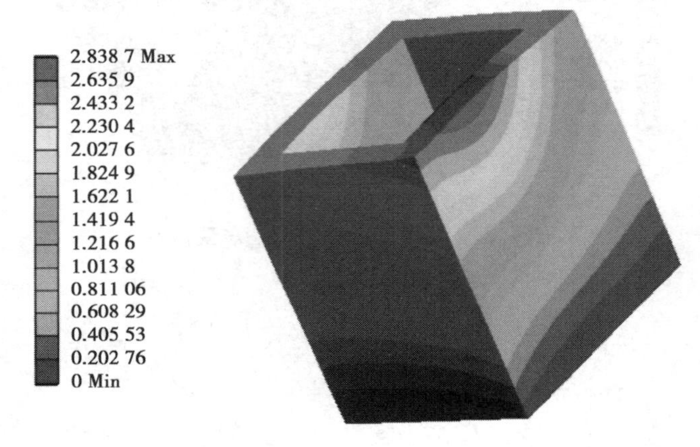

图 7.31　水位 2 m 时防渗墙总变形

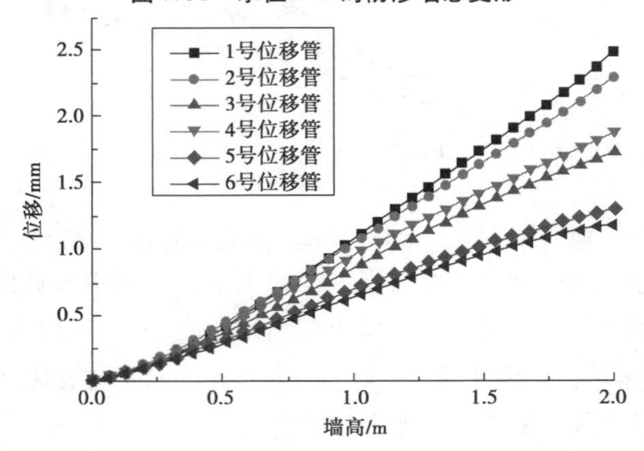

图 7.32　2 m 水位时不同测斜管位置水平位移

当防渗墙内水位增至 2 m 时，防渗墙最大水平位移为 2.48 mm，小于未加水状态下的墙体最大水平位移。取 1 号测斜管位置的未加水水平位移计算值、2 m 水位时水平位移计算值、2 m 水位时水平位移实测值进行对比，具体情况如图 7.33 所示。当防渗墙内水位高度和墙高相等时,加水后的防渗墙水平位移变化趋势与未加水时变化趋势相近,呈线性比例。这是因为静水压力对防渗墙的作用方式与土压力类似,在一定程度上抵消了防渗墙外侧土压力对防渗墙的作用力,从而导致了防渗墙总体水平位移变小。

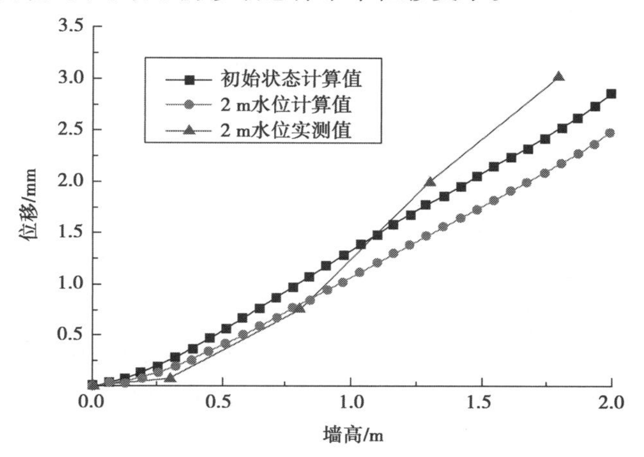

图 7.33　不同情况下 1 号测斜管水平位移

通过对比试验发现,在防渗墙内部加水以模拟垃圾填埋状态时,填埋会对防渗墙的受力状态产生一定的影响,但影响较小。防渗墙在加水过程中并未出现明显的应力集中或应力突变现象,说明 PBFC 浆材制作的防渗墙具有良好的协调变形能力。

4) 砂土堆填对比分析

为分析不同土压力下防渗墙水平位移变化,分别将防渗墙墙体南侧堆填土高度降至 1 m 和墙体东侧堆填土高度降至 1 m,分析其对墙体水平位移的影响。具体分析如下:

(1) 南侧堆土下降 1 m

将防渗墙南侧堆填砂土高度调整为 1 m,其他情况与原始状态相同,防渗墙总变形情况如图 7.34 所示,不同测斜管位置处水平位移如图 7.35 所示。

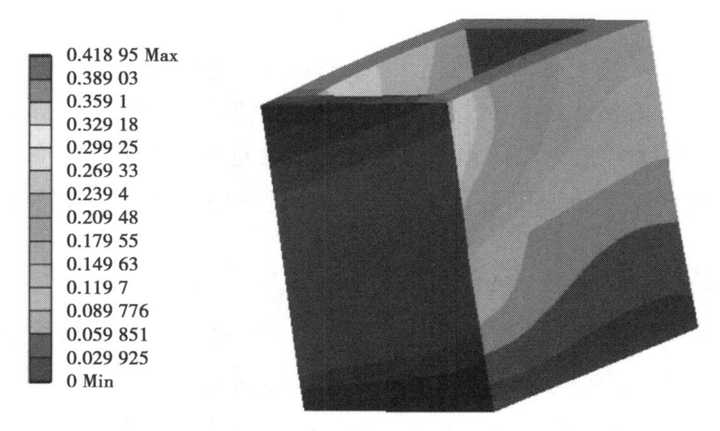

图 7.34　南侧堆土 1 m 时墙体变形云图

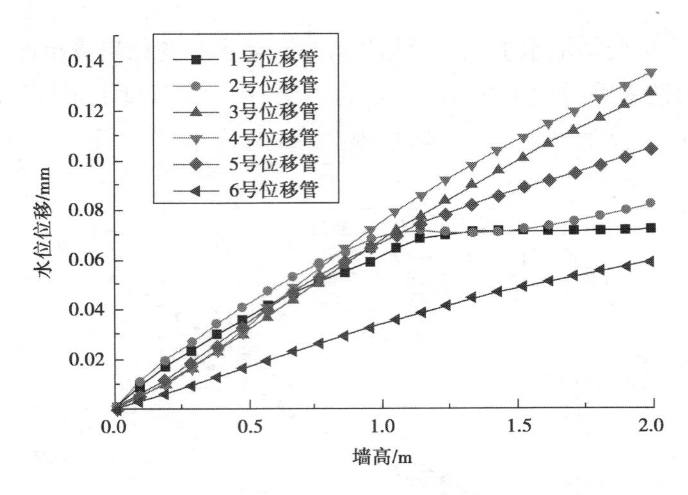

图 7.35　南侧堆土 1 m 时不同测斜管位置的水平位移

当将防渗墙墙体南侧堆填砂土的高度调整为 1 m 时，墙体最大变形为 0.41 mm。取 1 号测斜管位置的原始状态水平位移计算值、南侧堆土 1 m 时水平位移计算值、南侧堆土 1 m 时水平位移实测值进行对比，具体情况如图 7.36 所示。

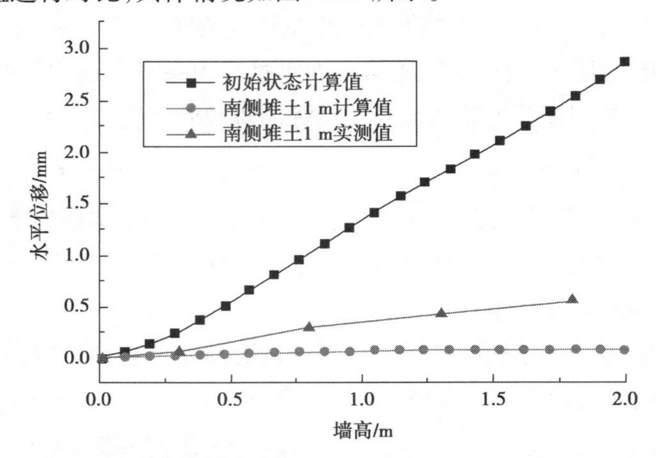

图 7.36　不同情况下 1 号测斜管位置的水平位移

由分析可知，1 号位移管的位移数据在填土高度降低后有了明显下降，在防渗墙南侧填土为 1 m 后，1 号位移管位置处墙体水平位移计算值接近 0，这是因为计算模型中墙体底部为固定约束，在堆填土体高度下降后，土压力对墙体的作用力降到非常低的水平，导致墙体水平位移很小。

(2)东侧堆土下降 1 m

将防渗墙东侧堆填砂土高度调整为 1 m，其他情况与原始状态相同，防渗墙总变形情况如图 7.37 所示，不同测斜管位置处水平位移如图 7.38 所示。

当把防渗墙墙体东侧堆填砂土高度调整为 1 m 时，墙体最大变形为 1.18 mm。取 1 号测斜管位置的原始状态水平位移计算值、东侧堆土 1 m 时水平位移计算值、东侧堆土 1 m 时水平位移实测值进行对比，具体情况如图 7.39 所示。

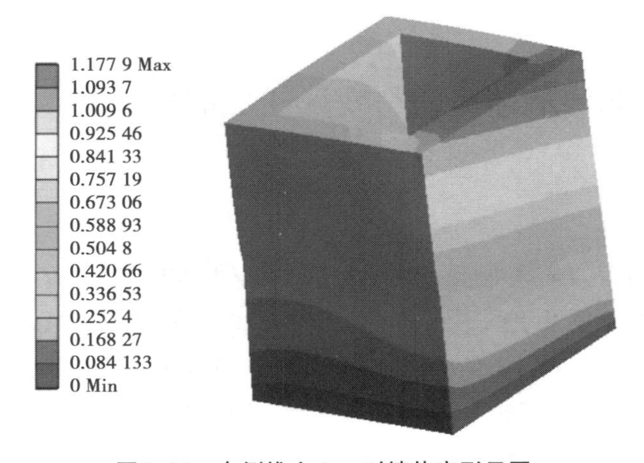

图 7.37　东侧堆土 1 m 时墙体变形云图

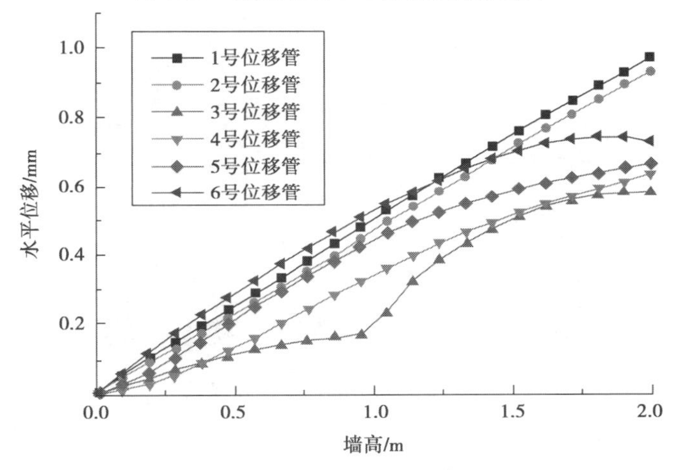

图 7.38　东侧堆土 1 m 时不同测斜管位置的水平位移

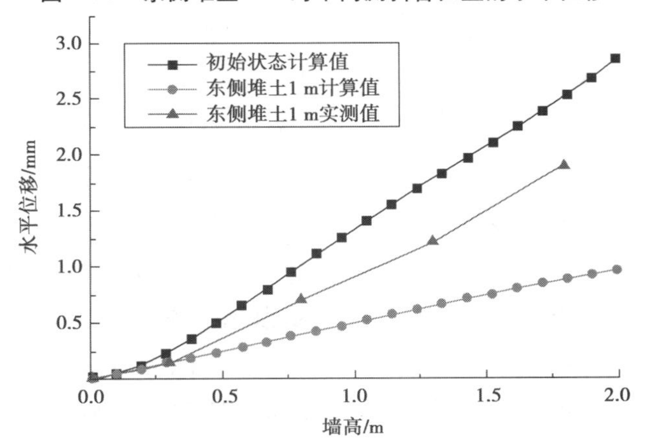

图 7.39　不同情况下 1 号测斜管位置的水平位移

由以上图示可知,1 号位移管的位移数据随着东侧填土高度降低而减小,但下降幅度不明显,主要因为 1 号位移管所在位置受力单元为南侧填土,东侧填土高度的下降对其影响较小。实测数据与分析数据有一定吻合性,说明计算结果具有合理性。

7.5 实际工程防渗墙体应力与变形的数值分析

1)工程概况

江苏省某工业垃圾安全填埋场场地最大长度(东西方向)约 430 m,最大宽度(南北方向)约 180 m,主要由垃圾堆放场用地、生活管理区和绿化隔离带等组成。其中,填埋场用地面积约 38 221 m^2,生活管理区占地面积约 17 189 m^2,绿化隔离带用地面积约 20 759 m^2。本场区地处长江三角洲太湖冲积平原,地形比较平坦,自然地面黄海高程一般为 3.66 ~5.81 m,场地覆盖层厚度大于 50 m。该垃圾填埋场如图 7.40 所示。

图 7.40　拟建垃圾填埋场现场

根据地质勘察报告,建设场地地基 30 m 内土层详细情况描述如下(自上而下):

①素填土:杂色,松散,上部成分为碎砖、碎石等建筑垃圾,层底标高为 -0.18 ~5.25 m,平均厚度为 1.37 m。双桥静力触探 q_c 平均值为 1.08 MPa,f_s 平均值为 52 kPa。

②淤泥质粉质黏土层:稍有光泽,无摇振反应,干强度、韧性中等,含腐殖质、泥炭,场地局部分布。层底标高为 -9.08 ~2.93 m,平均厚度为 7.67 m。双桥静力触探 q_c 平均值为 0.6 MPa,f_s 平均值为 56 kPa。压缩系数 a_{1-2}平均值为 0.54 MPa^{-1}。

③黏土:含少量氧化物及铁锰质结核,夹浅灰色高岭土条带,光泽反应为光泽、无摇振反应、干强度高、韧性高。层底标高为 -1.55 ~1.21 m,平均厚度为 3.88 m。双桥静力触探 q_c 平均值为 2.21 MPa,f_s 平均值为 118 kPa。压缩系数 a_{1-2}平均值为 0.21 MPa^{-1}。

④粉质黏土:含少量铁锰质结核,光泽反应为有光泽、无摇振反应、干强度、韧性中等。层底标高为 -7.03 ~ -0.01 m,平均厚度为 1.23 m。双桥静力触探 q_c 平均值为 2.40 MPa,f_s 平均值为 93 kPa。压缩系数 a_{1-2}平均值为 0.24 MPa^{-1}。

⑤粉土:含云母片,摇震反应中等、无光泽反应、干强度低、韧性低。层底标高 -4.57 ~ -2.09 m,平均厚度为 2 m。双桥静力触探 q_c 平均值为 4.29 MPa,f_s 平均值为 108 kPa。压缩系数 a_{1-2}平均值为 0.20 MPa^{-1}。

⑥粉砂：饱和，级配良好，主要成分长石、石英颗粒，含云母碎屑，夹直径大于10 cm砂结石。层底标高 -11.13 ~ -4.69 m，平均厚度为6.57 m。双桥静力触探 q_c 平均值为7.21 MPa，f_s 平均值为126 kPa。压缩系数 a_{1-2} 平均值为0.15 MPa^{-1}。

⑦粉质黏土：稍有光泽，无摇振反应，干强度中等，韧性中等。层底标高为 -14.11 ~ -9.19 m，平均厚度为9.67 m。双桥静力触探 q_c 平均值为2.27 MPa，f_s 平均值为162 kPa。压缩系数 a_{1-2} 平均值为0.19 MPa^{-1}。

建设场地位于山前平原地带，其北侧的原有采石场呈向南开口。岩层走向北东84°，倾向174°，倾角10°~15°，形成一个独立的水文地质单元。地下水主要接受大气降水的入渗补给，大气降水渗入第四系孔隙含水层或渗入裸露的基岩裂隙中。对于影响工程质量的主要土层，进行了钻孔取样，并在室内测试了其水平渗透系数和垂直渗透系数。

2）材料参数及计算模型

数值分析中土层相关参数根据工程概况、勘察报告及相近工程材料参数确定，防渗墙相关参数通过室内试验得出。该垃圾填埋场土层（自上而下分层）及防渗墙相关参数见表7.4。

表7.4　填埋场周围土层及防渗墙力学参数

材料	压缩模量 E/MPa	饱和重度 γ/(kN·m^{-3})	黏聚力 C/kPa	摩擦角 φ/(°)	平均厚度 /m
素填土	6	17.5	10	15	1.37
淤泥质粉质黏土层	5	18	29	14	7.67
黏土	9	19.5	57	15	3.88
粉质黏土	8	19	31	18	1.23
粉土	10	18.7	22	25	2
粉砂	12	19.1	10	30	6.57
粉质黏土	10	19.6	57	16	9.67
防渗墙体（墙厚0.5 m）	200	20	800	26	—

在对实际垃圾填埋场防渗墙墙体与周围土层的应力与变形进行数值分析时，采用剑桥模型（cam-clay model）比较好。为了准确反映PBFC防渗浆材制作的防渗墙在实际垃圾填埋场中的应用情况，采用无垃圾填埋时的状态作为分析最不利状态，在这种情况下，防渗墙只受周围的土层压力和水压力作用。在防渗墙高程范围内的土层基本为黏性土，黏性土对静水压力不能起到传递作用，只存在强结合水，所以防渗墙周围的土体不受浮力的作用，因此采用饱和重度作为水位以下黏土层的力学参数。土层厚度采用勘察报告中的平均值，防渗墙高度为20 m，厚度为0.5 m。防渗墙嵌入土层的高度为5 m，垃圾填埋侧用素填土堆填，坡比为 $h:b=1:1$。

建设场地地基分布较为均匀，因此选择矩形区域进行程序计算。为忽略尺寸效应对防渗墙数值分析结果的影响，模型水平方向计算宽度为60 m，为墙高的3倍，竖直方向计算高度为35 m,至粉质黏土层。模型约束情况为:底部采用固定约束,完全限制其位移;两侧采用水平约束,限制其水平方向位移。模型网格采用四边形计算单元,填埋侧素填土单独划分网格,防渗墙部分网格采用加密处理。具体网格划分如图 7.41 所示。

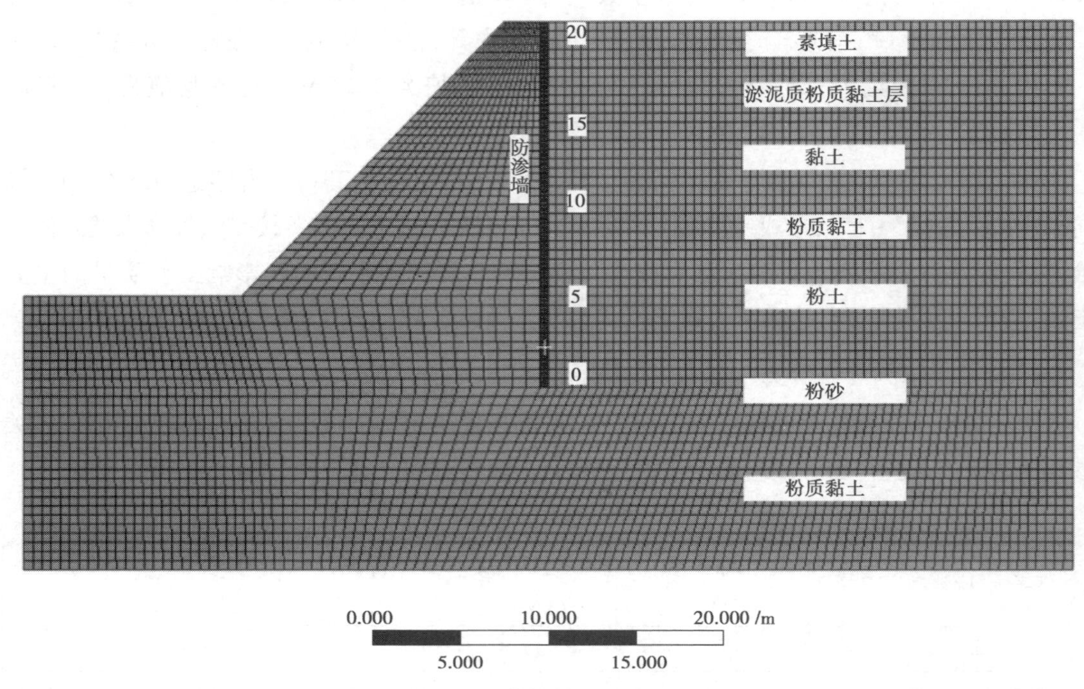

图 7.41　计算模型网格划分

3)计算结果及规律分析

(1)变形计算

该工业垃圾填埋场垂直防渗墙的墙体材料为 PBFC 浆材,垃圾填埋场的总变形分布及防渗墙水平位移分布如图 7.42、图 7.43 所示。墙体水平位移沿墙高的变化及水平位移监测值如图 7.44 所示。由图 7.44 分析可知,防渗墙体的整体变形较小,最大水平位移只有 2.5 cm,位于防渗墙墙顶;最小水平位移为 0.8 cm,位于防渗墙墙底。防渗墙水平位移总体呈线性趋势。

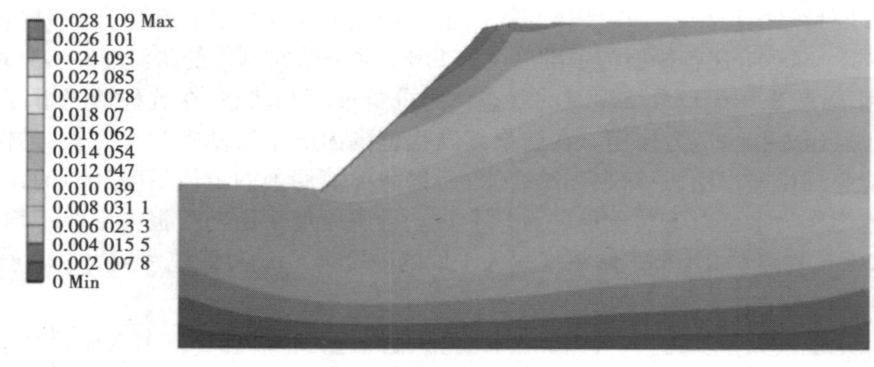

图 7.42　总变形图

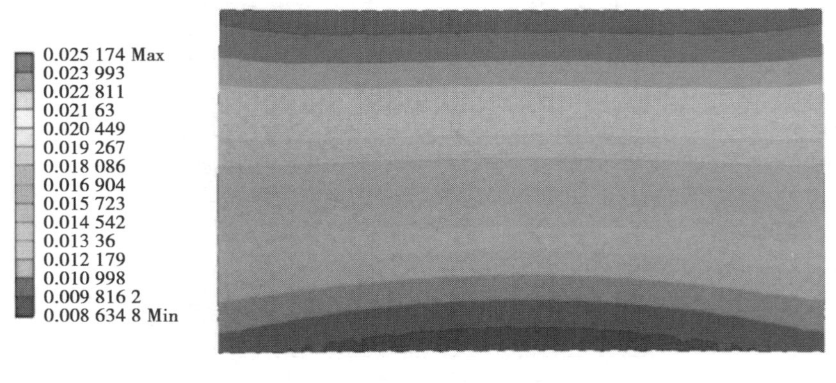

图 7.43　防渗墙水平位移云图

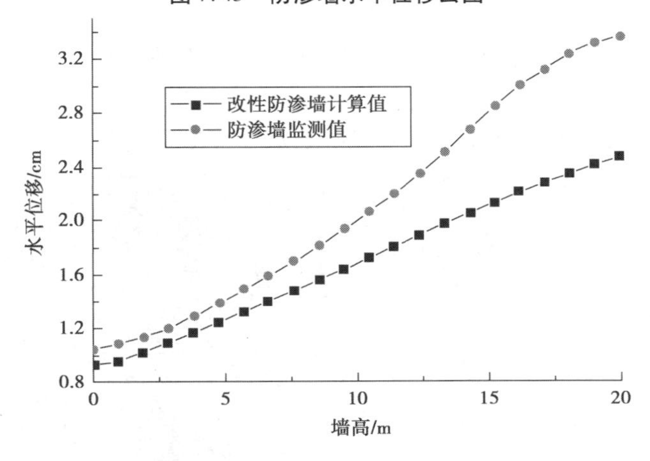

图 7.44　墙体水平位移

监测值水平位移大于计算值，主要是因为数值模拟有一定的误差，以及本构模型无法完全模拟土体变形。墙体水平位移从墙底到墙高逐渐增大，初始水平位移增加相对缓慢，原因是防渗墙底部深入粉砂层，对防渗墙有一定的支撑作用。在堆填层防渗墙水平位移较为稳定，呈现明显的线性变化。防渗墙底部未出现反向水平位移，原因是防渗墙底部所在土层为粉砂层，其黏聚力相对较小，易随防渗墙变形而产生变形，因而未出现反向水平位移。

设定防渗墙 15，20，25 m 共 3 种特定深度，通过计算得出墙体竖向位移变化如图 7.45 所示。其竖向位移变化趋势为 $\Delta_{25} > \Delta_{20} > \Delta_{15}$，墙底防渗墙整体水平位移较小，最大水平位移位于墙底，其大小分别为 1.0，1.79，2.79 cm，随着墙体高度的增加，墙体的最大位移非等比例增加。因实际垃圾填埋场防渗墙底部为自由端，仅受自身重力及周围土压力的约束，且在底部土压力达到最大，因此其水平位移自墙底向上逐渐减小。如对于 15 m 深的防渗墙（墙厚 60 cm），墙顶总水平位移仅为 16.2 mm，且在 11.6 m 处出现反向位移，最大反向位移仅为 3.1 mm。可以断定，防渗墙最大水平位移同墙体高度二次方呈线性关系。

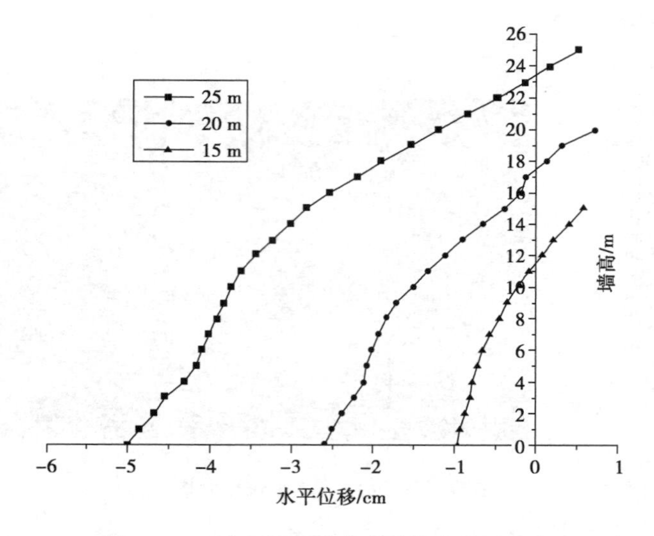

图 7.45　3 个不同深度墙体的竖向位移变化

(2)应变计算

该防渗墙墙体应变计算云图如图 7.46 所示,墙体应变随墙高变化如图 7.47 所示。

图 7.46　墙体应变分布云图

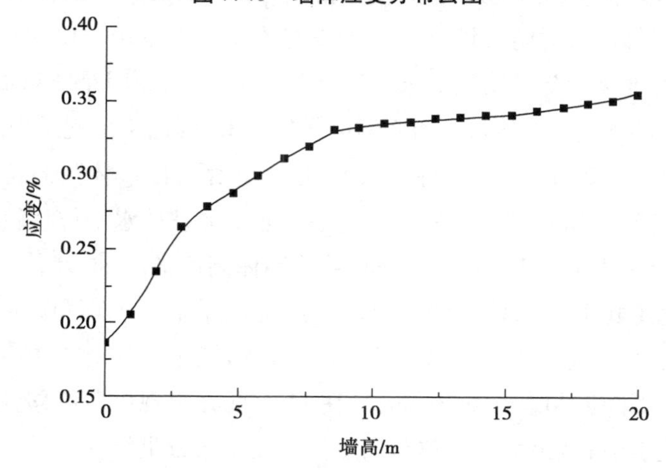

图 7.47　墙体应变随墙高变化

由分析得知，墙体最大应变为0.3%，最大应变位于墙高5 m左右。根据PBFC防渗浆材的无侧限抗压试验可知，浆材固结体的极限应变约为5%，远大于防渗墙的总体变形，说明由PBFC防渗浆材制作的防渗墙变形性能能够满足垃圾填埋场的使用。在实际垃圾填埋场防渗墙的运营使用中，较小的应变能够使得墙体不发生剪切破坏，能够有效降低墙体裂缝产生的概率，对垃圾填埋场防渗墙的正常使用有重大意义。

(3)应力计算

通过该工业垃圾填埋场等效应力分布及防渗墙等效应力计算可知，拟建防渗墙的等效应力沿防渗墙高度(从防渗墙墙底起算)逐渐减小，变化趋势近似为线性变化。墙体最小主应力云图分布如图7.48所示，其最小主应力及最大主应力计算值变化趋势如图7.49所示。防渗墙最小主应力随着墙高逐渐减小，最小值为0.01 MPa，最大值为0.48 MPa；最大主应力最小值为0.16 MPa，最大值为0.66 MPa，小于聚乙烯醇改性防渗浆材固结体无侧限抗压强度(1.2 MPa左右)，满足塑性混凝土防渗墙的受力要求。墙体应力值未出现正值，即防渗墙在模拟中未出现拉应力，这是因为改性膨润土防渗墙的弹性模量较小，与周围土体的弹性模量较为接近，因此能够很好地与周围土体变形相协调，从而减少墙体在使用过程中出现开裂的可能。墙体没有出现应力集中的现象，避免了应力集中带来的对防渗墙体的破坏。

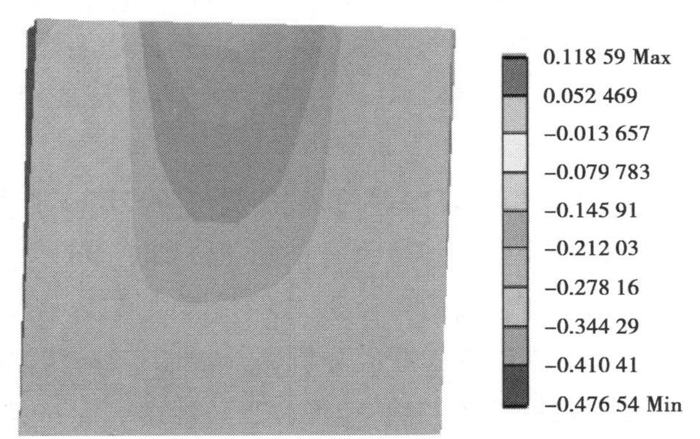

图7.48 最小主应力云图

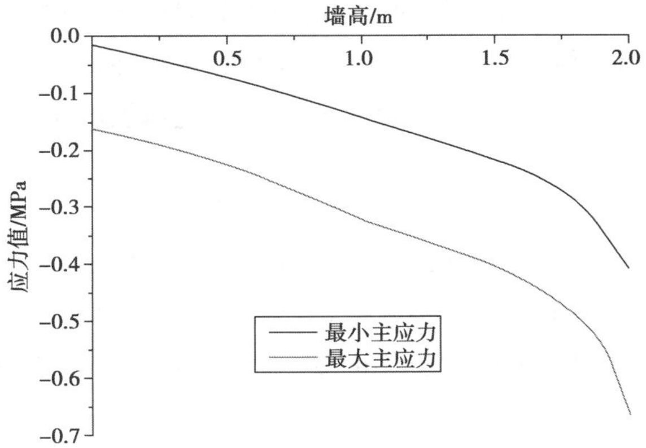

图7.49 最小主应力及最大主应力变化趋势

7.6 研究结论

①所制作的防渗墙测试模型满足了墙体应力-应变测试要求,并详细介绍了模型的设计与组装、测试原件安装、防渗墙的浇筑、砂土的填筑等模型制作过程,模型防渗墙宽25 cm,高200 cm,周边土体厚度为150 cm。采用GXR型振弦式钢筋计进行墙体应力测试,采用DBS型振弦式混凝土应变计进行墙体应变测试,通过测斜管及CX-3C型基坑测斜仪进行墙体变形测试。在模型设计时,要考虑后期土体堆填时对外侧模板的压力,模板长度应适宜,模板过长则会致使模板中间挠度过大,模板连接处受力太大,易发生模板连接处断裂的情况。

②运用Drucker-Prager弹塑性本构模型对防渗墙测试模型进行数值分析,防渗墙所受应力最小值为0.08 MPa,最大值为0.17 MPa。在墙高0~0.75 m处应力呈下降趋势,在墙高0.75~2 m处应力呈上升趋势,防渗墙总体应力实测值与计算值趋势吻合。用PBFC防渗浆材制作的防渗墙的弹性模量较小,与周围土体的弹性模量较为接近,能够很好地与周围土体变形相协调,从而减少墙体在使用过程中出现开裂的可能。墙体应变在墙高0.6 m处出现极值,最小值为0.2%;在防渗墙顶出现最大值0.44%,相对防渗墙厚度而言,防渗墙在受到土压力时产生的应变极小,即墙体裂缝发展极小,使防渗墙在实际应用中有效防止垃圾渗滤液透过墙体的裂缝污染周边环境。

③在模型防渗墙内部加水模拟垃圾填埋的状态,发现防渗墙在加水过程中并未出现明显的应力集中或应力突变现象,说明防渗墙具有良好的协调变形能力。改变防渗墙外侧土体堆填高度后,计算值与实测值有较高的吻合度,说明计算结果具有合理性。

④通过实际垃圾场防渗墙应力-应变数值分析进一步证实,防渗墙整体变形较小,总体呈线性趋势,最大变形位于防渗墙墙顶;最小变形位于防渗墙墙底;防渗墙的等效应力沿防渗墙高度(从防渗墙墙底起)逐渐减小,最大等效应力小于防渗浆材固结体28 d无侧限抗压强度;防渗墙的应变远小于浆材结石体的极限应变,墙体具有较高的安全性。因墙体的弹性模量与周围土体较为接近,能有效降低墙体裂缝出现的可能性,防止墙体裂缝的发展。在实际垃圾填埋场的运营中,能防止垃圾渗滤液透过墙体裂缝对填埋场外的环境造成污染。

参考文献

[1] 杨哲光, 谭良斌. 圆孔平板的弹塑性力学及有限元分析[J]. 工程建设, 2012, 44(4): 9-11, 41.

[2] 梁健. 方钢管再生骨料混凝土短柱理论分析[D]. 保定:河北农业大学, 2018.

[3] 苏伟. 基于弹簧——刚域模型的预应力CFRP板加固RC梁的ANSYS分析[D]. 天津:河北工业大学, 2016.

[4] 刘娜. 土石坝三维非线性有限元分析及防渗墙应力状态研究[D]. 西安:西安理工大学,2007.

[5] 王军保, 刘新荣, 刘俊, 等. 砂岩力学特性及其改进Duncan-Chang模型[J]. 岩石力学与工程学报,

2016, 35(12): 2388-2397.

[6] 杜运兴. 预应力 CFRP 加筋土技术的应用与研究[D]. 长沙:湖南大学, 2003.

[7] 刘金龙, 栾茂田, 许成顺, 等. Drucker-Prager 准则参数特性分析[J]. 岩石力学与工程学报, 2006, 25(z2): 4009-4015.

[8] ROSCOE K H, SCHOFIELD A N, WROTH C P. On The Yielding of Soils[J]. Géotechnique, 1958, 8(1): 22-53.

[9] CALLADINE C R. Correspondence[J]. Géotechnique, 1963, 13(3): 250-255.

[10] 李顺群, 张建伟, 夏锦红. 原状土的剑桥模型和修正剑桥模型[J]. 岩土力学, 2015(S2): 215-220.

[11] 王营彩, 代国忠, 蒋晓曙, 等. 改性膨润土防渗浆材的性能研究[J]. 水电能源科学, 2015, 33(6): 123-125.

[12] 朱一飞,郝哲,杨增涛. ANSYS 在大坝数值模拟中的应用[J]. 岩土力学,2006,27(6):965-968, 972.

[13] 林圣德,罗微. 基于 ANSYS 的土坝三维渗流场模拟[J]. 江淮水利科技,2011(2):39-40, 48.

[14] 许莹莹. 土石坝地基混凝土防渗墙应力变形数值模拟研究[D]. 南京:河海大学,2007.

[15] DARWIN D, PECKNOLD D A. Nonlinear Biaxial Stress-Strain Law for Concrete[J]. Journal of Engineering Mechanics,1977,103(2):229-241.

[16] LOLAND K E. Continuous Damage Model for Load-Response Estimation of Concrete[J]. Cement and Concrete Research,1980,10(3):395-402.

[17] BAZANT Z P. Microplane Model for Progressive Fracture of Conerete and Rock[J]. Journal of Engineering Mechanics,1985,111(4):559-582.

[18] 张洪伟,高相胜,张庆余. ANSYS 非线性有限元分析方法及范例应用[M]. 北京:中国水利水电出版社, 2013.

[19] 陈志波,朱俊高,陈浩锋. Duncan-Chang E-ν 模型在 ADINA 软件中的开发与应用[J]. 武汉:武汉理工大学学报:交通科学与工程版,2010,34(6):1280-1283, 1288.

第 8 章　防渗墙体渗透性能的数值分析

8.1　研究目的

为了确保防渗墙在实际工程中能正常使用,需要确定垃圾场渗滤液在防渗墙中的渗透速度及周边土体中的孔隙水压力分布和水头高度分布等。

采用模型试验与数值分析相结合的方法,在测试防渗浆材的各项性能参数的基础上,通过建立室内实体模型箱进行观测及数据收集,使用有限元渗流分析软件为防渗墙及周边区域建立数值模型,按照实际工程条件设置合适的水头边界条件,并赋予相应的材料属性,通过数值模拟计算得出需要的云图和数据走势图等。将模拟计算结果与试验数据进行对比分析以评价防渗墙的渗透性能,为实际垃圾填埋场防渗墙设计提供依据。

针对渗流问题,常用的有限元分析软件有 AutoBank、Geostudio SEEP/W 模块、ANSYS 温度场模块及 ABAQUS 等,其中前两者对水工渗流针对性较强,后处理操作也比较方便,本章采用 GeoStudio 2017 软件进行防渗墙体渗透性能数值模拟分析。

8.2　渗流实验模型箱制作与数据采集

1) 渗流实验模型箱的设计

根据实际垃圾填埋场防渗体系设计渗流实验模型箱,设计目的是观察 PBFC 防渗浆材的防渗效果。模型箱整体采用 3 mm 厚钢板及 80 槽钢焊接而成,侧面及底部槽钢形成的 U 形槽钢带可以减少漏水并增强稳定性。模型整体尺寸为 1.5 m×0.6 m×1 m;装填溶液的空腔用于模拟垃圾填埋场垃圾填埋侧,尺寸为 0.6 m×0.7 m×1 m。模型箱的外观示意图如图 8.1 所示。

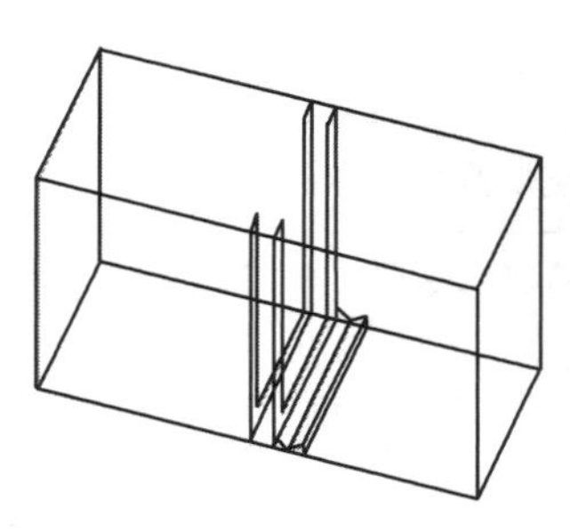

图 8.1　模型箱外观示意图

模型箱的结构示意如图 8.2 所示。底部及四周钢板模拟垃圾场的不透水土层。在模型箱中间槽钢部分浇筑一道厚度为 80 mm 的防渗墙,以模拟实际垃圾场的防渗墙,墙体材料为聚乙烯醇改性防渗浆材(即 PBFC 防渗浆材)。墙体远水侧安装带有透水孔的支撑板可以有效支撑防渗墙体,同时也不会影响渗滤液的渗出;在墙体养护至 28 d 龄期强度后,通过调节墙体近水侧加装的插板高度来改变迎水面积的大小。

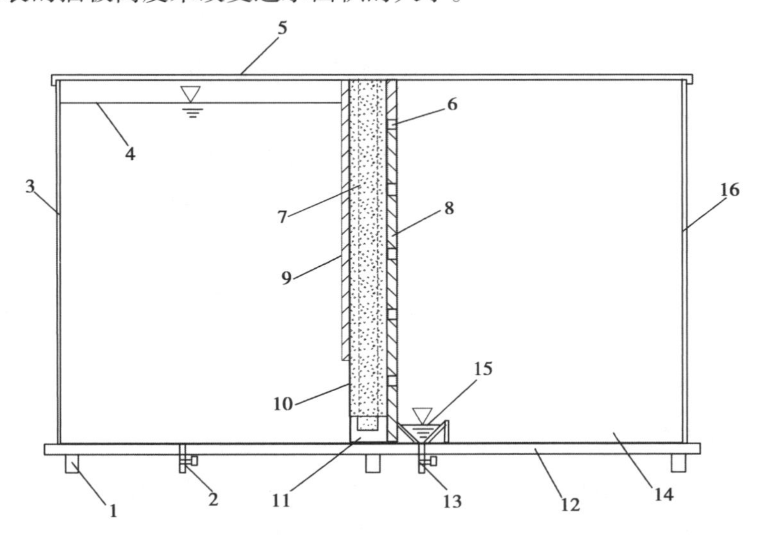

图 8.2　模型箱结构示意图

1—底座;2—排液阀;3—前箱体;4—渗滤液;5—顶部密封薄膜;
6—透水孔;7—防渗墙体;8—支撑板;9—墙侧板;10—侧面槽钢带;
11—底部槽钢带;12—箱体底板;13—集水阀;14—集液斜槽;
15—渗滤后的溶液;16—后箱体

模型内渗滤液会在水头差的作用下在防渗墙内发生渗流,经防渗墙的吸附阻滞作用渗出后会在斜槽内汇集并由导管引入收集溶液的烧杯内,记录好每日的渗透量并进行防渗墙对垃圾场渗滤液中有机物及重金属离子的吸附阻滞率测试。模拟渗滤液具有一定的腐蚀性,为保证实验效果在模型箱整体涂刷数层防水漆,并在接缝处使用玻璃胶加以密封。

2)防渗墙浇筑

在前述 PBFC 防渗浆材配方的基础上,对水泥和膨润土的用量略微上调以提升强度和抗渗性，并在浆材中增加了聚丙烯纤维以减少裂纹的产生。以配制 1 m^3 防渗浆材为例，所用的 PBFC 防渗浆材配方见表 8.1。

表 8.1　模型箱选用的 PBFC 防渗浆材配方　　单位：kg/m^3

膨润土	水泥	粉煤灰	聚乙烯醇	聚羧酸类高效减水剂	碳酸钠	聚丙烯纤维
230	220	180	4	2.5	7	0.8

经测试，该浆材 28 d 龄期的渗透系数均为 0.46×10^{-7} cm/s，无侧限抗压强度为 0.8 MPa，满足垃圾填埋场防渗标准。通过吸附阻滞测试，该防渗浆材对重金属离子及铵盐等无机物的阻滞率在 99.84% 以上，对邻苯二甲酸二丁酯的阻滞率约为 98.12%，说明防渗浆材对渗滤液的吸附阻滞能力较好。

根据模型箱尺寸可以计算出需要配制的约 60 L 防渗浆材。在模型箱防渗浆材浇筑之前，需先在防渗墙模板上刷一层润滑油以便于拆模，同时在侧面及底部槽钢带与模板的接面均粘贴好一道 3 m 自粘实心橡胶条，以避免在浇筑过程中出现浆液漏出的情况。

在墙体浇筑过程中，需要分四次缓慢浇筑，每浇完一次用细长杆缓慢搅动以去除其中的气泡。同时要注意保持集液槽通道畅通，避免在浇筑过程中被漏出的浆液堵塞管道。墙体浇筑完后 2 ~ 3 d，由于泌水和蒸发等情况会使墙体出现一些收缩或裂纹，此时需要二次补浆，补浆时注意排空裂纹中的气泡。为保证防渗墙能有足够的强度及抗渗性能，在浇筑后 28 d 内采用定期洒水的方式进行养护，同时避免光照。

防渗墙浇筑养护 28 d 后，在槽钢边缘与墙面的交界处抹上一层玻璃胶，以确保试验精度，并在模型箱中注水观察 3 ~ 5 d 以检验墙体是否有裂隙，检验结果表明模型未出现渗漏情况，可以进行渗滤液渗流试验。

3）人工渗滤液的配制

模型箱共需配制渗滤液 300 L，称量好拟配渗滤液中各物质的质量，见表 8.2。因所选取的各类物质都属于易溶水物质，称量好各物质的质量倒入模型箱前箱体的部分水中，边注水边搅拌以确保物质完全溶解，注水至 300 L 即可。由于试验中水分蒸发或外界水源汇入会影响试验精度，待前箱体装满人工渗滤液后，在箱体上方盖上一层聚乙烯薄膜以保证模型内部形成一个封闭的区域。投入试验的模型箱状态如图 8.3 所示。

表 8.2　人工配制溶液各物质的质量

溶液成分	硫酸汞	硝酸铬	硝酸铅	硫酸铵	邻苯二甲酸二丁酯
质量/g	1.2	12	8	800	2.6

图 8.3　投入试验的模型箱状态

图 8.4　模型箱的集液装置

4) 实验数据采集

在模型箱后箱体的底部设置了一个 V 形斜槽，当渗滤溶液渗过防渗墙后，将在斜槽中汇集并从斜槽端口处流出，在模型箱外部加装了一个外径 ϕ14 mm 的金属圆管用于导出渗过防渗墙的液体，集液装置如图 8.4 所示。使用一个容量为 500 mL 带刻度的烧杯来收集液体，并在烧杯口处盖有一层聚乙烯薄膜，以防止水分蒸发影响试验效果。

集液装置设置完毕开始实验观察，从检测到有渗透量产生为起始记录点，记录时长 30 d。分别观测和记录了安装插板及不安装插板时的每日渗透量，记录的数据见表 8.3。

表 8.3　模型箱 30 d 内每日渗透量记录

时间/d	有插板每日渗透量/mL	无插板每日渗透量/mL	时间/d	有插板每日渗透量/mL	无插板每日渗透量/mL	时间/d	有插板每日渗透量/mL	无插板每日渗透量/mL
1	10	229	11	46	103	21	51	99
2	148	368	12	43	98	22	49	98
3	96	242	13	43	97	23	45	100
4	61	209	14	47	99	24	43	102
5	63	157	15	49	101	25	39	101
6	58	114	16	44	102	26	45	105
7	57	115	17	43	99	27	42	103
8	74	112	18	45	103	28	40	104
9	50	109	19	45	105	29	41	103
10	45	101	20	46	102	30	40	100

5）实验数据分析

所收集的实验累计渗透量变化趋势如图8.5所示，可以看出渗透量在5 d内逐步降低，5 d后大致达到稳定，此时两种工况的每日渗透量实测值均值较5 d前的平均值分别降低了38.1%及57.3%。这是由于试验前防渗墙处于干燥收缩状态，当注水试验后防渗墙吸水膨胀，内部孔径收缩使得渗透性能增强。

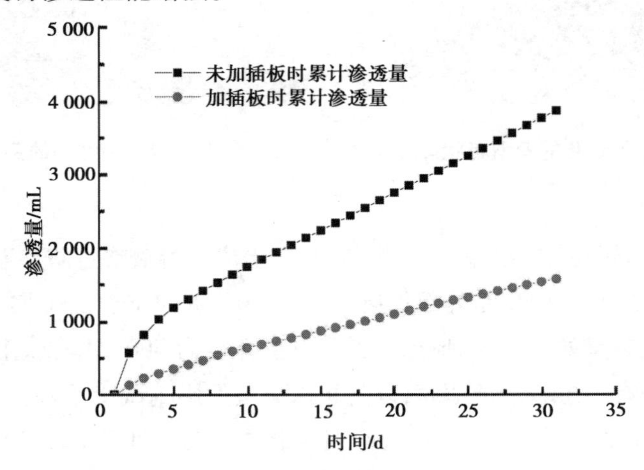

图8.5　实验累计渗透量对比

在模型箱防渗墙前侧加装插板后蓄水容积及水位高度未发生变化，但迎水面积减少约48%，渗透量也随之减少。在每日渗透量的变化趋于稳定时，加装插板时每日渗透量相对未装插板减少了48.5%～61.5%，每日渗透量均值减少了54.6%。

8.3　模型防渗墙体渗透性能的数值分析

1）渗流微分方程及有限元形式

假定土和水不可压缩，将达西定律与连续性方程联立可得到稳定渗流微分方程：

$$\frac{\partial}{\partial x}\left(k_x\frac{\partial h}{\partial x}\right)+\frac{\partial}{\partial y}\left(k_y\frac{\partial h}{\partial y}\right)=0 \tag{8.1}$$

在渗流微分方程的基础上，使用加权余量的伽辽金法可将微分方程转化为线性方程组，从而得到渗流方程的有限元形式：

$$\tau\int_A\left(\left[\frac{\partial<N>}{\partial x}\ \frac{\partial<N>}{\partial y}\right][k]\begin{bmatrix}\dfrac{\partial<N>}{\partial x}\\ \dfrac{\partial<N>}{\partial y}\end{bmatrix}\right)\mathrm{d}A\begin{Bmatrix}H_1\\H_2\end{Bmatrix}+ \tag{8.2}$$

$$\tau\int_A(\lambda<N>^{\mathrm{T}}<N>)\mathrm{d}A\begin{Bmatrix}H_1\\H_2\end{Bmatrix},t=q\tau\int_L(<N>^{\mathrm{T}})\mathrm{d}L$$

式中　$[k]=\begin{bmatrix} kx\cos^2\alpha+ky\sin^2\alpha & kx\sin\alpha\cos\alpha+ky\sin\alpha\cos\alpha \\ kx\sin\alpha\cos\alpha+ky\sin\alpha\cos\alpha & kx\sin^2\alpha+ky\cos^2\alpha \end{bmatrix}$——渗透系数的分量；

α——渗透方向与水平面的夹角；

H_1,H_2——节点水头；

$<N>$——插值函数向量，对其的偏导分别为水平及竖直方向的单位梯度；

q——边界流量；

τ——单元厚度，瞬态渗流时 λ 为 $m_w\gamma_w$；

t——时间；

A——单元面积之和；

L——边界长度之和。

在分析稳态渗流时不需要考虑时间因素，即第二项中 $\begin{Bmatrix} H_1 \\ H_2 \end{Bmatrix}$，$t$ 为0，此时式(8.2)为：

$$\tau\int_A\left(\left[\frac{\partial<N>}{\partial x}\ \frac{\partial<N>}{\partial y}\right][k]\begin{bmatrix}\dfrac{\partial<N>}{\partial x}\\ \dfrac{\partial<N>}{\partial y}\end{bmatrix}\right)\mathrm{d}A\begin{Bmatrix}H_1\\H_2\end{Bmatrix}=\begin{Bmatrix}Q_1\\Q_2\end{Bmatrix} \tag{8.3}$$

式(8.3)为稳态渗流方程的有限元形式。

2）计算模型及参数

根据室内模型箱的尺寸建立有限元分析模型，取PBFC浆材浇筑的防渗墙有关计算参数为：压缩模量 $E_s=200$ MPa、水平渗透系数 $k_H=4.6\times10^{-10}$ m/s、含水量 $\theta=70.1\%$。

根据实验情况，水位保持在墙高0.7 m左右，因此需将渗流类型设置为饱和/非饱和渗流进行分析。若采用完全饱和状态分析会导致分析的结果中浸润面以上的非饱和区域也有大量渗径，而实际浸润面以上仅有少量渗径产生，这样会使得分析结果产生比较大的偏差。在模型设计时考虑溶液的水压力可能对墙体造成变形或压缩，在实验过程中已在墙体两侧加装了模板以抵消静水压力的影响。假定防渗墙始终处于理想状态，即没有形变或位移的产生，同时设渗流箱内为一个封闭系统，与外界不会有水分交换。

根据试验确定数值分析模型中各材料的尺寸，其中防渗墙高1 m，墙厚0.08 m，溶液共计300 L，根据箱体尺寸计算得出水位高度0.7 m。模型计算简图如图8.6所示，网格划分类型采用四边形（或三角形）网格模式，网格单元尺寸设为0.01 m比较适合。水头边界类型选择水头高度，设置左水头边界为水头高度0.7 m，右水头边界为水头高度0 m。其中模型箱使用了槽钢及插板以改变近水面面积的大小，由于槽钢及插板均不透水可将其视作截流幕墙，需定义隔水边界来模拟。隔水边界可通过选择总流量的边界类型（设置总流量为0）来模拟。以加装插板时为例，模型网格划分与边界设置如图8.7所示，其中三角形边界为隔水边界。

为了探究迎水面积对渗流的影响，这里设置了两个工况来进行模拟研究，分别为工况 1：加装插板；工况 2：不加装插板。

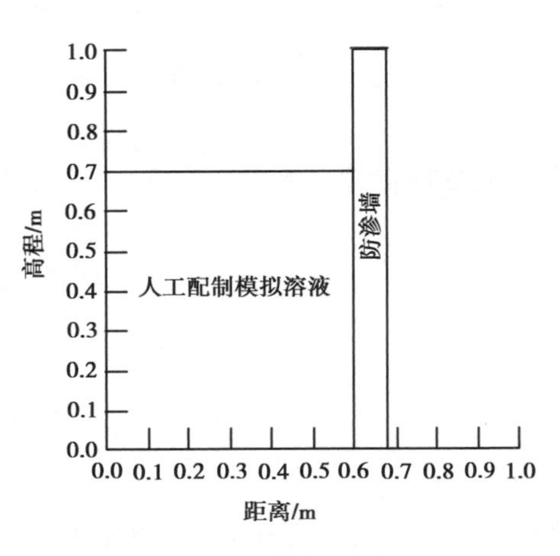

图 8.6　模型简图

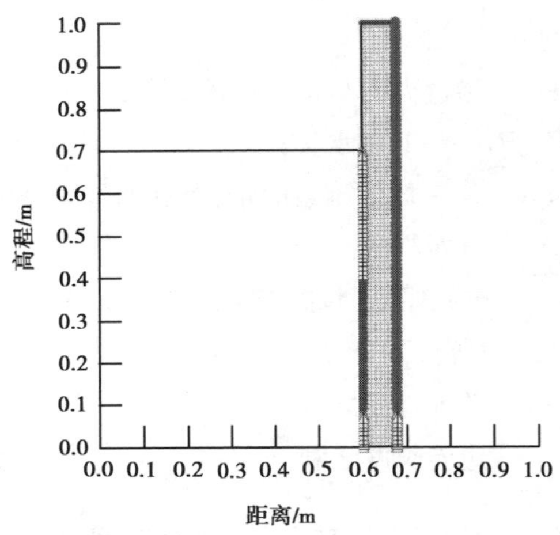

图 8.7　网格划分及边界设置

3）工况 1：加装插板计算分析

（1）渗透速度与比降分析

当墙侧插板长度为 0.3 m 时，除去槽钢面积后模型箱中 PBFC 改性防渗墙的迎水面积为 0.192 m^2，模拟分析出的水头云图及浸润线、孔隙水压力云图分别如图 8.8、图 8.9 所示，渗流矢量分布如图 8.10 所示。

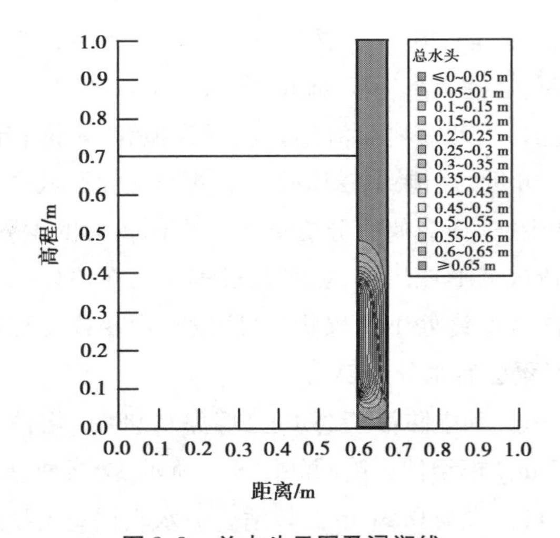

图 8.8　总水头云图及浸润线

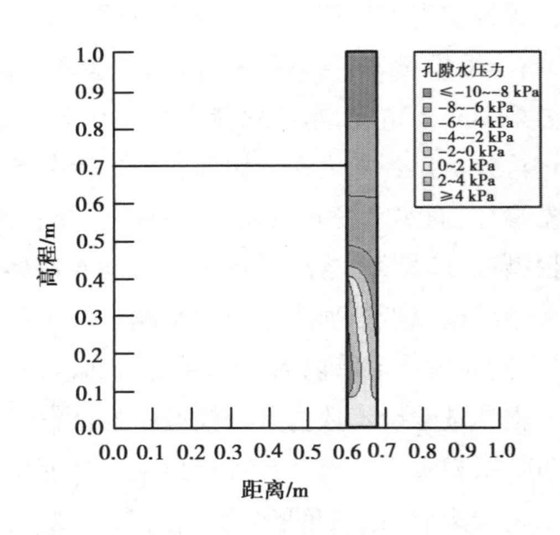

图 8.9　孔隙水压力云图

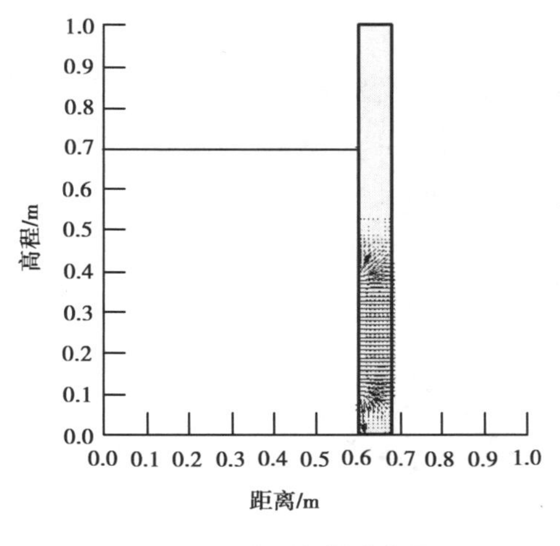

图 8.10　渗透矢量分布图

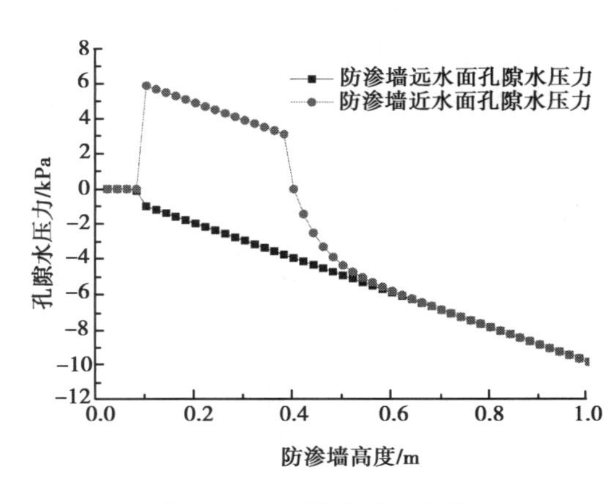

图 8.11　孔隙水压力变化

根据等势面的分布情况,水头及孔隙水压力较高的区域主要集中在防渗墙底部,数值随着墙高的增加及渗透距离的增长而逐渐减小。由于安装插板的缘故,近水面孔隙水压力在墙高 0.4 m 处发生了快速下降的情况。如图 8.11 所示,孔隙水压力的变化范围为-10 ~6 kPa,远小于防渗浆材的设计抗压强度,说明安全性很好。渗透矢量的长度代表着渗透速度的大小,渗透矢量的方向代表着渗透水流的流向,可见其渗流主要以水平方向流动为主。

如图 8.12 所示,渗透速度集中在防渗墙高 0.08 ~0.4 m 处,渗透速度随墙高增加大致呈减小趋势。墙高 0.08 m 以下的部分数值较低,而墙高 0.4 m 以上的部分数值则快速趋向零,这是由于此范围内的插板及槽钢为不透水材料导致的。其中远水面渗透速度最大值为 3.86×10^{-9} m/s,出现于墙高 0.22 m 处;近水面最大渗透速度出现在 0.09 m 处,最大值为 1.34×10^{-8} m/s。如图 8.13 所示,渗透比降在墙高 0.28 m 处取得最大值 9.46,满足安全标准。同时在实验过程中未发现模型墙体出现明显变形及渗透破坏的情况,说明 PBFC 改性防渗墙在使用中可以保持完整性与连续性。这样既可以阻隔垃圾及渗滤液与外界的接触,也可以充分吸附渗滤液中的有害物质。

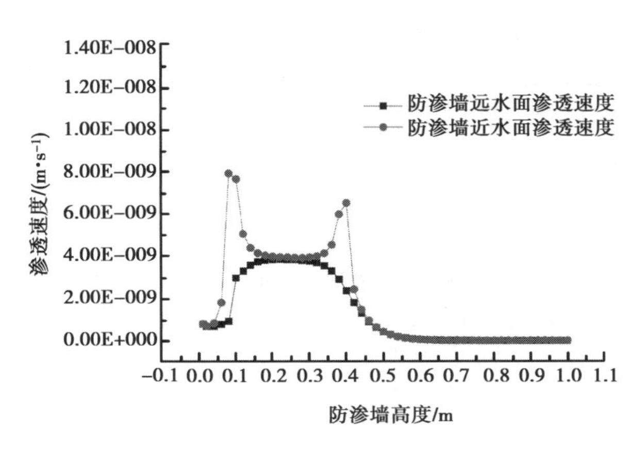

图 8.12　防渗墙面渗透速度

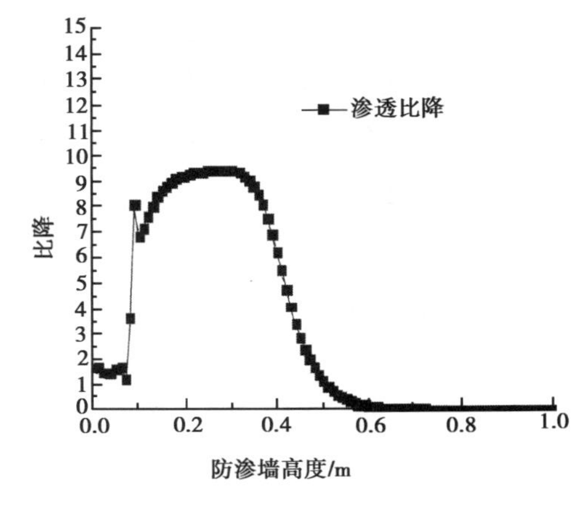

图 8.13　防渗墙渗透比降

(2)渗透量对比分析

在墙体远水面绘制一个过流断面,该断面模拟分析得出的流量即为人工配制的模拟溶液穿透防渗墙后的渗透量。防渗墙远水面的过流断面流量为 $1.27\times10^{-9}\ m^3/s$,考虑墙的长度为0.7 m,因此根据分析结果计算出模型墙单位长度内的流量为 $8.89\times10^{-10}\ m^3/s$,与实测值的对比如图8.14所示。

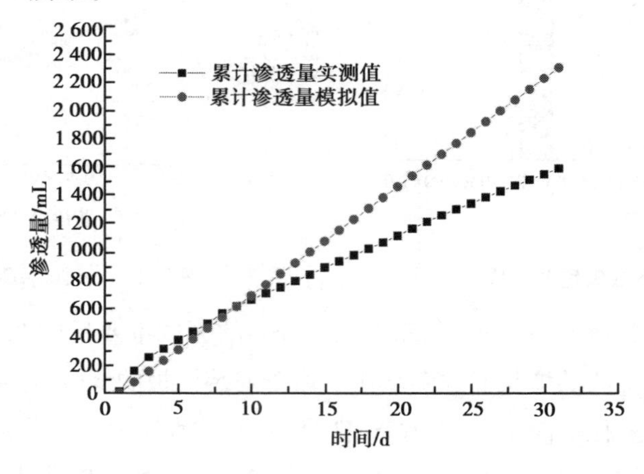

图8.14 渗透量模拟值与实测值的对比

由数值分析得到的日均渗透量为76.8 mL/d,收集的渗透量实测值在开始几天内约为150 mL/d,随着时间的变化快速减小并在5 d后稳定在40~50 mL/d,每日渗透量实测值均值较5 d前的平均值降低了38.1%。从总体来看,实测值与模拟值的变化趋势基本一致。实测值初期偏大,这是由于防渗浆材在养护后一段时间内其内部材料因失水发生收缩而拓宽了渗流通道或墙体产生细微裂隙,使得渗流过程前期出现了渗透系数偏大的情况。而模拟分析使用的渗透系数则为对完全饱和状态下的试样进行实验测得的数据,因此会出现渗流量实测值大于模拟值的情况。

对于实验的中后期,实测值逐渐稳定并小于模拟值,是由于随着渗流的进行墙体材料中的膨润土吸水重新膨胀,使墙体中的裂隙与渗流通道的大小逐渐恢复正常,日均渗透量逐渐变小且变化趋势趋于稳定;由于模拟分析为绝对理想状态,而实际实验中不可避免地会出现水分损失的问题,在天气炎热时影响更大,这会造成一定的误差。同时在收集渗滤液的过程中会有部分水分残留在集液槽内,也会导致实测值存在误差。

4)工况2:加装插板计算分析

(1)渗透速度与比降分析

未加装插板时,除去槽钢面积后模型箱中PBFC改性防渗墙的迎水面积为 $0.372\ m^2$,模拟分析出的水头云图及浸润线、孔隙水压力云图如图8.15、图8.16所示,渗流矢量分布如图8.17所示。

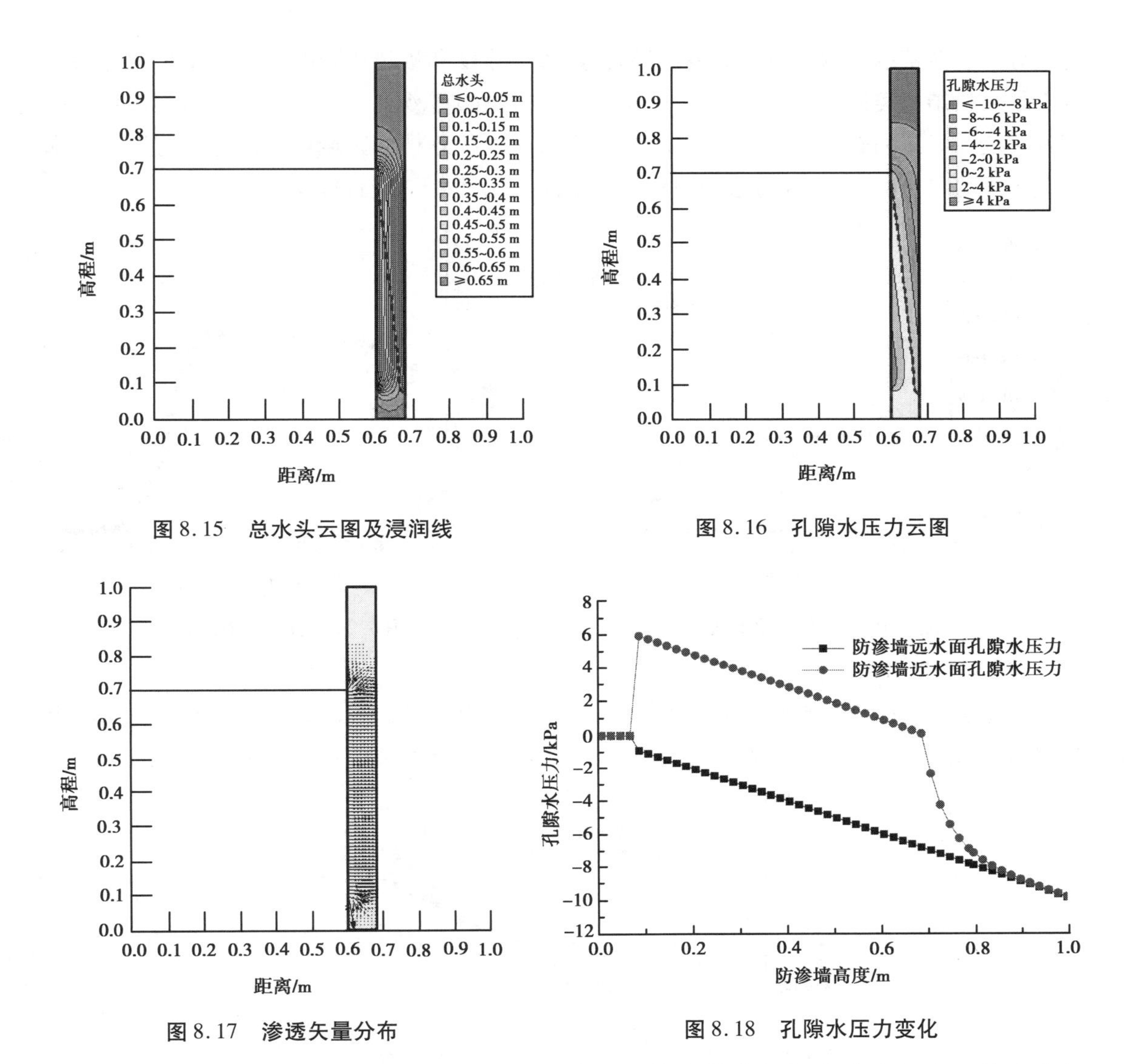

图 8.15　总水头云图及浸润线

图 8.16　孔隙水压力云图

图 8.17　渗透矢量分布

图 8.18　孔隙水压力变化

当防渗墙近水面没有安装插板时，可见水位以下的墙体内部均有渗流产生。总水头与孔隙水压力的等势面分布情况与工况 1 的分析结果类似，此时渗透矢量的方向仍以水平为主。如图 8.18 所示，孔隙水压力的范围在 $-10\sim6$ kPa，也在防渗浆材的设计抗压强度范围之内，说明 PBFC 防渗浆材浇筑的墙体可以很好地满足垃圾填埋场的要求。

如图 8.19 所示为渗透速度曲线分布情况，渗透速度主要分布在墙高 0.08 ~ 0.7 m 处，渗透速度随墙高增加而减小。除去因交界处材料属性剧变而出现的特异值，防渗墙近水面渗透速度峰值出现在墙高 0.13 m 处，数值为 4.67×10^{-9} m/s。防渗墙远水面渗透速度峰值出现在墙高 0.25 m 处，数值为 3.72×10^{-9} m/s。由于模型尺寸偏小的缘故，墙面两侧渗透速度的峰值并没有发生明显的变化，但远水面渗透速度峰值的位置较工况 1 上移了 0.03 m，说明迎水面积越大渗透作用越明显。

如图 8.20 所示，渗透比降最大值为 9.90，出现于墙高 0.56 m 处，此时防渗墙的渗透比降也处于安全范围之内。当不加装插板时，其渗透速度和渗透比降的数值及变化规律与工况 1 的分析结果类似，由于迎水面积较大，因此数值相对工况 1 要大一些。除去因边界材料属性突变而导致的软件分析产生的误差点，在没有插板遮挡的区域内渗透速度与渗透比降变化平缓均匀，因此可认为防渗墙和易性较好，具有良好的工程性能。

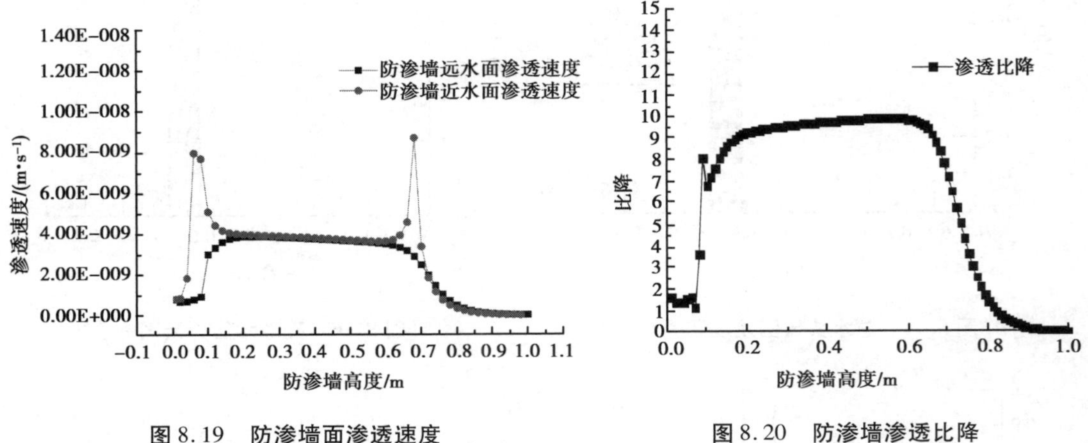

图 8.19　防渗墙面渗透速度　　图 8.20　防渗墙渗透比降

（2）渗透量对比分析

防渗墙远水面过流断面流量为 2.44×10^{-9} m^3/s，考虑墙的长度为 0.7 m，根据分析结果计算出模型墙单位长度内的流量为 1.72×10^{-9} m^3/s，与实测值的对比如图 8.21 所示。

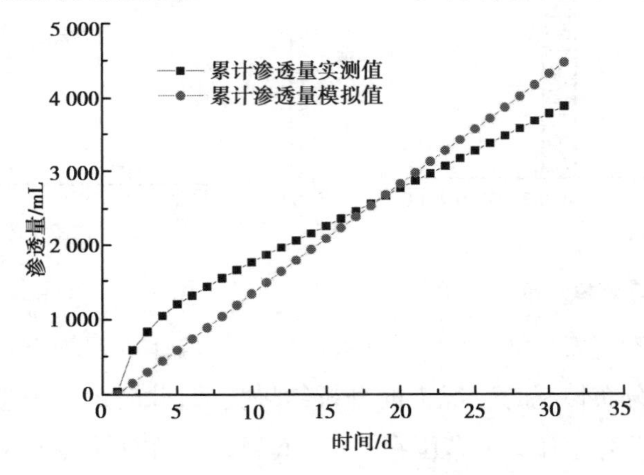

图 8.21　渗透量模拟值与实测值的对比

数值分析得到的日均渗透量为 148.61 mL/d，收集的渗透量实测值在开始几天内约为 280 mL/d，随着时间的变化快速减小并在 5 d 后稳定在 100～110 mL/d，每日渗透量实测值均值较 5 d 前的平均值低了 57.3%。日均渗透量的变化趋势与工况 1 一致，在不考虑误差的情况下初期渗透量会迅速减小并在一段时间后趋向一个固定范围，说明垃圾填埋场防渗墙在投入使用后会迅速提升渗透性能，其防渗能力在一段时间后达到稳定。

8.4　实际工程防渗墙体渗透性能的数值分析

1）工程概况及场地工程地质条件

江苏省某生活垃圾填埋项目垂直防渗工程，通过三重管高压旋喷法进行垂直防渗墙施工，采用PBFC防渗浆材，浆材配方见表8.1。垃圾场周长2 000 m，垃圾设计堆埋深度为14 m，工程设计库容约210万 m^3，防渗墙周长为1 300 m，墙厚为1 m，墙深为15 m。

该垃圾场工程位于长三角平原区域，区域内平原可分为5个地貌单元。工程选址范围内地面标高为5.34～5.84 m，地形较为平坦，区域内地质构造较稳定，无不良地质活动；场地区域较稳定，属相对稳定区；土层分布相对均匀，适宜垃圾填埋场建设。取场地垂直范围20 m深的地层进行有限元计算分析，该范围内各地层的地质条件见表8.4。

表8.4　场地工程地质条件

土层名称	土质特征	工程特性
杂填土	密实、松散	表层为建筑废弃物，其余部分主要为含少量建筑垃圾的黏土，工程性质差。重度 γ 为18.0 kN/m^3，水平渗透系数为 1.20×10^{-5} m/s
黏土	可塑，局部硬塑	土质较均匀，抗剪强度高，压缩性中等，工程性质较好。含水量25.5%，重度 γ 为18.0 kN/m^3，水平渗透系数 9.40×10^{-10} m/s
粉质黏土夹粉土	软塑-可塑	土质较差，抗剪强度低，压缩性较高，工程性质差。含水量29.4%，重度 γ 为19.5 kN/m^3，水平渗透系数 4.42×10^{-7} m/s
粉质黏土	可塑	土质较均匀，抗剪强度一般，压缩性中等，工程性质一般。含水量23.9%，重度 γ 为20.4 kN/m^3，水平渗透系数 8.03×10^{-9} m/s
黏土	硬塑	土质较均匀，抗剪强度高，压缩性中等，工程性质好。含水量23.1%，重度 γ 为20.5 kN/m^3，水平渗透系数 9.30×10^{-10} m/s

勘探实测上层滞水初见水位埋深1.53～2.08 m（平均值1.80 m）、标高3.88～4.40 m（平均值4.12 m）、稳定水位埋深1.36～1.95 m（平均值1.60 m）、标高4.05～4.44 m（平均值4.27 m），历史最高地下水位埋深0.50 m。

2)计算参数及数值模型确定

(1)材料参数

在使用有限元软件分析时需要输入各材料的参数如压缩模量、渗透系数、含水量等,根据当地的工程概况及勘察报告按不同土层的分布情况分别整理出各土层的性能指标见表8.5。由于土层分布较均匀,为便于建模,将土层厚度取平均值。其中防渗墙各项参数由室内实验测得。

表8.5 垃圾填埋场各地层物理力学性能指标

材料名称	压缩模 E_s /MPa	水平渗透系数 k_H /$(m \cdot s^{-1})$	含水量 θ /%	土层平均厚度 h /m
杂填土	6	1.00×10^{-5}	29.5	1.7
黏土	10	6.80×10^{-10}	25.5	3.8
粉质黏土夹粉土	8	3.24×10^{-7}	29.4	3.7
粉质黏土	7	6.43×10^{-9}	23.9	4
黏土	11	9.30×10^{-10}	23.1	11
防渗墙	200	4.00×10^{-10}	70.2	—

(2)模型建立

防渗墙高15 m,墙厚1 m。该工程选址处土层分布较均匀,因此在建模时可使用矩形区域模拟实际土层,场内填土坡度 $i=1:0.5$。选取垃圾填埋场未启动导排措施且积蓄大量渗滤液的状态进行模拟分析。在建立模型时选取防渗墙周围的部分土体区域分析,模型整体尺寸取水平30 m,竖直20 m;垃圾填埋场深取14 m,此时渗滤液蓄至填埋场设计堆埋深度约2/3处(渗滤液深约10 m)。

建立模型计算简图后,进行网格划分及边界条件确定。网格划分类型采用四边形(或三角形)网格模式,网格划分如图8.22所示。全局网格尺寸选择0.3 m;防渗墙的网格尺寸采用精细化划分,网格单元尺寸取0.1 m。对需要着重分析的部位加密处理可以有效提升计算精度并提高计算准确性。渗流计算选取水头高度作为边界条件,得到的计算结果为渗流量。在渗流分析中流速水头设为0,因此左右边界条件分别设为渗滤液水头及地下水头,下边界设为不透水边界,上边界设为自由渗透边界,具体条件设置见表8.6。

(3)分析类型

采用SEEP/W模块对土体及防渗墙进行分析,可以模拟出浸润线及渗流场。饱和模型适用于土层材料总是在水位线以下的情况,而在实际工程中渗流主要存在于浸润线以下的部分,而在浸润线以上则几乎没有渗流产生,因此使用饱和/非饱和渗流本构模型可以经过迭代后最终确定饱和区及非饱和区的位置,得出的结果更符合实际。当选用饱和/非饱和模型时需要输入材料的体积含水量和渗透系数随基质吸力变化的关系,可通过有限元软件自带的函数来估计土水特征曲线与渗透系数函数。

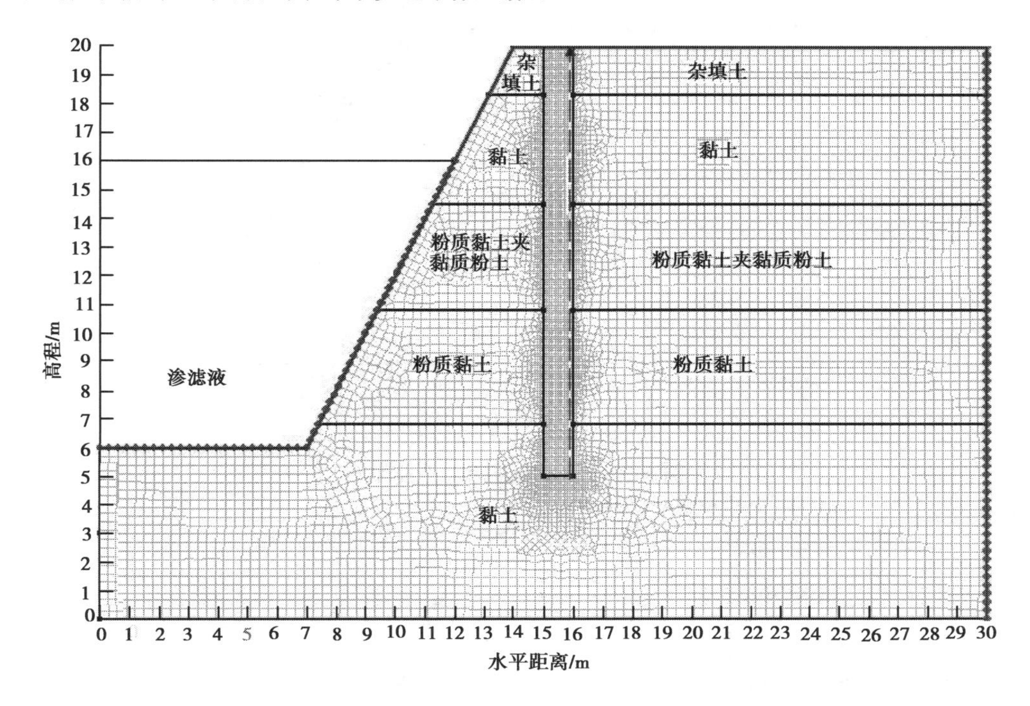

图 8.22　模型简图及网格划分

表 8.6　网格划分及边界条件

网格划分		网格划分类型	网格数	节点数	边界条件设置				分析类型	分析结果
全局网格尺寸	防渗墙网格尺寸				左边界	右边界	上边界	下边界		
0.3 m	0.1 m	四边形(或三角形)网格	7 863	7 920	渗滤液水头	地下水头	自由渗透边界	不透水边界	饱和/非饱和渗流本构模型	渗透量

土水特征曲线函数类型选取体积含水量-数据点函数,估计方法使用软件提供的样本函数;渗透系数函数类型选取渗透系数-数据点函数,估计方法选择 Frellund & Xing 方法,该方法在全基质吸力下均可使用。使用该方法需要得到拟合参数 α,n,m 的数据,这些数据可由软件通过对输入的渗透系数的数据进行拟合而得出。

渗透系数取 4.6×10^{-10} m/s,防渗墙的土水特征曲线与渗透系数函数曲线如图 8.23、图 8.24 所示。

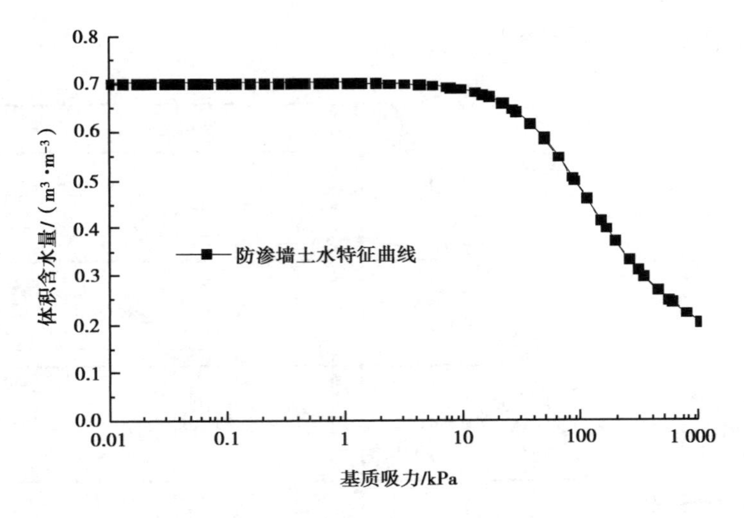

图 8.23　防渗墙土水特征曲线

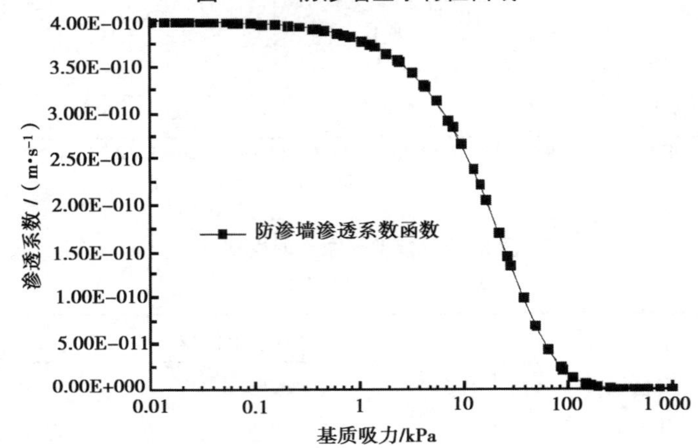

图 8.24　防渗墙渗透系数函数

由图 8.23 可知,随着基质吸力的增大,防渗墙的含水量开始时变化平缓,当基质吸力达到一定大小时快速下降;渗透系数也表现出相似的规律,这种变化规律表明防渗墙内部孔径分布较均匀且以孔隙为主。因为细微孔隙中的水分需要基质吸力加载到一定程度时才会释出,所以开始时含水量随基质吸力增大而减小,缓慢说明防渗墙具有较好的防渗性能。水土特征曲线及渗透系数函数的控制方程分别为:

$$F(\varphi) = C(\varphi)\frac{1}{\left\{\ln\left[\mathrm{e}+\left(\frac{\varphi}{\alpha}\right)^{n}\right]\right\}^{m}} \tag{8.4}$$

式中　$C(\varphi) = 1 - \dfrac{\ln\left(\dfrac{1+\varphi}{\varphi_{\mathrm{r}}}\right)}{\ln\left(\dfrac{1+10^{6}}{\varphi_{\mathrm{r}}}\right)}$;

φ——基质吸力;

α, n, m——拟合参数。

$$K_w = K_s \frac{\sum_{i=j}^{N} \frac{\theta(e^y) - \theta(\psi)}{e^{yi}} \theta'(e^{yi})}{\sum_{i=j}^{N} \frac{\theta(e^y) - \theta_s}{e^{yi}} \theta'(e^{yi})} \tag{8.5}$$

式中　K_s——饱和渗透系数；

θ——土体含水量；

ψ——负孔隙水压力；

j——负孔隙水压力最小值；

N——负孔隙水压力最大值；

y——虚拟变量。

3）分析结果

（1）渗透速度分析

防渗墙两侧的渗透速度如图 8.25 所示，渗透速度随墙高的增加先增大后减小。结合渗流矢量分布情况，渗透速度在 0 ~6 m 处增加是由于基坑底部水压较大使得渗流路径在防渗墙底部聚集，垃圾场底层及内坡因渗透系数很小对渗滤液也起到了阻滞作用，从而导致渗透水流集中在墙高 6 m 的范围内，在实际工程中应对防渗墙底部防渗重点关注。

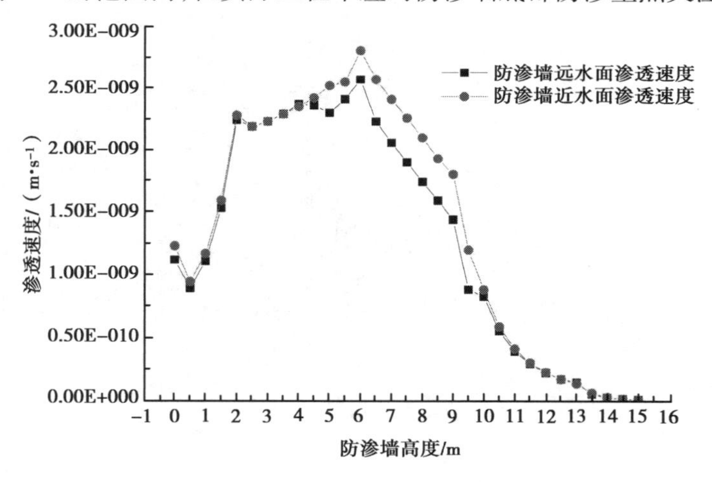

图 8.25　防渗墙面渗透速度

防渗墙近水面与远水面的渗透速度曲线对比显示，两者速度在墙高 0 ~4 m 与 10 m 以上的部分大小相近，而在 4 ~10 m 处远水面渗透速度明显大于近水面，渗透速度最多可降低 17.6%。由于底部的黏土层可视作不透水层，因此在墙高 0 ~4 m 时防渗墙两侧渗透速度相差不大；浸润线高程在墙高 10 m 附近，而浸润线以上的部分几乎没有渗透的产生，因此防渗墙两侧渗透速度也几乎无差别；在墙高 4 ~10 m 处的粉质黏土夹黏质粉土层渗透系数较大无法减缓渗透液的渗透速度，渗滤液的渗透速度在经过防渗墙对渗滤液的阻滞作用之后明显降低，说明防渗墙可以有效降低渗滤液的渗透速度。

(2)渗透比降及孔隙水压力

水头云图及孔隙水压力云图如图 8.26、图 8.27 所示,渗透比降如图 8.28 所示。单宽流量截面渗透量为 $2.10\times10^{-7}\ m^3/s$。由于防渗墙的作用,高水头区域主要集中在垃圾填埋场内坡,而防渗墙外部土体水头较低,沿渗流矢量的方向水头等势线逐渐降低;渗流矢量显示,渗径主要集中在防渗墙底部。防渗墙对孔隙水压力的分布也产生一定的影响,孔隙水压力等势线在穿过防渗墙后明显下降,体现了防渗墙的防渗效果。符合达西定律的渗流其比降与渗透速度呈线性相关。浸润线越高,工程的安全性就越低,因此在工程中需要尽量降低浸润线。从云图中可以看出浸润线在穿过防渗墙时有 6 m 的落差,表明防渗墙可以有效降低浸润线的高度以提高工程安全性。最大比降发生在墙高 9.6 m 处附近,其值为 14,满足生活垃圾卫生填埋场的有关规定。

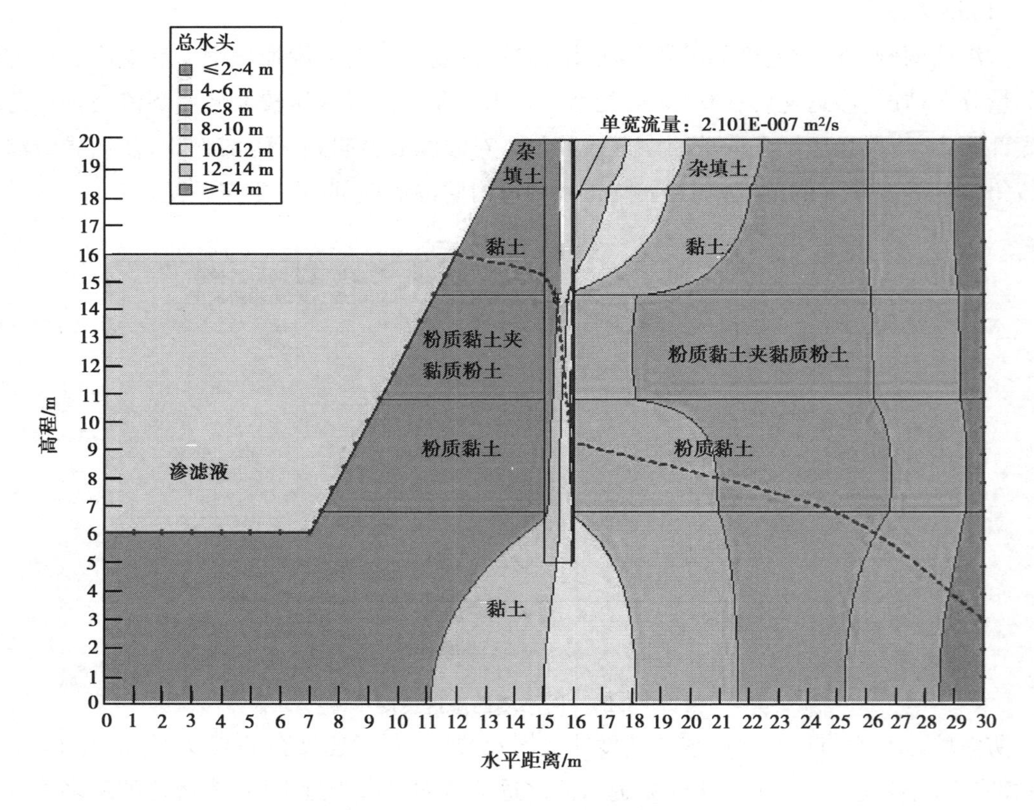

图 8.26 水头云图及浸润线

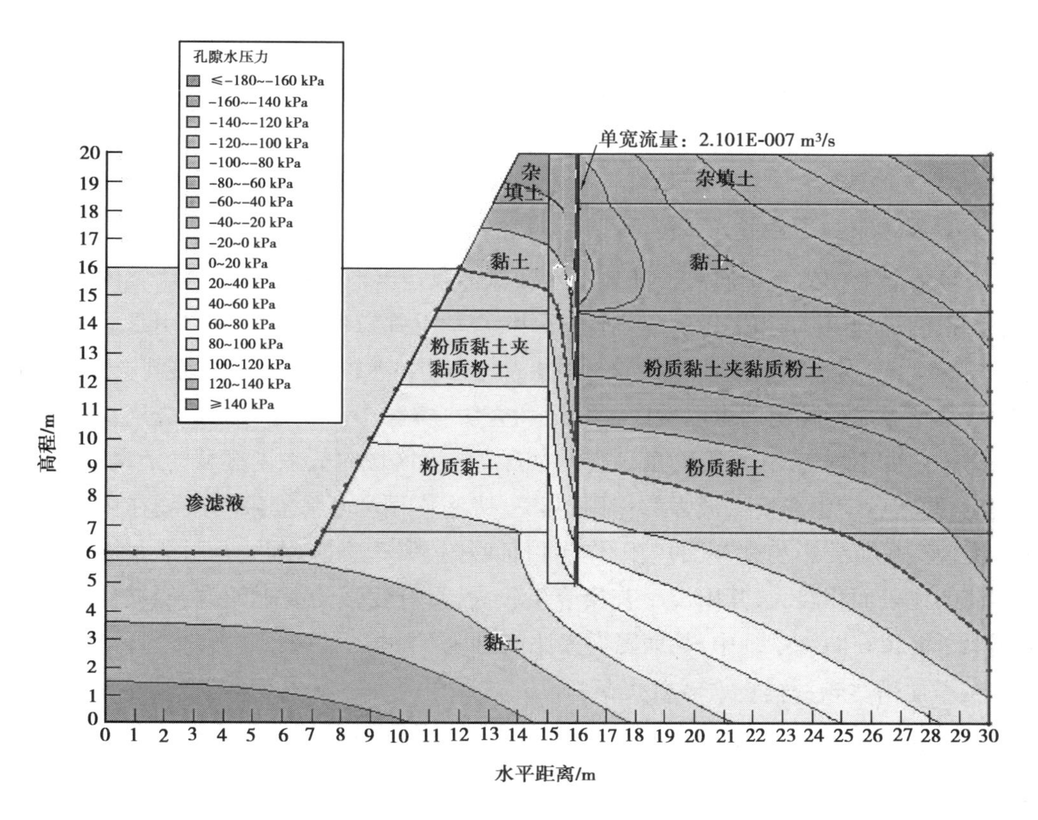

图 8.27　孔隙水压力云图

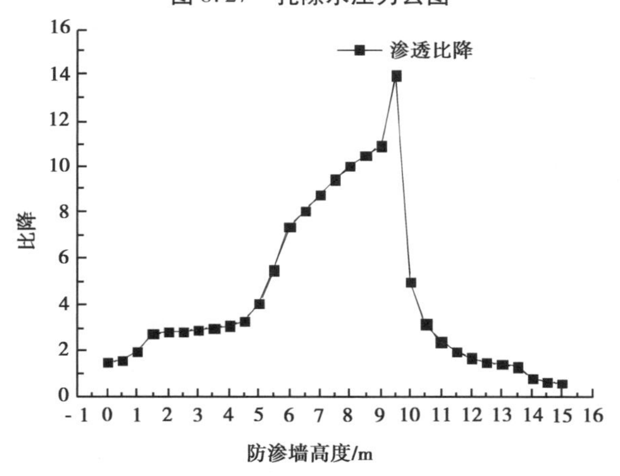

图 8.28　防渗墙渗透比降

8.5 重金属污染物的运移规律

1）重金属污染物运移形式及特征

垃圾场渗滤液中的重金属离子随地下水渗流而发生运移，在防渗隔离墙中的运移转化是一个复杂的物理、化学和生物过程，对流作用、水动力弥散作用及吸附作用是运移运动的主要形式。其一，当地下水流动所携带的渗滤液污染物以水的渗流速度在多孔介质（采用黏土基防渗浆材做成的隔离墙可以看成多孔饱和介质）空隙中产生迁移；其二，当渗滤液中的重金属离子浓度不均匀时，污染物自身会发生自高浓度区域向低浓度区域的运动，形成分子扩散效应，并在运动中产生机械弥散作用；其三，吸附作用会对渗滤液污染物在固相和液相之间的交换产生重要影响，广义的吸附作用包括吸附、离子交换、沉淀及阻滞过滤等。水泥土隔离墙的比表面积较大，其阳离子交换容量较大，具有较强的吸附能力，能够使被吸附的重金属离子滞留在防渗系统中，从而降低渗滤液对地下环境的污染。

2）重金属污染物运移数学模型建立

假定渗滤液在帷幕防渗墙多孔介质表面均匀流动，则地下水渗流运动的二维数学模型为：

$$\frac{\partial}{\partial x}\left(K_x H\frac{\partial h}{\partial x}\right)+\frac{\partial}{\partial y}\left(K_y H\frac{\partial h}{\partial y}\right)+W=\mu\frac{\partial h}{\partial t} \tag{8.6}$$

式中 $h(x,y,t)|_{t=0}=h_0$；$h(x,y,t)|_{\Gamma 1}=h_1$；$[-\partial h(x,y,t)/\partial n]|_{\Gamma 2}=q$；$H=h-z$（$z$ 为测试点深度）；

K_x,K_y——横向和纵向渗透系数；

μ——给水度；

h——水头高度；

h_0,h_1——初始水头和边界水头值；

t——时间；

W——地下水系统竖直方向补给量；

q——地下水通量边界条件。

垃圾场渗滤液中的重金属污染物在帷幕防渗墙中的运移数学模型建立过程如下：

$$B_u\frac{\partial(HN)}{\partial t}+\frac{\partial(HNv_x)}{\partial x}+\frac{\partial(HNv_y)}{\partial y}=\frac{\partial}{\partial x}\left[H\left(D_{xx}\frac{\partial N}{\partial x}+D_{xy}\frac{\partial N}{\partial y}\right)\right]+\frac{\partial}{\partial y}\left[H\left(D_{yx}\frac{\partial N}{\partial x}+D_{yy}\frac{\partial N}{\partial y}\right)\right]+I_0 \tag{8.7}$$

$$H\left(D_{xx}\frac{\partial N}{\partial x}+D_{yy}\frac{\partial N}{\partial y}\right)-N(v_x+v_y)|_{\Gamma 2}=0 \tag{8.8}$$

式中　$N(x,y,t)\mid_{t=0}=0;N(x,y,t)\mid_{x=0}=N_0;N(x,y,t)\mid_{\Gamma 1}=s;$

B_u——阻滞因子；

I_0——源汇相；

s——污染物通量边界条件；

N——渗滤液中重金属离子的浓度；

N_0——渗滤液中重金属离子的初始浓度；

$D_{xx},D_{xy},D_{yx},D_{yy}$——弥散系数张量。

对于二维弥散体系，假定纵向和横向弥散系数为常数，则二维水动力弥散系数可表示为：

$$D_{xx}=\beta_L\frac{v_x^2}{\lfloor V\rfloor}+\beta_T\frac{v_y^2}{|V|}+D_0 \tag{8.9}$$

$$D_{yy}=\beta_L\frac{v_y^2}{\lfloor V\rfloor}+\beta_T\frac{v_x^2}{|V|}+D_0 \tag{8.10}$$

$$v_x=-\frac{K_x}{n}\frac{\partial h}{\partial x};v_y=-\frac{K_y}{n}\frac{\partial h}{\partial y} \tag{8.11}$$

式中　β_L，β_T——纵向和横向弥散系数；

v_x，v_y——地下水平均流速，$|V|=\sqrt{v_x^2+v_y^2}$；

n——有效孔隙率；

D_0——有效分子扩散系数。

3）运移数学模型的耦合求解过程

地下水渗流模型与重金属污染物运移数学模型是相耦合的系统，解耦基本方法：先由地下水渗流方程式(8.6)求出水头 h，然后代入流速方程式(8.11)可求出流速 V，并将其代入重金属污染物运移控制方程式(8.7)和方程式(8.8)，求得重金属污染物在地下水含水层中的浓度值 N。采用隐式有限差分格式进行数值离散求解，从 $t=0$ 开始，运用多次迭代可求出重金属污染物随时空变化的浓度值。

4）计算分析

以江苏省某垃圾卫生填埋场为例，该垃圾场四周垂直防渗墙采用PBFC防渗浆材制作，对垃圾场渗滤液等重金属污染物通过防渗墙的运移规律进行模拟分析，主要计算参数取值如下：浆材结石体渗透系数 $K=0.5\times10^{-7}$ cm/s，阻滞因子 $B_u=1.1$，弥散系数 $D=3.0\times10^{-6}$ cm^2/s，隔离墙厚度 $B=60$ cm，墙体深度 $H=25$ m（置于不透水黏土层3 m深），隔离墙总长约500 m，场地下水埋深 $H_0=3$ m，重金属铅、镉的初始浓度均为 $N_0=1\ 000$ mg/L，其模拟计算结果如图8.29、图8.30所示。

由图8.29可知，在垃圾填埋场设计使用的40年以内，四周垂直防渗墙对铅的阻滞率达

99.5%以上,对镉的阻滞率达98%以上,这与防渗浆材固结体浆材吸附阻滞性测试的结果比较接近。但当垃圾填埋场使用时间超过40年以后,防渗墙对铅、镉等重金属离子的阻滞率将下降很多,若要提高垃圾填埋场设计使用年限(大于40年),就必须增加防渗墙厚度。因此,采用黏土基防渗浆材做成的一定厚度的防渗墙可以达到阻止重金属污染物运移的目的,具有较强的阻滞污染物能力。

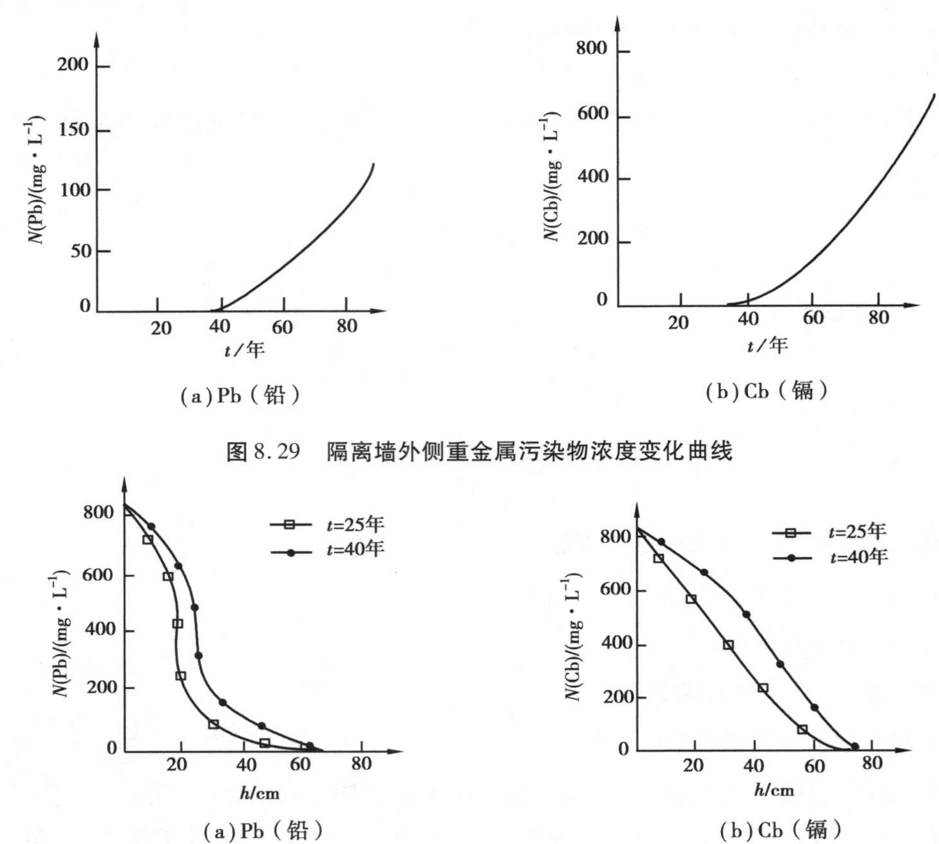

(a) Pb(铅)　　(b) Cb(镉)

图8.29　隔离墙外侧重金属污染物浓度变化曲线

(a) Pb(铅)　　(b) Cb(镉)

图8.30　重金属污染物在隔离墙中的浓度分布曲线

由图8.30可知,该垃圾场防渗墙体中同一位置渗滤液污染物的浓度值随时间的延续有呈逐渐增大的趋势($t=40$年时的浓度值明显大于$t=25$年时的浓度值),且随着墙体的增厚(距离污染物越远),其污染物的浓度越低。总的来说,由PBFC防渗浆材制作的防渗墙对污染物的阻滞作用具有时效性,即初期阻滞作用较强,后期有逐渐减弱的趋势。因此,保证一定的隔离墙厚度(一般$B \geqslant 60$ cm)可确保污染物的阻滞效果。

8.6　研究结论

①根据实际工程设计了一个尺寸为1.5 m×0.6 m×1 m的等比例微缩室内模型箱进行

渗流试验,在模型箱中间槽钢部分浇筑一道厚度为80 mm的防渗墙,以模拟实际垃圾场的防渗墙,墙体材料为聚乙烯醇改性防渗浆材(即PBFC防渗浆材)。在蓄水容积及水位高度不变的情况下,加装插板后迎水面积减少约48%,每日渗透量实测值均值较未加装插板减少了54.6%,减少幅度与有限元分析的48.3%较接近。

②模拟试验中,加装插板及未加装插板的每日渗透量实测值在5 d内逐渐减小并趋于稳定。达到稳定后,两种工况的每日渗透量实测值均值较5 d前的平均值分别降低了38.1%及57.3%。这是由模型墙投入使用后吸水膨胀导致孔径收缩,墙体渗透系数在此期间减小并在饱和后达到稳定。稳定后的渗透量实测值与数值模拟的结果接近,较好地验证了有限元分析的结果。

③对模型试验的分析结果显示,模型防渗墙两侧的孔隙水压力范围为-10~6 kPa,远小于防渗浆材的设计抗压强度。模型防渗墙在没有外部土层支撑的情况下未观察到有明显变形及破坏,验证了有限元分析结果。这就说明了防渗墙的设计比较合理,满足工程要求。

④通过对实际垃圾填埋场四周垂直防渗墙渗流数值分析得出,渗滤液的渗透速度随墙高增加而减小,实际工程中由于地层及内坡的阻滞作用会使渗透速度随墙高增加出现先增大后减小的趋势。穿透防渗墙后,渗透速度最多可降低17.6%。从渗透矢量分布可知,渗径主要集中在墙体中下部,因此在实际工程中需对这些部位多加关注。

⑤对模型试验及实际垃圾填埋场的数值模拟结果显示,渗透比降处于安全范围,浸润线在防渗墙上的溢出点远低于浸入点,同时外部土层中的水头高度和孔隙水压力等势线显著低于垃圾填埋场内斜坡,说明防渗墙可以在正常使用的同时提高周边环境的渗透稳定性。

⑥重金属污染物运移数学模型的计算精确性较高,可判断出防渗墙能使重金属污染物在运移过程中,在水力梯度和浓度梯度作用下发生沉淀、扩散、吸附和转化,从而完成对渗滤液的污染控制。经模拟计算,在垃圾填埋场设计使用的40年以内,防渗墙对铅的阻滞率达99.5%以上,对镉的阻滞率达98%以上,这与防渗浆材固结体浆材吸附阻滞性测试的结果比较接近。由PBFC防渗浆材做成的防渗墙对污染物的阻滞作用具有时效性,即初期阻滞作用较强,后期有逐渐减弱的趋势,保证一定的隔离墙厚度(一般$B \geqslant 60$ cm)可确保对渗滤液污染物的吸附阻滞效果。

参考文献

[1] 许家境. 垃圾填埋场防渗墙渗透性能模型试验研究及二维有限元分析[D]. 常州:常州大学, 2020.

[2] 徐江伟, 余闯, 蔡晓庆, 等. 复合衬层中变系数有机污染物迁移规律分析[J]. 岩土力学, 2015 (S1): 109-114.

[3] 纪伟, 滕红梅, 陈艳, 等. 不透水地基均质土堤防渗墙渗透系数五段算法[J]. 水电能源科学, 2013, 31(6): 144-146,176.

[4] 张文杰, 顾晨, 楼晓红. 低固结压力下土-膨润土防渗墙填料渗透和扩散系数测试[J]. 岩土工程学报, 2017,39(10): 1915-1921.

[5] 周效志,桑树勋,曹丽文,等. 水分运移对填埋垃圾降解过程的影响模拟研究[J]. 土木建筑与环境工程,

2013,35(1):46-51.

[6] 靖向党,于波,谢俊革. 垃圾填埋场防渗浆材对污染物的阻滞规律[J]. 环境科学与技术,2012,35(2):46-50.

[7] YANG J Q, SHI K L, GAO X Q, et al. Hexadecylpyridinium (HDPy) modified bentonite for efficient and selective removal of 99 Tc from wastewater [J]. Chemical Engineering Journal, 2020, 382: 122894.

[8] 关明芳，陈洪凯. 渗流自由面求解方法综述[J]. 重庆交通学院学报, 2005, 24(5): 68-73.

[9] 张旭，谭卓英，周春梅. 库水位变化下滑坡渗流机制与稳定性分析[J]. 岩石力学与工程学报, 2016, 35(4): 713-723.

[10] 林悦奇. Geostudio 软件在土坝渗流稳定分析中的应用[J]. 水利规划与设计, 2018 (3): 154-158.

[11] 马明瑞，张继勋，郁舒阳，等. 库水位变动对心墙坝渗流特性影响及防渗措施研究[J]. 三峡大学学报:自然科学版, 2019, 41(4): 10-15.

[12] 高江林，严卓. 土石坝加固工程中缺陷防渗墙渗流特性研究[J]. 人民黄河, 2017, 39(9): 125-128,134.

[13] LIU B, LI J T, WANG Z W, et al. Influence of seepage behavior of unsaturated soil on reservoir slope stability [J]. Journal of Central South University(Science and Technology), 2014, 45(2): 515-520.

[14] 陈永贵,邹银生,张可能. 黏土固化注浆帷幕控制重金属污染物运移的数值模拟[J]. 岩土力学, 2006(AI):31-34.

[15] WU L Z, ZHANG L M, ZHOU Y, et al. Analysis of multi-phase coupled seepage and stability in anisotropic slopes under rainfall condition[J]. Environmental Earth Sciences, 2017, 76(14): 469.

[16] LIU G, TONG F, TIAN B. A Finite Element Model for Simulating Surface Runoff and Unsaturated Seepage Flow in the Shallow Subsurface [J]. Hydrological Processes, 2019, 33(26): 3378-3390.

[17] 张家发，范士凯，陶宏亮,等. 建筑基坑防渗墙渗流控制效果研究 [J]. 长江科学院院报, 2016, 33(6):58-64,69.

[18] 中华人民共和国住房和城乡建设部. 生活垃圾卫生填埋处理技术规范:GB 50869—2013[S]. 北京:中国建筑工业出版社, 2013.

[19] 中华人民共和国住房和城乡建设部. 生活垃圾卫生填埋场岩土工程技术规范:CJJ 176—2012[S]. 北京: 中国建筑工业出版社, 2012.

[20] 张镇飞，倪万魁，王熙俊，等. 压实黄土水分入渗规律及渗透性试验研究 [J]. 水文地质工程地质, 2019, 46(6): 97-104.

[21] 朱赞成，孙德安，王小岗，等. 基于膨润土微观结构确定土水特征曲线的残余含水率 [J]. 岩土工程学报, 2015(7): 1211-1217.

第9章 垃圾场防渗墙施工工艺

9.1 浆材配制工艺

在防渗浆材配方优化过程中，可将膨润土、水泥、粉煤灰3种主要材料加水搅拌后再加在一起拌合，将膨润土加纯碱预浸泡后再加入水泥和粉煤灰，将稀释剂溶液或干粉在搅浆过程中按不同顺序加入等，最后形成3种简便易行的配制工艺，分述如下：

(1)第一种配制工艺

以BFC防渗浆材配制为例，该配制工艺如下：

①将膨润土和水加入搅拌机中搅拌，然后将纯碱溶液加入搅拌机中搅拌成泥浆。

②将铁铬木质素磺酸盐FCLS(或磺化腐殖酸钠HFN)稀释剂溶液加入泥浆中搅拌。

③将粉煤灰干粉加入泥浆中搅拌。

④最后将水泥粉加入搅拌机搅拌成浆。

(2)第二种配制工艺

以BFCF防渗浆材配制为例，该配制工艺如下：

①使纯碱在常温下进行溶解。

②将膨润土放入步骤①的纯碱溶液中，在常温下进行预水化浸泡，搅拌10 min后，静置8 h以上待用。

③将奈系高浓型高效减水剂(NUF-5)在常温下溶解后待用。

④将水泥、粉煤灰、玻璃纤维丝混合均匀后倒入装有水的容器中进行搅拌，并将膨润土预水化溶液加入其中一起搅拌，搅拌均匀后再加入NUF-5(或木质素黄酸盐)溶液，边加边搅拌，搅拌至均匀状态即可。

(3)第三种配制工艺

以PBFC防渗浆材配制(国家发明专利，ZL201410156248.7)为例，该配制工艺如下：

①使纯碱在常温下进行溶解。

②取聚乙烯醇放入纯碱溶液中，在常温下进行预水化浸泡，溶解浓度不超过10%，应往

纯碱溶液中边散入聚乙烯醇,边进行搅拌,搅拌 15~30 min 后,静置 5~ 8 h 待用。

③将膨润土放入上述聚乙烯醇碱性溶液中,在常温下进行有机化处理,即形成有机化膨润土,搅拌 10 min 后,静置待用。

④取聚羧酸减水剂溶解于常温下的水中,溶解浓度不超过 20%,待用。

⑤将水泥、粉煤灰混合均匀后加余量水进行搅拌,并将有机化膨润土溶液加入其中一起搅拌,搅拌均匀后再加入聚羧酸减水剂溶液,边加入边搅拌,搅拌至均匀状态即可。

9.2 防渗墙振动水力喷射成槽与注浆造墙施工工艺

1)装置结构组成

振动水力喷射成槽与注浆造墙装置将垂直振动与水力喷射成槽、泵吸反循环排渣、槽内注浆造墙等技术方法组合起来使用,实现无接头防渗墙的快速施工。

该设备结构组成如图 9.1 所示,它采用了一个长条形带导向圆弧槽板的振动下沉箱体,箱体底部带有刃齿的切土板,在箱体内侧的底喷射水管路上安装一组竖向底喷嘴(4~8 个),在箱体内侧的侧喷管路下端对称安装一组水平向底喷嘴(2 个),在箱体外侧的侧喷管

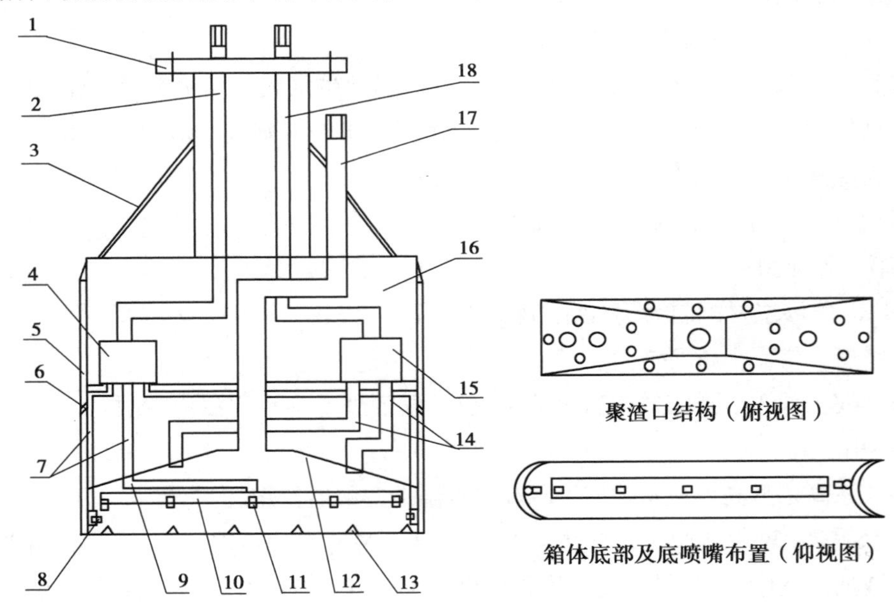

图 9.1 振动水力喷射成槽与注浆造墙装置结构图

1—法兰接头;2—高压注水管路;3—加强筋板;4—高压水分配器;5—导向圆弧槽板;
6—斜向护槽喷嘴;7—侧喷管路;8—水平向底喷嘴;9—底喷连接管路;10—底喷射水管路;
11—竖向底喷嘴;12—聚渣口;13—切土板;14—注浆分支管路;15—浆液分配器;
16—振动下沉箱体;17—反循环吸渣管路;18—注浆主管路

路上端安装一组斜向护槽喷嘴(2个);在箱体的下部安装有泵吸反循环聚渣口,聚渣口顶部与反循环吸渣管路相连,聚渣口四周侧板开有若干圆孔,以方便注水及注浆管路穿越,并确保注浆时浆液面的上升;浆液分配器安装在箱体的中部,其上部与注浆主管路相连,其下部与两根注浆分支管路相连;箱体的上端与法兰接头固定(或连接),法兰接头直接与振动沉管机的管端连接。该装置获得了国家专利(ZL2010 20658347.2)。

2)施工工艺

振动水力喷射成槽与注浆造墙装置通过水力喷嘴喷出高压水对槽底土体进行切割,并在振动机垂直振动力作用下使箱体切土板切土下沉成槽,槽内泥渣通过泵吸反循环管路排入地面沉淀池;当箱体沉入设计深度后,无须提出箱体,直接利用注浆管路向槽内注入防渗浆材造墙。在箱体振动下沉成槽过程中,通过斜向护槽喷嘴喷射高压水以冲洗相邻槽段的墙体,实现无接头防渗墙的快速施工。在垃圾填埋场垂直防渗墙施工时,可先施工第1,3,5,…奇数编号的单元槽段,每个单元槽段长0.6~2.0 m(具体长度由工程设计确定),待奇数编号的单元槽段墙体龄期抗压强度达到设计值70%以后,再施工对应的第2,4,6,…偶数编号的单元槽段,并使相邻两个单元槽段为圆弧过渡连接,确保防渗效果,如图9.2所示。

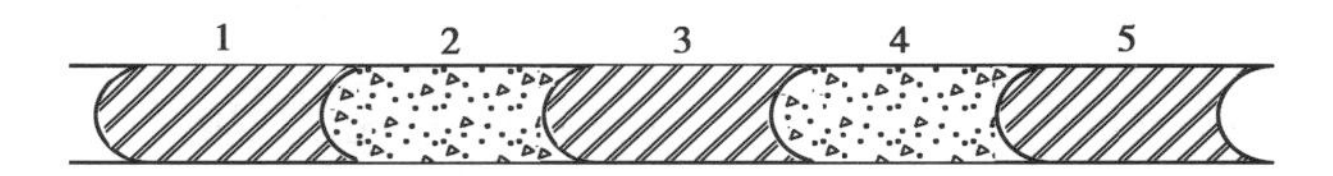

图9.2　单元槽段施工顺序

采用振动水力喷射成槽与注浆造墙施工工艺,其成槽造墙效率高,可比液压抓斗等传统机械式成槽机提高3倍以上,比普通水力喷射成槽机提高2倍以上;实现单元槽段无接头连接,防渗效果显著;槽孔尺寸可调,成槽深度大(深度可超过80 m)。自行设计与加工制作的振动水力喷射成槽与注浆造墙装置样机如图9.3所示。

图9.3　振动水力喷射成槽与注浆造墙装置样机

9.3 高压喷射注浆法施工工艺

高压喷射注浆法施工工艺已广泛用于地基处理和水利工程的防渗处理。该工艺是将可泵送的浆材(一般为水泥浆)通过高压泵与地下土粒混合形成后一定形状的水泥土固结体,以提高地基承载力或形成帷幕墙达到防渗的目的。高压喷射注浆法主要用于处理淤泥、淤泥质土、流塑与软塑或可塑黏性土、粉土、砂土、黄土、素填土和碎石土等地基。根据高压喷射注浆法施工工艺的特点和应用经验,以及所研究的垃圾填埋场防渗浆材特性及其与土样的拌合实验,可将该类地基处理方法用于垃圾填埋场防渗墙工程施工。

1)施工主要机具和设备

目前高压喷射注浆施工常用机具与设备,见表9.1。

表9.1 高压喷射注浆施工主要机具和设备性能参数

<table>
<tr><td rowspan="5">施工参数</td><td colspan="2">项目</td><td>单管法</td><td>二重管法</td><td>三重管法</td></tr>
<tr><td colspan="2">喷嘴孔径/mm</td><td>ϕ2 ~ 3</td><td>ϕ2 ~ 3</td><td>ϕ2 ~ 3</td></tr>
<tr><td colspan="2">喷嘴个数/个</td><td>2</td><td>1 ~ 2</td><td>2</td></tr>
<tr><td colspan="2">旋转速度 n /(r · min^{-1})</td><td>20</td><td>10</td><td>5 ~ 15</td></tr>
<tr><td colspan="2">提升速度 v/(cm · min^{-1})</td><td>20 ~ 25</td><td>10</td><td>5 ~ 15</td></tr>
<tr><td rowspan="6">机具性能</td><td rowspan="2">高压泵</td><td>压力/MPa</td><td>20 ~ 40</td><td>20 ~ 40</td><td>20 ~ 40</td></tr>
<tr><td>流量 q/(L · min^{-1})</td><td>60 ~ 120</td><td>60 ~ 120</td><td>60 ~ 120</td></tr>
<tr><td rowspan="2">空压机</td><td>压力/MPa</td><td></td><td>0.7</td><td>0.7</td></tr>
<tr><td>流量 q/(L · min^{-1})</td><td></td><td>1 ~ 3</td><td>1 ~ 3</td></tr>
<tr><td rowspan="2">泥浆泵</td><td>压力/MPa</td><td></td><td></td><td>3 ~ 5</td></tr>
<tr><td>流量 q/(L · min^{-1})</td><td></td><td></td><td>100 ~ 150</td></tr>
</table>

2)确定旋喷体直径

高压喷射注浆施工如采用旋转钻具的方式施工,便可形成具有一定直径的高压喷射固结体,称旋喷体。旋喷体的直径与土层性质和采用的旋喷方法有关,不同旋喷方法在不同土层所形成的旋喷体直径经验值见表9.2。

3)确定浆材掺入比

浆材掺入比是指拌入地基土的浆材体积与被处理地基土体积之比,即

$$\lambda = \frac{V_L}{V_S} \tag{9.1}$$

式中 λ——浆材掺入比;

V_L——拌入地基土的浆材体积，m^3；

V_S——被处理地基土体积，m^3。

根据工程设计要求，选择垃圾填埋场防渗浆材与欲处理地基土进行不同配比试验，测定其固结体的渗透系数和强度，最后从中选择确定满足工程设计要求的掺入比。根据掺入比便可建立施工中提升速度与泵量间的关系，即

$$V = \frac{q}{\lambda F} \tag{9.2}$$

式中　V——喷射钻具提升速度，m/min；

q——注浆泵的排量，m^3/min；

F——喷射固结体的断面积，m^2；

λ——浆材掺入比。

表9.2　不同旋喷方法在不同土层形成旋喷体直径经验值

土质及其性质（标准贯入击数）		旋喷方法		
		单管法	二重管法	三重管法
		旋喷体直径 D/m		
黏性土	$0<N<5$	1.0±0.2	1.5±0.2	2.0±0.3
	$6<N<10$	0.8±0.2	1.2±0.2	1.5±0.3
	$11<N<20$	0.6±0.2	0.8±0.2	1.0±0.3
砂土	$0<N<10$	1.0±0.2	1.3±0.2	2.0±0.3
	$11<N<20$	0.8±0.2	1.1±0.2	1.5±0.3
	$21<N<30$	0.6±0.2	1.0±0.2	1.2±0.3
砂砾	$20<N<30$	0.6±0.2	1.0±0.2	1.2±0.3

4）确定防渗帷幕墙的厚度与布孔形式

为了防止垃圾填埋场渗滤液中的污染物渗漏而造成周围地下水和土壤的污染，其防渗墙的厚度应按达西定律根据墙体的渗透系数、渗滤液水头差及墙体对污染物的阻滞性能等因素确定，即

$$L = 3.15kAt(P_i - P_o) \times 10^7/Q = 3.15k(P_i - P_o) \times 10^7/q \tag{9.3}$$

式中　L——防渗墙厚度，cm；

k——渗透系数，cm/s；

A——防渗墙面积，m^2；

t——防渗设计寿命，年；

P_i——垃圾填埋场库内水头，m；

P_o——垃圾填埋场库外水头，m；

Q ——通过防渗墙渗出水量,m^3;

q ——防渗墙单位面积每年渗出水量,$m^3/(m^2 \cdot 年)$。

假设垃圾填埋场水头差($P_i - P_o$)为 5 m,墙体渗透系数为 1×10^{-7} cm/s,允许单位面积每年渗出水量为0.1 m^3,则防渗墙墙体厚度为157.5 cm。可见,如果通过垃圾填埋场库内渗滤液排水系统能及时将产生的渗滤液排出,降低库内外水头差,就可进一步减小防渗墙的厚度或减少防渗墙单位面积每年的渗出水量。

高压喷射注浆施工防渗墙的布孔形式主要有以下几种:

①采用旋喷法按 1 ~3 排形式布孔成墙,如图 9.4 所示。为了确保旋喷体间相互交接不留空隙,根据旋喷体直径的经验值 D 确定布孔间距 L_k和排距 L_p,即

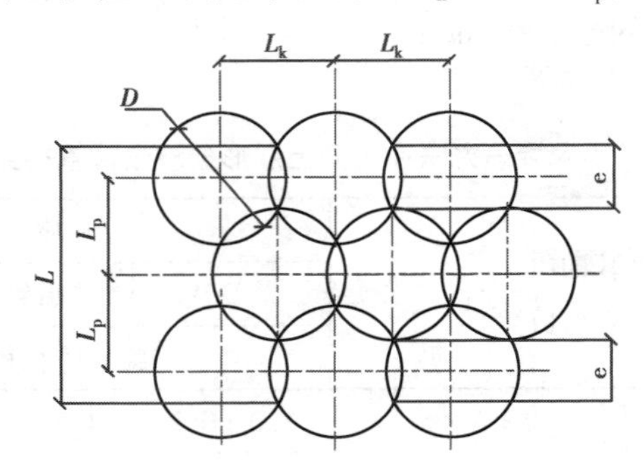

图9.4　旋喷法成墙布孔形式

$$L_k = 0.86D \tag{9.4}$$

$$L_p \leqslant 0.75D \tag{9.5}$$

其中旋喷体间的交接厚度 e 可用下式计算:

$$e = \sqrt{D^2 - L_k{}^2} = 2\sqrt{R_0{}^2 - \left(\frac{L_k}{2}\right)^2} \tag{9.6}$$

那么防渗墙的墙厚如下:

双排布置:

$$L = 2\left(R_0 + \sqrt{R_0{}^2 - \left(\frac{L_k}{2}\right)^2}\right) \tag{9.7}$$

多排布置:

a. 排数为奇数时:

$$L = (n-1)\left\{R_0 + \frac{(n+1)}{(n-1)}\sqrt{R_0{}^2 - \left(\frac{L_k}{2}\right)^2}\right\} \tag{9.8}$$

b. 排数为偶数时:

$$L = n\left\{R_0 + \sqrt{R_0{}^2 - \left(\frac{L_k}{2}\right)^2}\right\} \tag{9.9}$$

式(9.4)～式(9.9)中符号的意义如下：

L_k——沿墙的延伸方向布孔的孔距，m；

L_p——沿墙的厚度方向布孔的排距，m；

D——旋喷固结体直径的经验值，m；

R_0——旋喷固结体半径，m；

e—— 沿墙的厚度方向旋喷体间的交接厚度，m；

n——增加墙体厚度布孔的排数；

L——设计防渗强有效厚度，m。

②采用定喷法直线布孔成墙，如图 9.5 所示。为了确保喷射固结体间相互交接不留空隙，一般采用双喷嘴喷射形成单折线墙或双折线帷幕墙。根据旋喷体直径经验值 D 确定布孔间距 L_k，即

$$L_k = 0.86D \cdot \cos \alpha \tag{9.10}$$

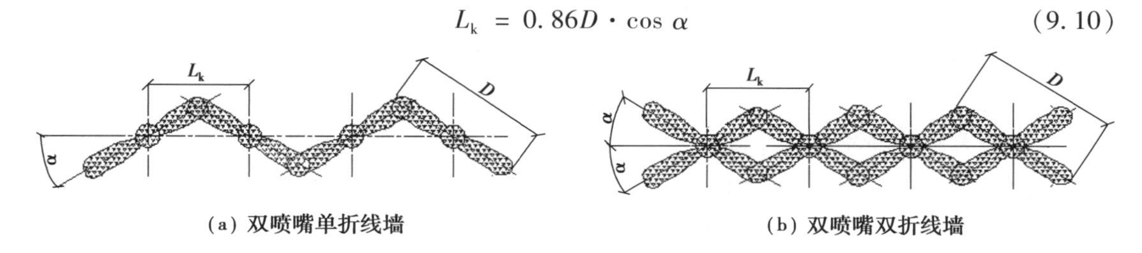

(a) 双喷嘴单折线墙　　(b) 双喷嘴双折线墙

图 9.5　定喷帷幕形式示意图

③采用摆喷法直线布孔成墙，如图 9.6 所示。为了确保喷射固结体间相互交接不留空隙，根据旋喷体直径经验值 D 确定布孔间距 L_k，即

当采用双喷嘴摆喷形成直线型墙[图 9.6(a)]时：

$$L_k = 0.86D \tag{9.11}$$

当采用双喷嘴摆喷形成折线型墙[图 9.6(b)]时：

$$L_k = 0.86D \cdot \cos \alpha \tag{9.12}$$

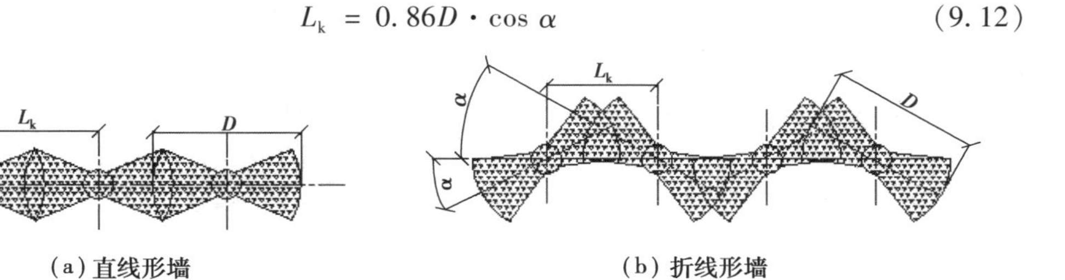

(a) 直线形墙　　(b) 折线形墙

图 9.6　摆喷帷幕形式示意图

5) 施工要点

①高压喷射注浆法施工工艺流程，如图 9.7 所示。

②施工前先进行场地平整，挖好排浆沟，做好钻机定位。要求钻机安放水平，钻杆保持垂直，其倾斜度不得大于 1.5%。

③高压喷射注浆的施工程序为：机具就位→成孔→喷射注浆→拔管及冲洗。

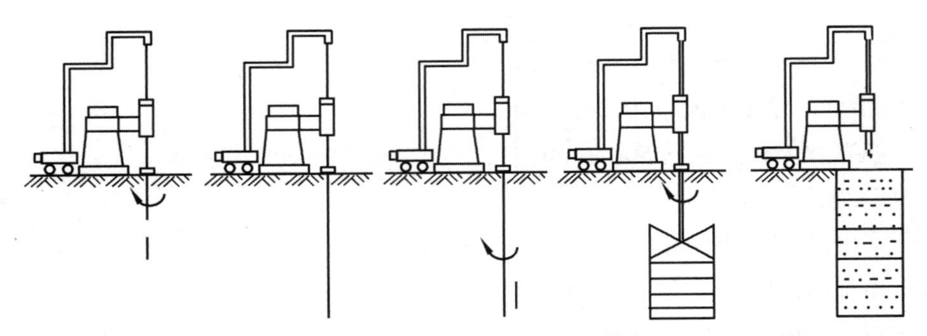

图 9.7　单管旋喷法施工工艺流程

④单管法和二重管法可用注浆管射水成孔至设计深度后，再一边提升一边进行喷射注浆。三重管法施工须预先用钻机或振动打桩机成孔（直径为 150 ~ 200 mm），然后将三重注浆管插入孔内，按旋喷、定喷或摆喷工艺要求，由下而上进行喷射注浆，注浆管分段提升的搭接长度不得小于 100 mm。

⑤在插入旋喷管前先检查高压水与空气喷射情况，各部位密封圈是否封闭，插入后先作高压水射水试验，合格后方可喷射浆液。若因塌孔插入困难，可用低压(0.1 ~2 MPa)水冲孔插入，但须把高压水喷嘴用塑料布包裹，以免泥土堵塞。

⑥当采用三重管法喷射时，开始应先送高压水，再送水泥浆和压缩空气。一般压缩空气可晚送 30 s，并且在桩底部喷射 1 min 后，再进行边提升边喷射。

⑦喷射时，先应达到预定的喷射压力，喷浆量后再逐渐提升注浆管。中间发生故障时，应停止提升和旋喷，以防桩体中断，同时立即进行检查，排除故障；如发现有浆液喷射不足，影响桩体的设计直径时，应进行复核。

⑧旋喷过程中，冒浆量应控制在 10% ~25% 。

⑨喷到桩高后应迅速拔出注浆管，用清水冲洗管路，防止凝固填塞。相邻两桩施工间隔时间应不小于 48 h。

在工程施工中，每根喷射固结体的浆液用量用下式计算

$$Q = \frac{100H \times q(1 + \beta)}{V} \tag{9.13}$$

式中　Q——每根喷射固结体的浆液用量，L；

H——喷射固结体长度，m；

V——喷管提升速度，cm/min；

q——高压注浆泵的排浆量，L/min；

β——浆液损失系数，一般取 0.1 ~0.2。

9.4　深层搅拌桩法施工工艺

1)深层搅拌法简介

根据深层搅拌法施工工艺特点和应用经验,以及所研究的垃圾填埋场防渗浆材特性及其与土拌合的实验,可将该地基处理方法用于垃圾填埋场防渗墙工程的施工。深层搅拌法最早是美国在第二次世界大战后研制成功的,也称就地搅拌法(Mixed-in-Plase Pile),简称 MIP 法。

深层搅拌法是从不断回旋的中空轴端部向周围已被搅松的土中喷出水泥浆材,经叶片搅拌而形成水泥土桩,桩径可达到 0.5 ~ 1.0 m,长度 10 ~ 35 m。深层搅拌施工的主要施工设备为深层搅拌机,如 SJB-1 双搅拌轴中心管输浆的搅拌机械、ZKD 系列多轴(如三轴、五轴)搅拌机等类型,ZKD85-3 型深层三轴搅拌机械如图 9.8 所示。

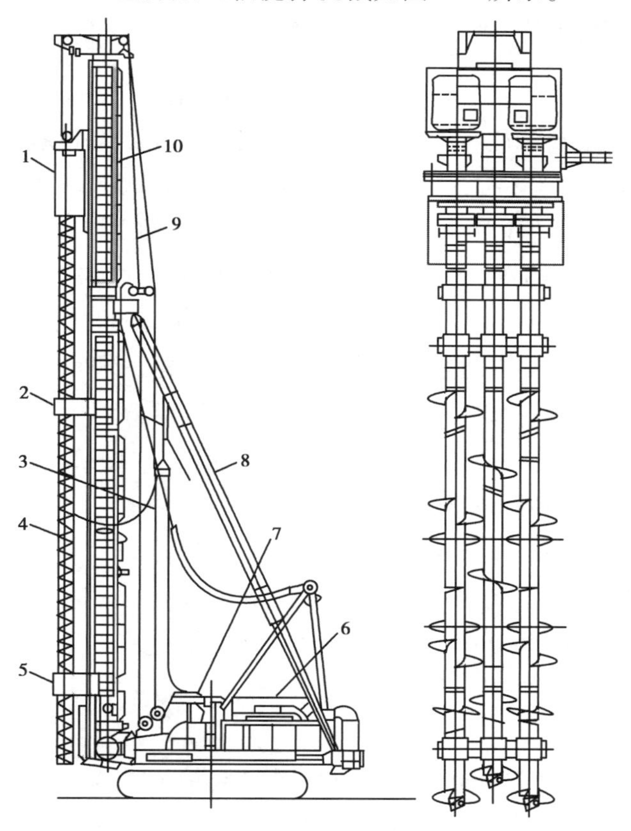

图 9.8　ZKD85-3 型深层三轴搅拌机械(成孔直径 ϕ 850 mm,钻孔深 27 m)

1—动力头;2—中间支承;3—注浆管电线;4—钻杆;5—下部支承;6—电气柜;7—操作盘;8—斜撑;9—钢丝绳;10—立柱

2）施工工艺

深层搅拌桩施工流程以 SJB-1 型深层搅拌机为例，如图 9.9 所示。

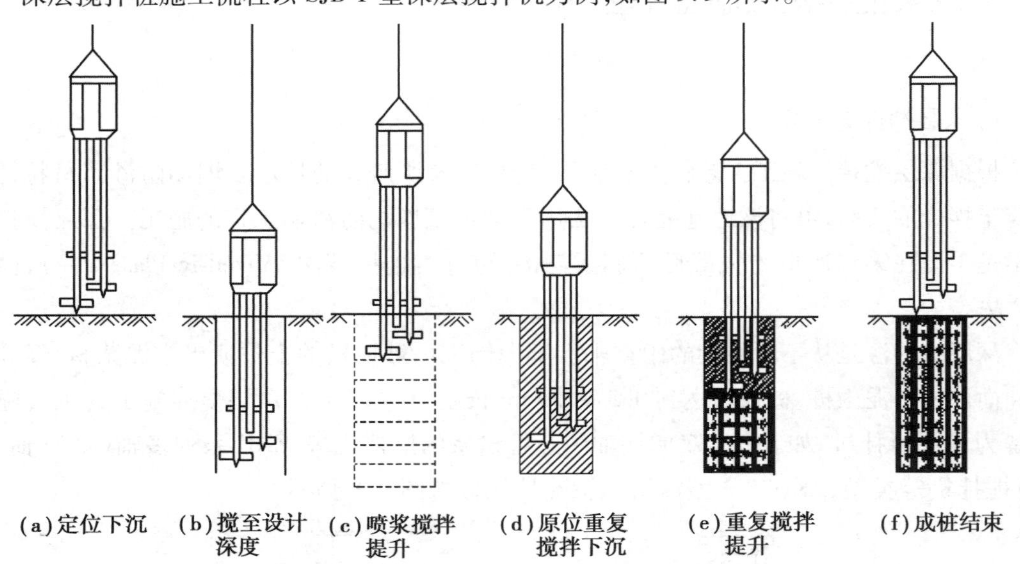

图 9.9　深层搅拌法工艺流程

施工工艺：深层搅拌机就位→预搅下沉→制备浆液→喷浆搅拌、提升→重复搅拌下沉→重复搅拌提升直至孔口→关闭搅拌机、清洗→移至下一根桩、重复以上工序。实际施工时可根据浆材掺入量和地基土的性质进行一喷二搅或二喷三搅的搅拌工艺。

场地应先整平，清除桩位处地上、地下一切障碍物（包括大块石、树根和生活垃圾等）。施工前，应标定灰浆泵的泵量、灰浆输送管到达搅拌机喷浆口的时间和起吊设备提升速度等施工工艺参数，并根据设计要求通过试验确定浆材的掺入比。深沉搅拌宜采用流量泵，注浆泵出口压力保持在 0.4 ~0.6 MPa，并保持搅拌提升速度与泵浆量合理匹配。

完成一组桩施工之后，其柱状固结体外形呈“ ∞”字形，一组接一组进行搭接，即成壁状防渗墙体。每根搅拌固结体的浆材用量可用下式计算：

$$Q = 1\,000HF\lambda(1.1 \sim 1.2) \tag{9.14}$$

式中　Q——每根搅拌固结体的浆液用量，L；

H——搅拌固结体长度，m；

F——搅拌固结体断面积，m^2；

λ——浆材掺入比。

对于三轴搅拌桩，一般按跳槽式双孔全套复搅式连接施工，如图 9.10 所示，其中阴影部分为重复套钻，以保证搅拌墙体连续性和接头的施工质量，达到止水作用。

施工过程中一旦出现冷缝，应在冷缝处搅拌桩外侧补搅一幅三轴桩的施工方案。在搅拌桩达到一定强度后进行补桩，以防偏钻，保证补桩效果，补桩与原桩的搭接厚度约 10 cm，如图 9.11 所示。

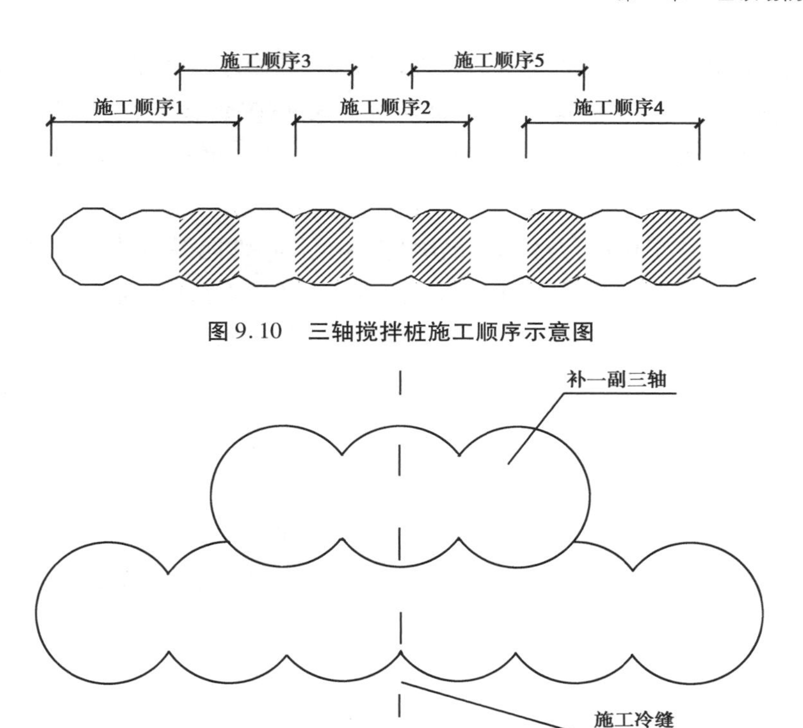

图 9.10　三轴搅拌桩施工顺序示意图

图 9.11　搅拌桩施工冷缝处理

9.5　固化灰浆防渗墙施工技术

1）固化灰浆防渗墙简介

固化灰浆防渗墙是在槽段造孔完毕后，向泥浆中加入水泥等固化材料，砂子、粉煤灰等掺合料、水玻璃等外加剂，经机械搅拌或压缩空气搅拌后形成的防渗固结体。该项目研究成果“防渗墙墙体浆材与造墙工艺”获得国家发明专利（ZL 200710024094.6）。

固化灰浆防渗墙研究与应用是柔性材料防渗墙发展的必然。固化灰浆防渗墙，因墙体强度指标和地基土接近，与防渗体周围地基的协调变形能力好，受力后墙身不易出现开裂，抗渗性能稳定，浆材固结不受成槽作业时间限制，且固化时间可控。该类防渗墙因其成槽作业的废泥浆无须排放，就地处理造墙，墙体各项性能指标适宜，成本低，无环境污染，有着巨大的发展潜力和市场需求。因受浆材配制和固化工艺的限制，固化灰浆防渗墙成墙深度一般不超过 50 m。固化灰浆地下连续防渗墙施工方法主要包括泵循环施工法、置换施工法、气拌原位搅拌法等。

固化灰浆防渗墙墙体浆材由护壁用泥浆和固化用原始灰浆两部分组成。对于防渗墙固化用原始灰浆，进行水泥基浆液配制时，考虑经济成本及便于现场操作等因素，主要使用普通硅酸盐水泥，选用的水泥外加剂主要有水玻璃（NaO. $nSiO_2$）、氯化锂（LiCl）等速凝剂；奈系磺酸盐类缩合物（NUF-5）、木质素磺酸钙、x404 等减水剂；硫酸铝、硫酸钠等交联早强剂。此外，可掺入适量的粉煤灰等辅料，掺入粉煤灰的固化灰浆，可降低经济成本，并利于环境保护。

固化灰浆防渗墙体浆材具有较好的防渗性能和抗侵蚀性能、灰浆体凝结时间可控性好、抗压强度和弹性模量适宜、与地基变形协调能力强、对环境无污染、利于现场配制及低成本等。混合浆材密度为 1.3 ~ 1.7 g/cm^3，凝结墙体 28 d 抗压强度为 0.5 ~ 1.5 MPa、弹性模量为 50 ~ 800 MPa、渗透系数≤10^{-7} cm/s、单位吸水率 $\omega \leqslant 10^{-8}$ m/s；新拌混合浆液失去流动性时间≥4 h，固化时间≤24 h。

2）固化灰浆防渗墙浆材制搅工艺

一般情况下，固化灰浆的制搅为分置换法、原位搅拌法和泵循环加压气搅拌法等，应用较多的是前两种制搅方法。置换法模拟试验装置如图 9.12 所示，其施工步骤如下：

①用吊架和手动葫芦拔出防渗墙接头管。

②在试验槽内下入灌注导管。

③按设计配合比和用量在高速搅拌机内搅拌固化用灰浆。

④将拌制好的固化灰浆通过导管送入试验槽底部，顶排出槽内泥浆。

⑤随着固化灰浆的上升，逐步拔出导管，但导管口始终埋在固化灰浆内。

⑥固化灰浆浇筑完毕后，拔出导管，取样装模进行物理力学性能测试。

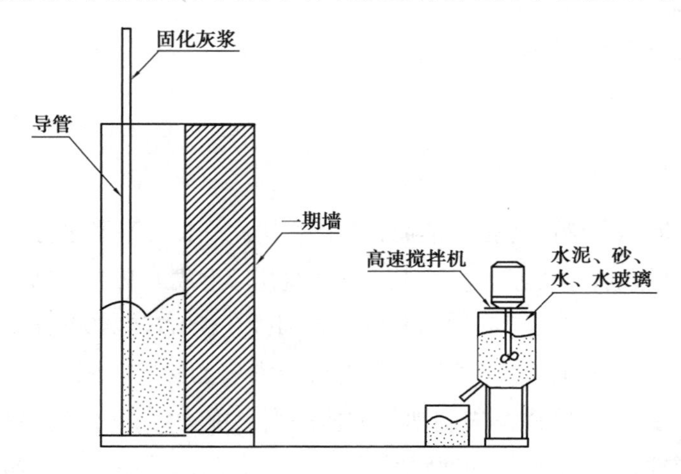

图 9.12　置换法模拟试验

泵循环原位搅拌法模拟试验装置如图 9.13 所示，其施工步骤如下：

①按设计配合比，配制好成槽护壁用不分散低固相黏土泥浆，在高速搅拌机中搅制，约搅拌 15 min。

②由槽孔底部放出部分泥浆，一边排放泥浆一边向槽孔内加入水玻璃和水泥砂浆，约搅拌 15 min。

③用砂浆泵循环孔内混合泥浆，即由底部抽出，再送入顶部，直至混合均匀为止，约搅拌 20 min。

④边循环边在不同深度处取样测其容重，检查是否混合均匀。

⑤取样成型，进行物理力学性能测试。

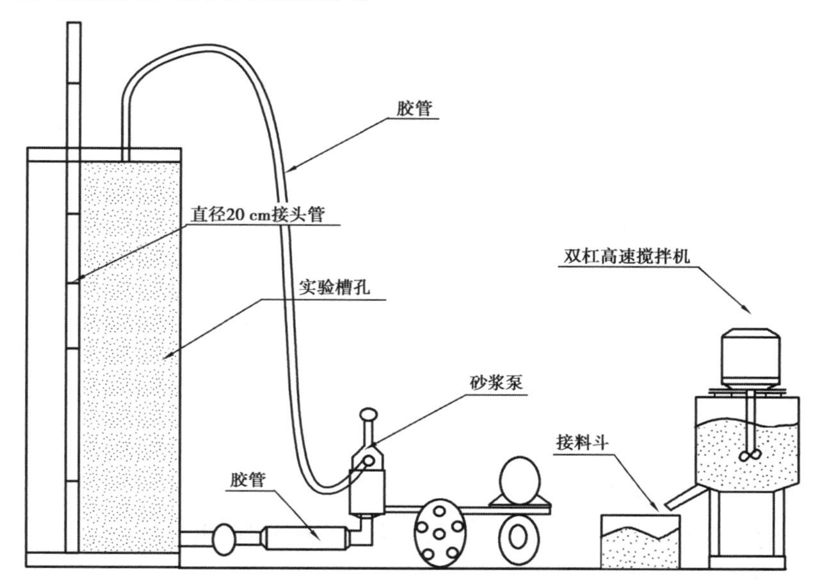

图 9.13　泵循环原位搅拌法模拟试验装置

3）固化灰浆防渗墙浆材制搅工艺的改进建议

因置换法是通过泵送浆材将槽内泥浆置换掉，该法不能充分利用槽内既有泥浆，浆材配制成本高，泥浆浪费严重，且槽段连接质量差；搅拌法是采用泵吸反循环或压缩空气等方式实现槽内既有泥浆和后期灌注浆材混合的。实践证明搅拌法比置换法应用效果好，但搅拌法的施工工艺需要不断改进与完善。

根据室内模拟试验情况，提出搅拌法固化工艺改进的建议如下：

①在单元槽段的成槽施工末期，逐步往槽内泥浆中掺加固化用原始灰浆，在成槽机挖土作业时实现槽内既有泥浆和固化用原始灰浆的初次混合。

②在槽段造孔完毕后，再加入固化灰浆配方中的部分速凝剂（主要是水玻璃），经机械搅拌或压缩空气搅拌后实现槽内所有浆液的最终均匀混合，在凝结固化时间内形成防渗墙墙体。该方法在泥浆和灰浆初次混合时只加入一部分水玻璃（总用量的 1/3 ~ 2/3），可以避免浆液过早凝结，等到槽段造孔完成后，再加入剩余的水玻璃，并在凝结固化时间内形成墙体。

9.6　工程应用情况

近几年，所研制的 PBFC 等防渗浆材在国内一些城区的垃圾场防渗工程、深基坑防渗止水帷幕工程得到了推广应用。应用举例如下：

①某生活垃圾填埋场封场工程，采用 PBFC 浆材进行三轴搅拌桩垂直防渗墙施工，防渗墙总长度 1 000 m，平均深度 20 m。现场测试该墙体 28 d 龄期渗透系数为 0.63×10^{-8} cm/s，90 d 龄期无侧限抗压强度 0.95 MPa，达到了垃圾场防渗标准要求。

②某地铁车站深基坑帷幕止水工程，采用 PBFC 浆材和三轴搅拌桩法进行防渗帷幕止水墙施工，帷幕墙总长度 1 800 m，平均深度 28 m。现场测试防渗墙体 28 d 龄期渗透系数为 0.82×10^{-8} cm/s，90 d 龄期无侧限抗压强度 0.98 MPa，达到了地铁车站深基坑防渗标准要求。

③某重金属固体废物安全填埋项目垂直防渗工程，采用 PBFC 防渗浆材和高压旋喷法进行垂直防渗墙施工。该工程设计库容 123 万 m^3，防渗墙周长 1 300 m，墙厚 1.1 m，墙深 12.5 m。现场测试该防渗墙体渗透系数为 0.72×10^{-8} cm/s，墙体 90 d 龄期无侧限抗压强度达 1.0 MPa，达到了垃圾场防渗标准要求。

④某基坑围护工程，基坑挖深为 19.2 ~ 21.6 m，基坑面积约 6 900 m^2，周长约 350 m。支护工程包括隔离桩、地下连续墙、三轴水泥搅拌桩、灌注桩、高压旋喷桩、RJP 超高压喷射注浆、MJS 超高压喷射注浆及钢筋混凝土支撑等。采用 PBFC 浆材进行三轴搅拌桩止水帷幕施工，搅拌桩为 $\phi850@600$，桩长 26 m。现场测试该止水帷幕墙 28 d 龄期渗透系数为 0.86×10^{-8} cm/s，90 d 龄期无侧限抗压强度 1.2 MPa，达到了基坑止水帷幕防渗要求。

9.7 研究结论

①在防渗浆材配方优化的过程中，可将膨润土、水泥、粉煤灰 3 种主要材料加水搅拌后再加在一起拌合，将膨润土加纯碱预浸泡后再加入水泥和粉煤灰，将稀释剂溶液或干粉在搅浆过程中按不同顺序加入等，以确保浆材各项性能的有效发挥。

②采用振动水力喷射成槽与注浆造墙施工工艺，其成槽造墙效率高，可比液压抓斗等传统机械式成槽机提高 3 倍以上，比普通水力喷射成槽机提高 2 倍以上；实现单元槽段无接头连接，防渗效果显著；槽孔尺寸可调，成槽深度大。

③根据高压喷射注浆法、深层搅拌桩法的施工工艺特点和应用经验，以及所研究的垃圾填埋场防渗浆材特性及其与土样的拌合实验，可将这两类地基处理的工艺方法用于垃圾填埋场防渗墙工程施工。

④固化灰浆防渗墙是在槽段造孔完毕后，向泥浆中加入水泥等固化材料，砂子、粉煤灰等掺合料、水玻璃等外加剂，经机械搅拌或压缩空气搅拌后形成的防渗固结体。固化灰浆防渗墙墙体浆材将向低成本、污染小、废泥浆利用率高、适宜的抗压强度和弹性模量、与地基有较好的变形协调性、良好的抗渗性能、较好的抗侵蚀性能及凝结时间可控性好等方向发展。固化灰浆防渗墙的搅拌法比置换法应用效果好，但搅拌法的施工工艺需要不断改进与完善。

参考文献

[1] 丛蔼森. 地下连续墙的设计施工与应用[M]. 北京:中国水利水电出版社, 2001.

[2] 岳书敬, 于志强. 对固化灰浆防渗墙施工方法之探讨[J]. 路基工程, 2004(5):21-23.

[3] 何润芝,何丽娟. 防渗墙低弹塑性混凝土的试验研究与应用[J]. 混凝土,2006(9):7-10.

[4] 张成军,陈尧隆,刘建成. 防渗墙粘土混凝土力学性能研究[J]. 水力发电学报,2006,25(1):94-98.

[5] 王迎春,李家正,朱冠美,等. 三峡工程二期围堰防渗墙塑性混凝土特性[J]. 长江科学院院报,2001,18(1):31-34.

[6] 代国忠,殷琨. 水利工程防渗墙柔性墙体材料的性能与应用研究[J]. 长江科学院院报,2007(3):46-49.

[7] 熊大玉,王小虹. 混凝土外加剂[M]. 北京:化学工业出版社,2002.

[8] 代国忠,殷其雷,徐秀香. 固化灰浆防渗墙墙体材料力学性能的研究[J]. 沈阳建筑大学学报:自然科学版,2008, 24(4):596-600.

[9] 夏中伏,邹刚. 固化灰浆防渗墙施工技术在福堂水电站中的应用[J]. 四川水力发电,2006,25(6):35-38.

[10] 杨媛,申明亮. 木色水库固化灰浆防渗墙试验施工[J]. 西部探矿工程,2008,20(5):206-207.

[11] 罗家军,李文芳. 南水北调兴隆枢纽围堰防渗方案[J]. 中国农村水利水电,2007(11):104-106.

[12] 王文臣. 钻孔冲洗与注浆[M]. 北京:冶金工业出版社,1996.

[13] 张雄,吴科如. 矿物外加剂作用机理及其关键技术[J]. 同济大学学报:自然科学版,2004, 32(4):494-498.

[14] 蒋振中,汤元昌. 汉江王甫州水利枢纽围堰固化灰浆防渗墙施工[J]. 水力发电,1996(9):38-42.

[15] 孙明权,张玉琴,刘桂梅. 土坝防渗墙材料与厚度对墙体应力变形的影响[J]. 华北水利水电学院学报,2004,25(4):1-4.

[16] NG C W W, LEI G H. An explicit analytical solution for calculating horizontal stress changes and displacements around an excavated diaphragm wall panel [J]. Canadian Geotechnical Journal, 2003, 40(4):780-792.

[17] JACQUES M, DOMINIQUE A. Interpretation of pressuremeter results for design of a diaphragm wall [J]. Geotechnical Testing Journal, 2006, 29(2):126-132.

[18] UGAI K, LESHCHINSKV D. Three-dimensional limit equilibrium method and finite element analysis: a comparison of resuls[J]. Soils and Foundation, 1995, 35(4):1-7.

[19] 裴向军. 水泥土环境中粉煤灰的水化及活性激发研究[D]. 长春:吉林大学,2003.

[20] 代国忠. 岩土工程浆材与护孔泥浆新技术[M]. 重庆:重庆大学出版社,2015.

第 10 章　主要研究成果

在本项目的研究过程中，获得国家授权发明专利 11 项，实用新型专利 1 项，公开发表学术论文 32 篇（具体见主要研究成果条目）。概括前述各章内容，其主要研究成果如下：

①通过正交试验优选出了 BFC，BFCF，PBFC，NBFC 等防渗浆材，该防渗浆材选用膨润土、粉煤灰和水泥作为主剂，目的在于降低浆材结石体渗透系数，增强对垃圾渗滤液中污染物的吸附阻滞作用。选用 TOJ800-10A 高效聚羧酸类减水剂等作为浆材稀释剂，选用聚乙烯醇（或羧甲基纤维素钠）作为膨润土有机化的改性剂，选用聚丙烯纤维（或玻璃纤维）作为浆材结石体的抗裂剂，使垃圾填埋场防渗漏浆材成分组成更加合理。所研制的防渗浆材不但可用于垃圾填埋场防渗工程，还可用于建筑深基坑防渗帷幕止水等地下工程。

BFC 浆材优选配方：膨润土 20% ~30%、水泥 15% ~25%、粉煤灰 20% ~25%、纯碱 1.0% ~1.4%、铁铬木质素磺酸盐 0.3% ~0.5%（或磺化腐殖酸钠 HFN），余之为水。BFC 防渗浆材具有良好的可灌性，浆材结石率 >99.6%，其固结体 28 d 的渗透系数 $<0.8\times10^{-7}$ cm/s，无侧限抗压强度为 0.40 ~2.2 MPa。

BFCF 浆材优选配方（质量百分比）为膨润土 22% ~28%、粉煤灰 17% ~23%、水泥 18% ~24%、纤维 0.06% ~0.12%、纯碱 0.8% ~1.5%、NUF-5 减水剂 0.4% ~0.7%，余之为水（每配制 1 m^3 浆液，需加水 670 ~830 kg）。BFCF 浆材具有良好的可灌性，浆材结石率 >99.0%，其固结体 28 d 的渗透系数、抗压强度和弹性模量分别为 $0.12\sim0.98\times10^{-7}$ cm/s、0.75 ~2.0 MPa 和 230 ~350 MPa。

PBFC 浆材各因素最优水平（质量百分比）为水泥 18% ~24%、膨润土 18% ~26%、粉煤灰 17% ~20%、聚乙烯醇 0.2% ~0.8%、聚羧酸类高效减水剂 0.01% ~0.03%、碳酸钠 0.45% ~0.55%，余之为水。PBFC 浆材平均渗透系数为 $(0.53\sim1.86)\times10^{-8}$ cm/s，同普通钠基膨润土-水泥浆材渗透系数 $(1.3\sim5.5)\times10^{-8}$ cm/s 相比，其抗渗透性及对垃圾场渗滤液污染物的吸附阻滞性能更高。浆材固结体 28 d 凝期的无侧限抗压强度为 0.40 ~2.0 MPa，竖向极限应变为 3.68% ~6.42%，弹性模量约 200 MPa。

NBFC 浆材配方（质量百分比）为膨润土 20% ~210%、水泥 21% ~22%、粉煤灰 16% ~18%、碳酸钠 0.15% ~0.25%、羧甲基纤维素钠 0.15% ~0.2%，余之为水。NBFC 浆材抗渗能力与 PBFC 防渗浆材基本相同，优于现有各类 BFC 浆材，但其经济成本比 PBFC 防渗浆材低。

②通过对 PBFC 防渗浆材的可泵期、流动度极差分析可知，碳酸钠和 PVA 对 PBFC 防渗浆材的可灌性影响较大，防渗浆材各组分对可泵期和流动度的影响从大到小依次排列为 PVA > 碳酸钠 > 水泥 > 膨润土。为保证防渗浆材具有良好的可灌性和初期的流动度稳定性，碳酸钠和 PVA 掺量应在一定范围内，碳酸钠掺量宜控制在 1 ~ 2 g/L，PVA 掺量宜控制在 2 ~ 3 g/L。随着 PVA 掺量的增加，防渗浆材的流动度和可泵期增大，这是由于离子交换作用使得 PVA 分子与膨润土中的 Ca^{2+} 与 Na^{+} 等发生离子交换，从而增强了膨润土在 PVA 溶液中的分散悬浮作用。随着水泥、膨润土掺量的增加，防渗浆材的可泵期和流动度有所降低。

③PBFC 防渗浆材固结体的强度主要与水泥掺量有关，浆材固结体的强度随水泥掺量的增加而提高。防渗浆材试块的剪切破坏形式主要有 3 种：典型剪切破坏、楔形剪切破坏和劈裂剪切破坏。这 3 种破坏形式主要是由于在加载围压状态下加载轴向荷载使得材料内部产生张拉应力，当张拉应力达到材料内部的极限抗拉应力时，有张裂缝产生，试块沿张裂缝方向而产生破坏。防渗浆材的极限应变为 0.5% ~ 1.5%。

④PBFC 防渗浆材对重金属溶液以及酞酸酯溶液中各成分的吸附阻滞性能均较高，特别对其中的邻苯二甲酸二辛酯，吸附阻滞性更强。随着 PVA 的加入，浆材的渗透系数显著降低，并随 PVA 用量的增加而趋于稳定。PVA 掺量为 1.5 g/L 时，防渗浆材的渗透系数最小。这是由于 PVA 能促进水泥的水化过程，从而产生大量的醇羟基与水泥的水化产物相互作用，最终改变水化产物的形成和形态，水化产物的填充效果会使得防渗浆材固结体更加致密，渗透系数也随之降低，最低可达到 0.7×10^{-8} cm/s。

PBFC 和 NBFC 防渗浆材吸附阻滞作用非常强，经该类浆材渗滤后，其垃圾场渗滤液中有害成分的浓度达到了《城市生活垃圾填埋场污染控制标准》的要求，无须经过进一步加工处理。随着 PVA（或 Na-CMC）的掺入，经过吸附试验后收集的渗滤液污染物中 NH_4-N，COD_{cr}，BOD_5 等成分的浓度显著降低。

因防渗浆材中有 PVA 羟基基团（或 Na-CMC 羟基基团）的存在，会与渗滤液中的 NH_4-N 成分形成氢键，从而增强防渗浆材对 NH_4-N 的吸附作用。而 PVA（或 Na-CMC）中羟基通过离子交换作用进入膨润土空间，取代蒙脱石层间可交换阳离子，将膨润土内层与层之间空间撑大，从而使得膨润土的比表面积增大，提高其对 COD_{cr} 和 BOD_5 吸附性能。对铅、汞等重金属离子的吸附阻滞率接近 100%。浸泡实验证明 PBFC 等防渗浆材结石体对酸性液体和地下水的侵蚀具有很好的稳定性、耐久性以及耐腐蚀性能。

⑤在 NBFC 防渗浆材中掺入粉质黏土后，拌合土浆材的无侧限抗压强度随粉质黏土掺量的增加而降低，渗透系数则略有增大。将粉质黏土的掺量从 50 g/L 增至 250 g/L，拌合土浆材 28 d 无侧限抗压强度降低了 0.239 MPa，降低后抗压强度仍大于 0.4 MPa，拌合土浆材 28 d 的渗透系数由 0.8×10^{-8} cm/s 增至 0.9×10^{-7} cm/s。说明 NBFC 防渗浆材掺入适量的粉质黏土后，其抗压强度和渗透系数的变化都在垃圾场防渗墙的允许范围内。通过拌合土浆材试块的三轴剪切试验，试块发生的破坏形式为典型剪切破坏和劈裂剪切破坏。对于垃

圾填埋场防渗浆材,采用与地层土拌合的工艺方法形成垃圾填埋场防渗墙,如采用高压喷射注浆法、深层搅拌法施工防渗墙,可完全满足防渗要求。

⑥结合垃圾填埋场实验模型及实际工程测试数据,建立起符合度较高的墙体应力－应变关系数学模型,通过有限元数值分析,估算出墙体水平位移、最大主应力和最小主应力的变化规律,为垃圾填埋场防渗工程设计和施工提供了依据。经计算用 PBFC 防渗浆材制作的防渗墙,因墙体弹性模量与周围土体的弹性模量较为接近,墙体变形与其周围土体变形相协调,防渗墙运营时自身不会出现拉应力,不会出现墙体开裂的可能;防渗墙整体变形较小,呈线性变化趋势,最小变形位于墙底,最大变形位于防渗墙墙顶,最大等效应力小于防渗浆材固结体 28 d 无侧限抗压强度,防渗墙的应变远小于浆材结石体的极限应变(浆材的极限应变为0.5%～1.5%)。

⑦根据地下水渗流运动的二维数学模型,建立起垃圾场渗滤液中重金属污染物运移形式的数学模型,经有限元计算防渗墙的渗透比降处于安全范围。实际工程中,由于地层和内部边坡的堵塞作用,渗流速度随墙高的增加先增大后减小。渗滤液进入防渗墙后,渗滤液的渗透速度分别降低24.2%和27%,说明防渗墙能有效降低渗滤液的渗透速度。渗流主要集中在墙体的中下部。数值模拟表明,防渗墙的坡度分别为18.68 和13.85,均在安全范围内,防渗墙上浸润线的溢出点远低于入浸点,说明防渗墙能改善周围环境的渗透稳定性。当水头差减小时,渗流速度和渗流梯度也随之减小。也可通过设置排水措施来降低渗滤液的水位,从而降低浸润线的高度。

⑧固化灰浆防渗墙是在槽段造孔完毕后,向泥浆中加入水泥等固化材料,砂子、粉煤灰等掺合料、水玻璃等外加剂,经机械搅拌或压缩空气搅拌后形成的防渗固结体。固化灰浆防渗墙墙体浆材将向低成本、污染小、废泥浆利用率高、适宜的抗压强度和弹性模量、与地基有较好的变形协调性、良好的抗渗性能、较好的抗侵蚀性能及凝结时间可控性好等方向发展。固化灰浆防渗墙的搅拌法比置换法应用效果好。

主要研究成果条目如下:

1)授权发明专利、实用新型专利

①一种垃圾填埋场防渗浆材及配制方法,201410156248.7。

②一种垃圾填埋场防渗浆材渗滤仪,201410019881.1。

③防渗墙墙体浆材与造墙工艺,200710024094.6。

④垃圾填埋场防渗墙模型测试装置及其制作方法,201810050195.9。

⑤一种气压式生活垃圾填埋场渗滤仪及其使用方法,201710119199.3。

⑥一种防渗墙振动喷射成槽与注浆造墙装置,201020658347.2。

⑦岩土钻孔或钻挖槽工程护壁用交联型低固相泥浆及制备方法,201210180328.7。

⑧一种岩土钻挖孔工程聚合物型无固相泥浆及制备方法,201310005219.6。

⑨一种地下工程水玻璃类防塌孔固壁型泥浆及制备方法,201410688217.6。

⑩一种喷射式活翼扩孔钻具及其制作方法和使用方法,201710110953.7。

⑪一种双动双管单钻头取心钻具及其使用方法,201710085782.7。

⑫基于聚乙烯醇与氯化铝改性的垃圾填埋场防渗浆材及其制备方法,201710928988.1。

2)公开发表的论文

①Study on the antiseepage mechanism of the PBFC slurry for landfill site[J]. Modern Physics B,2017(31),1744087(6 pages). SCIE.

②Experimental study on mechanical properties of antiseepage slurry in landfill[J]. Modern Physics B,2018(32),1840065 (7 pages). SCIE.

③Application of a bentonite slurry modified by polyvinyl alcohol in the cut-off of a landfill [J]. Advances in Civil Engineering,2020:7409520 (9 pages). SCIE.

④Analysis on the basic properties of pbfc antiseepage slurry in landfill [J]. Applied ecology and environmental research, 2018, 16(6):7657-7667. SCIE.

⑤Experimental sdudy on the deformation of a cut-Off wall in a landfill[J]. KSCE Journal of Civil Engineering,2020,24(5):1439-1447. SCIE.

⑥Study on anti-seepage slurry of landfill site modified by sodium carboxymethyl cellulose [J]. Modern Physics B,2019,33(31):1950377 (10 pages). SCIE.

⑦Stress-drop effect on brittleness evaluation of rock materials[J]. Cent. South Univ., 2019, 26: 1807-1819,SCIE.

⑧Pore Structure Characterization of Hardened Cement Paste by Multiple Methods[J]. Advances in Materials Science and Engineering,2019,3726953,(18 pages),SCIE.

⑨Analysis of the Properties and Anti-Seepage Mechanism of PBFC Slurry in Landfill[J]. Structural Durability & Health Monitoring, 2017,11(2):169-190,EI.

⑩Research of Adsorption Retardation Effect on Anti-seepage Grouting for Landfill Site[J]. Energy Science and Research,2015,33(5):2013-2022. EI.

⑪Numerical Analysis of Wall Deformation of PBFC Anti-seepage Slurry in Landfill[C]. Proceedings of GeoShanghai 2018 International Conference: Multi-physics Processes in Soil Mechanics and Advances in Geotechnical Testing,Springer, Singapore, 2018. EI.

⑫Experimental Study on Impermeability of Impervious Slurry in Landfill[J]. IOP Conference Series Slurrys Science and Engineering, 2018, 389,EI.

⑬Experimental Research on Anti-seepage Slurry for Waste Landfill[J]. Material Science and Environmental Engineering(2013),501-504. EI.

⑭Study on the Permeability of Modified Bentonite Slurry in Landfill[J]. Advances in Materials Science and Engineering,2020:8970270(10 pages),SCIE.

⑮垃圾填埋场防渗浆材吸附阻滞作用的研究[J]. 土木建筑与环境工程,2013,35(12s): 36-39. EI.

⑯固化灰浆防渗墙墙体材料力学性能的研究[J]. 沈阳建筑大学学报,2008,24(4):

596-600. EI.

⑰垃圾填埋场防渗墙渗透性能有限元分析[J]. 中国农村水利水电，2020（3）：129-133.

⑱垃圾填埋场改性膨润土浆材力学性能研究[J]. 硅酸盐通报，2020，39(1)：137-143.

⑲改性膨润土防渗浆材的性能研究[J]. 水电能源科学，2015，(6)：123-125.

⑳基于常规三轴试验 PBFC 防渗浆材破坏形态机理分析[J]. 硅酸盐通报，2020，39(1)：132-136.

㉑垃圾填埋场隔离墙浆材防渗作用机理的研究[J]. 混凝土，2013，282(4)：116-118.

㉒生活垃圾填埋场防渗浆材配制与成墙工艺研究[J]，冰川冻土，2011，33(4)：922-926.

㉓生活垃圾填埋场垂直防渗浆材的试验研究[J]. 混凝土，2010，250(8)：139-141.

㉔垃圾填埋场防渗墙应力变形数值分析[J]. 长江科学院院报，2015，37(4)：89-93.

㉕有机化膨润土浆材固结体性能研究[J]. 施工技术，2015(11)：71-73，94.

㉖垃圾场 BFCF 防渗浆材配制及吸附阻滞机理的研究[J]. 科学技术与工程，2014(13)：1671-1815.

㉗护壁泥浆防渗墙的浆材配制与成墙工艺[J]. 路基工程，2010(3)：47-49.

㉘垃圾填埋场 PBFC 防渗浆材可灌性的试验研究[J]. 硅酸盐通报，2018，37(2)：1-4.

㉙水利工程防渗墙柔性墙体材料的性能与应用研究[J]. 长江科学院院报，2007，24(3)：46-49.

㉚垃圾填埋场防渗墙变形数值分析[J]. 水电能源科学，2019，37(9)：108-110.

㉛基于聚乙烯醇改性的隔离墙浆材渗透性能研究[J]. 硅酸盐通报，2018，37(12)：4050-4055.

㉜常州地铁潞城站主体基坑围护工程设计方案优选研究[J]. 工程地质学报，2017，25(S1)：55-59.